高等学校电子信息类专业系列教材

# 工 程 伦 理

主　编　李云红　乌　江
副主编　苏雪平

西安电子科技大学出版社

## 内 容 简 介

本书介绍了工程伦理的基本概念和理论,从科学伦理与学术道德、工程的安全与责任、工程中的利益与公正等方面探讨了工程实践中的伦理问题和工程师职业伦理。本书旨在通过伦理意识与责任教育,使学生树立正确的工程伦理意识和伦理责任感;通过经典案例分析工程中的各种伦理问题,培养学生伦理敏感性,提高其对工程伦理问题的判断、决策能力。

本书内容包括导论,工程与伦理,科学伦理与学术道德,工程中的风险、安全与责任,工程中的价值、利益与公正,工程师职业伦理,以及经典案例。

本书可作为电子信息工程、通信工程、自动化、电气工程及其自动化、机器人工程、人工智能等工科专业本科生和工程领域研究生工程伦理教育的教材,也可供相关领域教学、科研人员以及广大工程科技和工程管理人员参考。

**图书在版编目(CIP)数据**

工程伦理 / 李云红,乌江主编. -- 西安 : 西安电子科技大学出版
社, 2024.8. -- ISBN 978-7-5606-7323-3

Ⅰ. B82-057

中国国家版本馆 CIP 数据核字第 2024QU5180 号

策　　划　刘玉芳
责任编辑　刘玉芳
出版发行　西安电子科技大学出版社(西安市太白南路 2 号)
电　　话　(029)88202421　88201467　　　邮　　编　710071
网　　址　www.xduph.com　　　　　　　电子邮箱　xdupfxb001@163.com
经　　销　新华书店
印刷单位　陕西天意印务有限责任公司
版　　次　2024 年 8 月第 1 版　　2024 年 8 月第 1 次印刷
开　　本　787 毫米×1092 毫米　1/16　印 张　16
字　　数　376 千字
定　　价　45.00 元
ISBN 978-7-5606-7323-3
**XDUP 7624001-1**
*** 如有印装问题可调换 ***

# 前　言

工程伦理作为高素质工程人才培养的重要内容，是工程教育的"第一课"。未来社会发展需要的是工程实践能力强、创新能力强、具备国际竞争力、有责任感且符合公众利益的高素质复合型现代工程师。加强工科专业本科生和工程类研究生的工程伦理教育，已经成为高等工程教育塑造未来高素质工程科技人才的必要环节。

开展工程伦理教育有利于提升工程师的伦理素养，加强工程从业者的社会责任；开展工程伦理教育有利于推动可持续发展，实现人与自然、社会的协同进化；开展工程伦理教育有利于协调社会各群体之间的利益关系，促进社会和谐发展。

工程伦理课程是电子信息工程、通信工程、自动化、电气工程及其自动化、机器人工程、人工智能等工科专业本科生和工程类研究生的必修课，其理论性与应用性均较强。该课程的学习将为工程人才树立起正确的工程伦理意识和责任感奠定理论基础。

2015年作者在英国伯恩茅斯大学访学期间，误入工程伦理课堂，由此对工程伦理课程有了初步的认识和了解。2016年全国工程专业学位研究生教育指导委员会组织清华大学、北京理工大学、北京协和医院、大连理工大学、浙江大学等院校编写工程伦理教材，2017年全国工程专业学位研究生教育指导委员会、清华大学继续教育学院着手组织工程伦理课程的师资培训，李云红、刘毅力老师作为第一批学员参加了工程伦理课程的师资培训。西安工程大学电子信息学院于2018年开始修订控制工程、电气工程专业学位研究生培养方案，增设了工程伦理课程(设置为18学时，1学分)；2019年秋季学期在控制工程、电气工程专业学位研究生中开设了工程伦理课程。为了更好地实现工程教育专业认证标准中课程对毕业要求指标点的支撑，以及培养具有社会责任意识和可持续发展理念的高素质人才，2019年，电子信息学院修订了2017版本科培养方案，在电子信息工程、通信工程、电气工程及其自动化、自动化等专业培养方案中增设了工程伦理课程(设置为24学时，1.5学分)。工程伦理课程团队由李云红、乌江、关欣、苏雪平、李丽敏、刘毅力、梁雍、邹晓军等教师组成，从"教改、学改、管改"入手，注重课程教学过程中学生的参与，引导学生质疑、调查、探究，促进学生主动、富有个性地学习，给学生展示自我、体验成功的机会，让学生在课堂上动起来。

在笔者团队的课程教学中，曾使用清华大学李正风老师编写的《工程伦理》作为教材，该书涵盖各个不同学科门类，内容系统但有些庞杂。为了满足电子信息工程、通信工程、自动化、电气工程及其自动化、机器人工程、人工智能等工科专业本科生和工程类研究生的课程需要，我们在大量调研高校开课情况的基础上，编写了这本适合电子信息类各学科专业学生的工程伦理教材。

本书在编写中力求体现科学性、实用性和先进性，内容安排循序渐进、条理清晰，体现"以学生为中心，以案例为主线，以思政为灵魂"的 OBE 理念及 CDIO 教育模式。本书以重点知识讲授为基础，以案例教学为特点，以职业伦理教育为重心，可采用课堂讲授、案例研讨、专题讨论、小组讨论、辩论、情景表演等多种方式实施教学。本书每章前有推荐阅读资料及引例，章末设置有参考案例、思考与讨论及参考文献，以实现课程内容的延伸阅读。此外，作者还录制了相关 MOOC 视频，整理了一些工程伦理案例并编写了工程伦理题库，作为本书的线上配套资源。

本书由李云红、乌江担任主编并负责统稿工作，苏雪平担任副主编，关欣、李丽敏、邹晓军、刘毅力、梁雍等参与了本书的编写工作，段姣姣、于惠康、刘宇栋、马登飞、陈宇洋、余天骄、拜晓桦、李嘉鹏、朱景坤、张蕾涛、谢蓉蓉、刘杏瑞、张燕、何敏恒、郅屹搏、王廷玉、刘泽龙、郭建华参与了本书内容的整理、图形绘制等工作。本书得到了以下项目支持：全国工程专业学位研究生教育指导委员会"工程伦理在线课程建设"项目、教育部产学合作协同育人项目"江苏艾什顿科技有限公司师资培训"(项目编号：202102296015)、"纺织之光"中国纺织工业联合会高等教育教学改革研究项目"知识传授、创意启蒙、价值引领"三位一体的纺织电子类课程思政改革探索(项目编号：2021BKJGLX028)、西安工程大学"课程思政"重点示范课程——工程伦理项目，特此表示感谢。本书中工程伦理融入课程思政案例教学的价值设计入选陕西省专业学位研究生教学案例库。本书包含了编者多年的科研和教学实践成果，在编写过程中，参考了国内外大量的文献资料，在此对相关作者表示真诚的感谢。本书的编写和出版还得到了西安工程大学的大力支持，在此一并表示衷心的感谢。

由于编者水平有限，书中难免存在疏漏之处，恳请读者批评指正。

李云红

2024 年 4 月

# 目　录

# 导　论

中国是当今世界的工程大国，正在向工程强国迈进。近年来，工程伦理日益成为科技、哲学领域的国际性热门话题，这与工程和工程师在当代社会的重要地位是紧密相连的。实践证明，工程尤其是大工程，不仅涉及自然科学技术的应用，还涉及道德、人文、生态和社会等诸多维度的问题。这使得工程师面临特别的义务和责任，工程伦理便是对这种责任的批判性反思。在当代社会，人们免不了使用工程产品，免不了生活在工程世界之中，因而工程伦理与每个社会成员都息息相关。工程伦理的研究和实践在中国毫无疑问具有重大的理论和现实意义。

## 0.1　工程伦理教育的意义

工程伦理教育是工程教育的重要组成部分，直接关系到未来工程师的价值取向。随着工程对社会、自然的影响日趋加深，以及"一带一路""中国制造2025"的快速推进，工程实践中的伦理问题也越来越突出。这就要求我国高校工程伦理教育必须在实践中创新，即在充分借鉴国外经验的同时，立足中国工程实践的特点，以培养未来工程师的社会责任为目标，以中国话语强化工程伦理规范的针对性，培养学生的职业精神；引导学生注意工程伦理实践在具体情境中的复杂性；将场景叙事方法进行教育学转换，以提升学生的工程伦理决策能力和解决问题能力。

自1989年《华盛顿协议》签署起，工程伦理教育在西方国家中已有了较长时间的发展历程，融入了工程伦理教育的工程教育体系也在实践中表现出其核心竞争力。美国工程院发布的《2020的工程师：新世纪工程的愿景》中指出，工程师应该具备优秀的沟通分析、实践创造能力，良好的专业素养，高尚的道德意识和终身学习的精神。2016年，国务院总理李克强在政府工作报告中首次提出了要全面塑造公民的工匠精神。培养综合工程素养高和实践创新能力强，同时具有广阔国际视野和朴素家国情怀的工程师是新工科建设对新时代工程教育的要求。发展以培养学生工程伦理意识、提升社会责任感、塑造科学价值观为目的的工程伦理教育，是构建新工科背景下工程教育体系的必由之路。工科学生作为未来社会高水平建设的核心力量，除需具备丰富的专业知识外，还需要具备工程伦理素养。工程伦理教育能够培养工程师的伦理意识和社会责任感，提升其解决工程伦理问题的能力和水平，从而更好地为人类造福。

《卓越工程师教育培养计划通用标准》要求，一名卓越的工程师需要具有爱岗敬业、艰苦奋斗的职业素养，追求卓越的态度，良好的职业道德水准以及较强的社会责任感和较好的人文情怀，这也是各层次工程技术人才的终身追求。教育部出台的《关于实施卓越工程师教育培养计划的若干意见》(教高〔2011〕1号)和《国家中长期人才发展规划纲要(2010—2020年)》也明确提出，工科学生需要加强社会责任意识的培养，高等学校工程教育要不断提高人才培养质量，进一步提高我国工程技术人员的职业道德素养。因此，卓越工程师的培养需要系统的工程职业道德教育和培训，从而引导工程师们树立正确的职业道德信念。

工程伦理教育对于工程师的培养和工程实践具有重要意义。它不仅关系到工程师自身伦理素养和社会责任感的提升，而且还关系到经济、社会与自然的和谐发展。

工程伦理教育的意义之一：开展工程伦理教育，可以提高工程师的伦理素养，加强工程从业者的社会责任感。目前社会上普遍注重专业知识教育与技能培养，而工程伦理教育环节缺失，使得工程师在工程实践中往往只看到技术问题，重技术轻伦理，认为工程引发的各类社会问题与自己无关。实际上，工程师所面临的多种"伦理困境"，可能比其他行业更加复杂。其一，工程师受聘于甲方，而甲方可能从经济利益出发或者受限于专业知识，主观要求工程师做出成本过低甚至"偷工减料"的设计。其二，工程师也可能在工程监理、咨询等业务中，因种种请托关系，为明知不合规范的设计放行。其三，工程师还可能因责任心不够和勘察验证经验不足，客观上导致设计风险或失误。因此，有必要开展工程伦理教育，以提升工程师的伦理素养，强化工程师和其他工程从业者的社会责任感，使其意识到工程对社会造成的影响，进而将公众的利益而非经济利益或长官意志放在首要的位置。

工程伦理教育的意义之二：开展工程伦理教育，可以推动可持续发展，促进人与自然的协同进化。现代工程技术已经得到极大发展，但如果滥用技术，忽视工程对自然环境的影响，就会导致对环境、生态的破坏，进而带来环境污染、生态危机和能源危机，也会严重影响人类的生活质量。我国环境污染形势依然严峻，一到冬季雾霾入侵，许多城市纷纷"沦陷"。雾霾天气对公路、铁路、航空、航运、供电系统、农作物生长等均会产生重要影响。雾霾也会造成空气质量下降，影响生态环境，给人体健康带来较大危害。工程作为经济发展的基本实践方式，必须坚持合理的发展理念，在工程设计和工程建设中，将可持续发展、协调发展作为基本准则之一。开展工程伦理教育，学习、探讨和分析技术、利益、责任和环境等方面的伦理问题，可以帮助工程师建立起保护自然生态的意识和责任感，践行绿色发展的理念，在经济发展与环境保护之间做出平衡，推动经济的可持续发展，实现人与自然的协同进化。

工程伦理教育的意义之三：开展工程伦理教育，有利于协调社会各群体之间的利益关系，确保社会稳定和谐。随着工程项目规模的扩大和高度集成化，其对社会的影响也越来越大。如何协调各方的利益关系，不但关系到能否有效规避工程的风险，也关系到社会的稳定和谐，并让公众共享工程实践带来的福祉。如果不能合理地兼顾各种利益诉求，就会导致公众与政府、企业之间产生信任危机，进而影响社会的稳定和谐发展。开展工程伦理教育，强调社会责任，有助于合理进行价值分配，协调不同的利益诉求，把公众的健康、安全置于首位，引导工程实践中更有效地发现和解决工程的风险问题，自觉践行协调、共享的发展理念，避免冲突，确保社会稳定和谐。

## 0.2　工程伦理教育现状

### 0.2.1　国外工程伦理教育现状

在荷兰，有一个由三所理工科大学(代尔夫特理工大学、埃因霍温理工大学和特温特大学)牵头组织的科技伦理中心，即3TU。这个中心主要着眼于负责任创新，技术伦理、工程伦理的并行研究和价值敏感设计等方面的研究和教学。

德国一直居于世界工业强国地位。德国人工作态度严谨、精益求精，对工程质量、技术以及各个环节的要求都极为细致，这使得德国制造成了质量保证的代名词。究其原因不难发现，德国的工程伦理注重通过提高工程技术责任的评估来规避工程活动的负面影响。因此，德国的伦理教育融合了大学教育、社团引导、传媒宣传、社会影响和政府决策等多方面因素，通过将道德教育渗透到专业教学之中，在专业领域的学习过程中加深对伦理问题的讨论。1856年德国成立了工程师协会，2002年正式颁布了《工程基本准则》这一纲领性文件，强调工程师对国家法律法规和普遍伦理准则的服从。

法国近些年也开始重视对科学技术与工程伦理的教育。法国里尔天主教大学在1994年首次把科技伦理课程引入工程教育之中，目的是使工程专业学生意识到未来的责任、工作中自由的界限，增强其道德鉴别能力。1995年法国工程师职衔委员会提出要把伦理学引入工程教育，提供一个对工程职业的伦理反思的开放性平台。法国工程教育注重培养工程师的社会责任感和伦理意识，这使得工程师被视为"社会的推动者"。

丹麦的技术委员会是丹麦政府成立的国家技术评估与治理组织，也承担在公民层面的科技伦理教育，即培养公民在科技社会中的消费伦理意识和政治参与伦理意识。如2010年举办的"全球变暖世界公民论坛"，就包含专家与公众之间就科技伦理意识和实践的对话。

在美国，随着一系列重大工程事故，如福特平托车案、挑战者号失事以及DC-10飞机坠毁等的相继发生，社会开始广泛关注工程活动所带来的负面影响，这在一定程度上推动了美国工程伦理教育的发展，兼具专业知识和伦理素养的优秀工程师成了时代急需的人才。20世纪70年代，工程伦理教育率先在美国各工程院校中兴起，经过不断完善和发展，逐渐形成独立课程模式、跨课程模式、工程伦理和非技术课程相结合的课程模式。1996年起，工程伦理知识作为固定考试内容，被加入美国注册工程师基础考试中。美国的工程伦理教育有两个特点：一个是跨课程伦理，这是当前美国大多数理工科大学采取的工程伦理教育模式。它的优点是把工程伦理教育嵌入专业课程教育过程之中，使得学生的伦理意识能够紧密地结合专业课程教育，增强伦理意识对于实践行为的指导作用；二是人道主义工程教育，就是把工程教育和人道主义及田野研究紧密结合，使学生能够运用课余时间将所学知识用于服务社区，特别是那种不发达的少数民族族裔聚居的社区，给社区带来福利。美国的工程伦理教育还包括价值敏感性设计和道德想象力等方面的内容。

20世纪90年代中期，日本一些大学和职业团体开始对科技人员进行伦理意识教育，特别是对伦理意识的养成教育。1999年日本工程教育认证委员会建立，参考美国工程与技术认证委员会的伦理准则，提出了自己的工程伦理评价标准。日本的伦理教育主要从案例入手，引导学生对社会伦理问题进行分析与探讨，明确科技工作者的职业伦理，提升科技工作者对可能发生事故的预测能力，以及做出正确的伦理抉择的能力。

其他国家(和地区)比如加拿大的约克大学、多伦多大学也很重视科技伦理教育，在跨课程伦理教育的条件下，采取了"角色扮演"与"情景模拟"等教育模式，增强了学生的体验感。南美洲的智利在科技伦理教育中实施"自我设计和管理"的课程模式，课程分为认知或了解内容阶段、养成态度和提升技巧阶段、增强自我意识阶段、重新设计阶段。根据不同的专业，课程中会渗透进合适的伦理内容。韩国的科技伦理教育一般包含在国民性的德育教育之中，通过通识教育中的伦理课程，使科技工作者了解自身的科技活动对于国家和民族的责任，以实现科技工作者的伦理意识养成。

## 0.2.2　我国工程伦理教育现状

我们国家的工程伦理教育目前已有一定规模，但不够完善，还有很大的发展空间。我国很多理工科大学开设了学术道德、科研理论、工程理论方面的课程，包含了工程伦理教育内容，多以选修课为主，缺少普遍适用的教材、资料和参考读物。在工程教育专业认证和各类人才培养计划中，都有关于科技人才伦理教育和社会责任感方面的要求，但规定得不够具体，还需要在制度上予以完善。在科技人员职业社团章程中，也有关于科学技术与工程伦理的条目。在人才选拔的标准中，对伦理方面的要求更加重视，但不够细致，在实践效果上有待加强。

20世纪90年代，工程伦理课程首次在台湾高校开设，工程伦理素养作为工程师必备素养之一，在台湾工程界和教育界得到普遍认可。1998年，肖平教授出版了《工程伦理学》教材，并在西南交通大学开设工程伦理课程，标志着我国工程伦理教育向前迈进了一步。20世纪末，李伯聪、丛杭青、李世新、王倩等一批专家对工程伦理问题、体系及教学进行了研究，工程伦理教育取得了可喜的进步。工程伦理作为工科教育体系的重要组成部分，得以普及和发展。

2012年10月29日至10月30日，由荷兰3TU科技伦理研究中心和中国五所理工科大学(大连理工大学、北京理工大学、东北大学、东南大学和华南理工大学)组成的5TU科技伦理研究联盟联合主办，大连理工大学人文与社会科学学部"科技伦理与科技管理研究中心"承办的"负责任创新：3TU-5TU 科技伦理国际会议(The Ethical Exploration of Responsible Innovation：3TU-5TU International Conference of Ethics of Science and Technology)"在大连理工大学成功召开，来自荷兰与中国的近 30 位专家学者共同探讨有关负责任创新、价值敏感性设计等技术伦理问题，并且双方就科技伦理研究与教育进行了充分研讨，形成了进一步合作的方案。

2014 年 6 月 28 日至 6 月 30 日，由大连理工大学人文与社会科学学部承办的"第 3 届3TU-5TU 国际学术研讨会"在大连理工大学召开。3TU-5TU 科技伦理国际会议的成功召开，为国内外学者提供了交流与合作的平台。对 3TU 模式的了解与学习，促进了我国 5TU 科技伦理研究与教育的发展，增进了国内外学者之间的了解，为 3TU 和 5TU 今后更全面深入的合作奠定了坚实基础。

2016 年"新工科"被提出后，我国先后奏响了"复旦共识""天大行动""北京指南"新工科建设"三部曲"。截至目前，我国高等工程教育规模位居世界第一，90%以上的本科高校都设有工科专业。近年来"工程伦理""伦理道德"等词引起社会公众热议，国内很多学者开展了工程伦理的相关研究。"基因编辑婴儿事件"、AI 换脸应用"ZAO"的出现、学术造假与抄袭剽窃等学术不端行为、由工程质量引发的各类伤亡事故等，无不充斥着伦理、道德、法律等问题。因此，加强工程伦理教育的"意识与责任教育"，推动"负责任的创新"，使工科专业和工程领域研究生及早树立起正确的工程伦理意识和责任感，具备识别和判别工程伦理冲突的能力就显得尤为迫切。

与西方的工程伦理教育相比，中国的工程伦理教育虽已得到重视和发展，但起步晚，发展水平落后，普及程度相对较低。主要表现在：① 各高校囿于专业培养方案、学分学时、授课范围等因素，在专业课程中增设工程伦理课程尚未普及。② 工程伦理的相关活动开展率低，未能满足学生提升自身工程伦理素养的诉求。③ 工程伦理教育机制和政策缺失。我国高校已经逐步开设专门的伦理教育课程，但尚缺少明确的实施规定，工程伦理教育定位尚未明确；人才培养体系不健全，缺乏行之有效的教学大纲、规范标准和教材；工程职业资格认定处于初级阶段，工程教育体系不健全，未能为工程伦理教育提供有效的普及渠道。这些都严重制约着我国工程伦理教育的发展。④ 缺少教学经验丰富的教师队伍，师资力量薄弱。工科院校教师专业性较强，具备杰出的科研能力和授课水平，在某些工程学研究领域取得了较高的成就；但由于对工程伦理教育存在质疑、重视程度不够，未能意识到工程伦理教育的作用。目前，我国工科专业院校工程伦理教育大多由思政教师、德育教师及就业指导教师来承担，缺乏专门从事工程伦理教学的教师。⑤ 课程设计和教学方法陈旧，缺乏特色。⑥ 忽视工程问题的跨学科联系。工程教育是多元价值交叉的教育，工程问题本质是跨学科问题。我国工程教育过于注重专业化，工程伦理教育未能适应跨学科、综合化的科技发展趋势，学生综合素质、能力不足。

1996 年，工程伦理教育被纳入教育认证、工程认证的制度体系。2016 年 12 月，习近平总书记在全国高校思想政治工作会议上对高校教师提出了"守好一段渠、种好责任田"的殷切嘱托。高校教师应秉承为党育人、为国育人的初心，实现"课程门门有思政，教师人人善育人"的良好局面，遵循"知识—能力—德育"三位一体的原则，把"工程伦理"课程作为课程思政改革的突破口，强化对学生的工程伦理教育，培养学生精益求精的大国工匠精神，激发学生科技报国的家国情怀和使命担当，将工程伦理教育与新工科人才培养及工程教育认证相融合，润物无声地融入思政元素，使学生成为具有良好的人文素养、职业道德和社会责任感，德智体美劳全面发展的社会主义事业合格建设者和可靠接班人。

未来新兴产业和新经济需要的是工程实践能力强、创新能力强、具备国际竞争力的高素质复合型新工科人才。加强工科学生人文素养和工程伦理道德教育，已经成为高等工程教育塑造未来高素质工程科技人才不可或缺的环节，同时也是工程教育专业认证体系实现国际实质等效、与国际工程人才培养接轨的需要。

## 0.3    工程伦理教育的核心目标

工程师的三种基本伦理素质为：具备伦理意识，遵守伦理规范和具有伦理决策能力。这是解决工程伦理问题的前提及基本条件。工程伦理意识是伦理动机和伦理行为的思想基础；伦理规范是伦理判断和伦理取向的标准；伦理决策是解决工程伦理问题的方法和手段。

美国工程伦理学家戴维斯提出了工程伦理教育的四个目标：提高学生对相关职业标准问题的敏感度，增长学生关于工程伦理问题的知识，提高学生的伦理推理能力，增强学生的职业责任感。我国大学工程伦理教育的三大核心目标是：培养学生的工程伦理意识，使其掌握工程伦理规范，提高其工程伦理决策能力。

### 0.3.1    培养工程伦理意识

现代心理学证明，人的行为都是受意识支配和影响的。伦理意识是伦理取向和伦理行为的思想基础，一个行为主体只有在伦理意识的支配和引导下，才会采取伦理行动。伦理意识不是天生就有的，它是后天培养起来的，是人们在长期的道德实践中形成的伦理价值观、道德情感、道德意志、伦理信念和道德理论体系的总称。一个人做事是否负责，首先取决于他是否拥有在后天培养起来的伦理意识。如果一个人没有接受过道德伦理的教育和训练或在道德上根本就没有意识，那么，他也不可能对其所做的事负起责任。正如伊朗社会学家拉塞克所说，教育能够而且应该在发展伦理以及培养社会未来所必需的性格、品质方面负起责任。

工程活动是复杂的社会实践活动，它是工程技术产品的制造过程。美国学者马丁等人通过研究发现，在某个产品的整个生命周期中，从产品设计、生产、制造、成品、使用，一直到产品的报废，都蕴涵着道德问题和伦理性质问题。工程伦理是客观、普遍存在的。在工程的设计、决策、实施和运行管理中会涉及多门学科知识的交叉应用，不同技术的结合，各种社会群体的参与，以及利益、成本、风险的分配等，使得工程活动无处不渗透着伦理因素和人类价值。世界上不可能存在与伦理无关的工程。

　　传统的高等工程教育的主要内容是传授专业技术理论、劳动技能和实践经验，注重大学生的技术实效性和科学逻辑性的培养，而与工程原理相关的社会学、法学、美学、伦理学等非工程知识领域的课程几乎是一片空白。爱因斯坦早就发现了大学教育长期存在的这一问题，他批评道："用专业知识教育人是不够的。通过专业教育，他可以成为一种有用的机器，但是不能成为一个和谐发展的人。要使学生对价值有所理解并且产生热烈的感情，那是最基本的。他必须对美和道德上的善有鲜明的辨别力。否则，他——连同他的专业知识——就更像是一只受过良好训练的狗，而不像一个和谐发展的人。"

　　由于传统的高等工程教育根本就没有涉及工程伦理学的知识和内容，致使工科学生工程伦理意识淡薄，没有形成工程伦理价值观，甚至根本就没有工程伦理意识。当这些缺乏工程伦理意识的工科学生毕业后成为一名职业工程师，在工程实践中遇到伦理问题时，往往意识不到这是个伦理问题，从而可能会做出没有责任心、受到社会公众批评和谴责的决定。就像美国学者 Augustine 所观察到的："在伦理问题上陷入困境的工程师多数不是由于他们人品不好，而是由于他们没有意识到自己所面对的问题是一个具有伦理性质的问题。结果，他们作出了糟糕的决定，玷污了自己的名誉，使自己的余生受到牵累。"

　　树立工程伦理意识的关键在于培养工程伦理价值观。工程师个人的价值观在对工程师伦理观念的形成和伦理取向方面发挥着极其重要的作用。由于传统社会观念的影响，工程师大都认为工程技术只具有工具价值，与之打交道的工程技术和人工物品也仅仅具有功用价值，没有伦理价值，使得"工具性"和"功用性"与道德无法联系起来。既然技术只是实现目的的工具，与伦理道德无涉，那么在工程技术活动过程中，工程师就无须从伦理的维度来考虑工程和技术问题了，这也是长期以来工程师工程伦理意识淡薄和缺乏伦理责任的一个重要原因。

　　工程师的工程伦理意识是其能够采取伦理行为和负起伦理责任的前提条件和出发点。有责任意识，才有可能负起责任。德国哲学家、维也纳学派和逻辑实证主义的创始人莫里茨·石里克说过："比一个人何时应当负责这个问题重要得多的问题，乃是他自己何时感受到应负责的问题。"

　　工程伦理意识不是天生的，它需要通过后天的教育培养和训练才能逐渐形成。因此，工程伦理教学首先就要改变学生伦理意识、责任意识淡薄的局面。"培养工程师的责任感是我们教育的最终目标，学习工程伦理学的一个重要目的就是要提高人们的道德意识，要能够熟练地辨识出工程中的道德问题。"德国哲学家雅斯贝尔斯说："大学的生命全在于教师传授给学生新颖的思想来唤醒他们的自我意识。"当前欧美工程伦理教育非常明确地指出，在工科院校给学生开设工程伦理学的首要目标就是培养他们的工程伦理价值观，树立工程伦理意识。正如纽贝尔所说的："工程伦理教育应该包括情感目标，即养成学生关注伦理问题、作出伦理判断的主动意识。"只有他意识到了对自己行为的后果应负的责任，真正发自内心地感受着这一责任，他才能遵照责任伦理采取行动。

　　因此，工程伦理教育的一个主要目标就是培养工程师的伦理意识，即要培养具有伦理责任意识和责任感、人格圆满且能"道德自主"的工程师。这样的工程师才能够自觉承担因工程利益关系而产生的伦理责任。

## 0.3.2 掌握工程伦理的基本规范

20 世纪 30 年代，科学社会学家默顿就开始研究科学活动的规范问题。他认为科学的社会规范应该包括知识的纯正性、诚实性、怀疑性、客观性、无偏见性。二战期间，由于科学家参与原子弹、生化武器、核武器的研制和使用，给社会文明进步及人类的生命安全、健康带来了严重的灾难，所以，二战之后，经过学术界和科学共同体的深刻反思，提出了公众利益优先性原则。这成为科学活动的一项基本伦理原则。

与近现代科学活动相比，工程实践活动历史更加久远，工程技术活动跟社会之间的关系也更为密切、更为直接。最早的工程师出现在欧洲的中世纪，当时的工程师都是服务于军事工程的军事工程师。不久后出现了民用工程师，但是军事工程的性质依然存在。按照军队的建制和纪律要求，后来逐渐形成了工程师职业伦理规范，当时工程师的职责和义务主要是对雇主负责，忠诚于上司，绝对服从上级的命令。随着工程师队伍的扩大以及技术作用的增强，成立工程师团体协会并规范工程师个体行为成为自第二次产业革命之后社会经济发展的必然要求。任何协会，当然也包括职业协会，要能够为它的会员提供一部行为规范，并制定纪律程序和惩罚措施去实施规章。而这些规范都包括了一些基本的伦理准则。

伦理准则不仅仅是好的建议或热情的声明，它是行为的标准，通常在职业实践中实施，是将一种道德义务强加于从事相应活动的职业成员身上。工程师掌握和遵守工程伦理原则的重要作用在于，让工程既实现雇主利益最大化，又能够保证工程本身的持续发展，维持工程师的职业生涯。16 世纪笛卡尔就认识到伦理原则在工程建造中的重要性。他认为，技术中是渗透着伦理的，伦理是使技术活动能够继续下去的一个保证性条件。当理智在判断上陷于犹疑之时，为了使行动继续，必须遵循一定的伦理原则。

伴随着第一次产业革命和第二次产业革命的产生和发展，工程规模、工程项目和工程的复杂性也在不断增加，其对社会的危害和负面影响也越来越凸显出不确定性。为了规避负面影响，让工程实现社会整体利益的最大化，一直延续下来的传统的工程伦理原则迫切需要进行调整和修正。当职业标准与通行的社会道德发生冲突而不再适用的时候，社会的价值观就获得优先权。在当今民主社会里，制定符合社会普遍价值观念的工程伦理原则，已经成为工程师团体和社会的共识。

二战之后，世界各国的工程师学会纷纷开始修改工程伦理原则，把社会整体利益作为工程伦理最重要的原则。1974 年美国工程师专业发展理事会(ECPD)修改的章程为：工程师在履行他们的职责时，应当将公众的安全、健康和福祉放在首要位置。后来，其他国家的各个专业工程师协会在制定本行业的工程师伦理原则中，都把"公共利益"作为其首要责任。比如：日本的电气工程师学会、建筑学会、化学工业协会等制定的伦理准则，都特别强调公众的安全和福祉的优先性；德国工程师的伦理基本原则中也表达了同样的内容；工程师应对其行为所导致的对工程团体、政治和社会组织、他们的雇主、客户以及技术的使用者的影响负责；人类的权利高于技术的实施和利用；公众的福利高于个人的利益；安全性和保险性高于技术方法的功能性和利润性。

当前世界各国的工程师学会都把"将公众的安全、健康和福祉放在首要位置"定为工程伦理最基本的、统领性的原则。根据这一基本原则的精神内涵，可以推导出许多具体、明确的工程师职业行为规范，例如，大多数规范禁止工程师做广告。伦理规范也为所有工程师建立了一个统一的尺度。有了明确、具体的工程伦理规范尺度，工程师必须不断地接受现实中不同存在样式的规范性原则的引导。

工程师具备工程伦理规范素质对于解决工程实践中的伦理问题具有极其重要的作用。德国工程师协会(VDI)颁布的《工程伦理的基本原则》旨在帮助工程技术人员提高对工程伦理的认识，为他们的行为提供基本的伦理准则和标准，在责任冲突时提供判断的指南和支持，以及协助解决与工程领域有关的责任问题的争议。工程师只有充分理解和掌握了伦理规范，以伦理规范和伦理原则为依据，对工程伦理问题进行系统分析，才能形成关于工程的理论化、系统化的认识。尽管有时不同的伦理理论提出不同的行事方法，尽管工程师最终的做法取决于自己的道德观，但伦理推论的过程使工程师能够更好地了解自身的价值和行为的后果。

由此可见，工程伦理教育的目标除了培养学生的工程伦理意识素质，还需要培养学生的工程伦理规范素质，使其掌握和理解工程伦理规范。工程伦理学的学习和教育培养了工科大学生的工程伦理价值观，使其树立起了工程伦理意识。然而，光有伦理意识是不够的，有了自觉的工程伦理意识仅仅帮助他们能够理解和意识到工程伦理问题；要解决工程伦理问题，还需要有行动的指南，即充分的理论依据、判断标准和指导原则。在高等工程伦理学教育中，不但要培养工程伦理意识，还应该包含专门知识目标，即认识工程实践中的伦理准则、典型案例和问题；通过各种切实可行的手段和方式向受教育者传播和输送先进的科学理论与思想(也包括引导受教育者自己通过各种渠道和方式学习和接受先进思想和科学理论)，提倡同事或同学之间互相谦让，以及传播民主、法制、道德等一系列理念、原则，并利用褒扬、批评等不同的评价使他们相信有必要按照这些社会公认的理念或原则行为处事。

### 0.3.3　提高工程伦理决策能力

工程伦理是关乎工程本身、社会、人类和自然的复杂问题，不是凭借简单的伦理直觉与洞见，或直接参照对比工程伦理规范就可以解决的，而需要诉诸复杂的理性的工程伦理决策。

工程伦理规范是解决工程伦理问题的理论基础，可以作为工程伦理的判断标准。但是，工程伦理规范及原则随着工程的发展，自身也在发生变化，甚至工程伦理规范之间会相互冲突，使得工程师无所适从，难以做出正确的判断和抉择。比如：工程行为规范既要求工程师作为雇主的忠诚代理人，又要求他们将公众的安全、健康和福祉放在首位。这两种职业责任有时会冲突，使工程师陷入道德和职业的困境之中。另一方面，工程师虽然掌握了工程伦理的规范原则，有了比较和参照的标准，但是，这些规范原则本身并没有给实际的工程伦理问题提供现成的答案，就像技术手册没有提供解决所有技术难题的答案一样。工程实践中的伦理难题不是简单地搬用原则就可以解决的。如果工程师把工程伦理规范作为金科玉律，那么在面对复杂或新的工程伦理问题时，不但处理不好工程伦理问题，而且还会因为墨守成规，影响自己主动性、能动性和应变能力的发挥。

因此，工程师要处理和解决好工程伦理问题，除了自觉的伦理意识和工程伦理规范素质之外，还需要具备科学理性的工程伦理决策能力。工程伦理问题需要通过工程决策这个关键的实施环节才能最终解决。因此，工程活动中最重要的问题不再是"职业工作"问题，而是"决策"和"政策"问题。于是，工程伦理学最重要和最基本的内容也就从工程师的"职业伦理问题"转换为有关"决策和政策的伦理问题"了。美国学者马丁和辛津格就特别强调决策在工程伦理学中的地位和作用："工程伦理是对决策、政策和价值的研究，在工程实践和研究中，这些决策、政策和价值在道德上是人们所期望的。"

伦理决策实际上就是主体行为的道德选择或伦理抉择，其终极目的是行为主体作出符合道德或伦理要求的行为。工程伦理决策面对的工程伦理问题往往具有一种不确定性，要求工程师在针对工程中特定的伦理问题时，能够依据相应的伦理准则和道德规范进行分析、推导而得出不同备选方案，并从中选出最合适的方案，以求解决面临的伦理问题。简单地说，就是在正确与错误、是与非之间进行抉择。

最早的工程伦理决策方法源于美国工程伦理学家曼泰尔在 1960 年提出的一种将工程方法调整为伦理方法的思路。他认为，一套经过调整的工程方法是解决伦理问题的关键，因为伦理问题与工程问题差不多一样复杂，而且都是应用原理解决问题，工程应用的原理是科学技术理论，伦理应用的原理是伦理理论。解决伦理问题不会比解决工程问题更困难，其关键是要掌握一套有效的方法。工程方法在解决人类物质问题方面获得极大成功，将这种方法稍加调整用来处理伦理问题，也一定会在解决人类精神生活问题方面取得极大进展。在曼泰尔思想的启发下，1990 年在芝加哥举行的工程伦理教育会议上，与会者提出了一种处理伦理问题的决策模式，称为七步法。其决策过程有七个步骤：① 识别和界定伦理问题，并准备随时作出修正；② 调查和核查事实；③ 形成备选处理办法，并继续核查事实；④ 根据备选处理办法所需要的资源及它们可能产生的结果来分析这些备选处理办法；⑤ 构建理想的选择，并说服其他人或与之协商，以便付诸实施；⑥ 预测理想的选择之缺陷或不如意的结果，并采取措施作好预防；⑦ 采取行动(回到前两步，查看是否解决了伦理问题，并检查有无遗漏任何事实)。

除了七步法之外，国外工程伦理还研究开发出工程伦理决策的其他一系列方法，如美国工程伦理教育家哈里斯等人建议的划界法(line drawing)和创造性的中间方法(creative middle way)，以及德国著名技术哲学家伦克提出的解决各种责任之间冲突的优先次序原则等。当然，处理伦理问题不是一种呆板的过程，它需要创造性思维。作为工程伦理决策的一种模式，上述各种方法虽然存在着一定的局限性，但是都具有科学理性的特征。工程伦理决策方法是当前工程伦理学研究中较为薄弱的环节之一，在还没有出现一种普遍的行之有效的工程伦理决策方法之前，应用这些伦理决策方法可以指导和帮助工程师采用科学理性的态度和方法来处理工程实践中遇到的伦理问题。

工程伦理问题能否获得圆满解决，最终还是要落实到工程伦理决策这个关键步骤上来。能否科学、理性地进行工程伦理决策，取决于工程师的伦理决策素质。培养并提高工程师的工程伦理决策素质是高等工程伦理教育的一个主要任务和目的。工程师伦理决策素质包括掌握工程伦理决策方法和提高处理工程伦理问题的能力两个方面。早在 20 世纪 90 年代，美国著名的海斯汀研究中心就明确提出："在过程教育中讲授工程伦理学要达到开发学生识别和处理伦理问题能力的目的。"经过多年的教育实践，目前欧美工程伦理教育在教学大纲中已经明确规定：能够熟练应用工程伦理决策方法提高处理和解决工程伦理问题的能力，是工程伦理教育的一个主要目标。

的确，工程伦理决策作为解决工程伦理问题的科学方法，具有不可替代的作用。因此，在我国的工程伦理教育中，教授学生工程伦理决策方法，提高他们的工程伦理决策素质，并将其作为工程伦理教育的核心目标之一，既是与国际工程伦理教育接轨，也是高等教育本身发展的需要。

工程伦理问题与工程技术问题一样，都遵循"提出问题—认识问题—分析问题—解决问题"这样的逻辑程序，程序中的每个阶段，都需要应用理论知识和专业素质才能完成。因此，高等工程伦理教育与高等工程技术教育一样，都是一种高层次的专业素质教育，具有同等重要的地位。培养工科学生的工程伦理素质，是在工科大学开设工程伦理学课程的根本目的和任务。

工程伦理教育的三大核心目标是培养和提高学生的工程伦理意识素质、工程伦理规范素质和工程伦理决策素质。这样可以激励作为准工程师的在校工科学生自觉、主动地重视和勤奋研学工程伦理学，使他们具有强烈的工程伦理意识，熟练地掌握工程伦理规范，不断提高工程伦理决策能力。唯有如此，才能在未来的工程实践中解决好各种工程伦理问题。

## 0.4　工程伦理教育的思路

通过对实际工程案例的分析研讨，工程专业学生可以明白作为一名合格的工程师所应具备的知识以及良好的职业道德，所应遵守的职业规范及应严格遵循的工程伦理。通过实践案例的研讨，教师可以了解学生在分析解决问题时所持有的不同伦理立场，以及由不同的伦理立场所导致的伦理困境与面对伦理困境时所作出的伦理选择，确定学生是否树立了正确的伦理意识和责任感。

### 0.4.1　课程目标

**课程目标 1**　通过工程伦理的基本概念、基本理论的学习，培养学生的工程伦理意识和责任感,提高学生对工程伦理问题的敏感性,增强理解、重视工程实践中各种伦理问题的自觉性和能动性,使学生具备分析、评价工程实践与社会、健康、安全、法律、文化之间的相互影响的能力,并能理解应承担的责任。

**课程目标 2**  通过讨论责任伦理与伦理责任、利益分配与公正、环境伦理与环境正义,学习工程实践中可能面对的一些共性问题和工程师的职业伦理,使学生具有环境保护意识和可持续发展理念,树立起正确的工程伦理意识和责任感。

**课程目标 3**  通过工程伦理基本规范的学习,强调伦理意识和伦理规范认知,使学生了解工程师面对伦理问题时应遵循的行为准则,增加学生对执业行为标准的了解,确立工程师的价值观和道德观,为工程师解决伦理问题提供依据,加强工程师对公众安全、健康、福祉、环境保护的社会责任。

**课程目标 4**  通过意识和责任教育,结合具体的工程案例,提高学生的伦理判断力,增强学生的伦理意志力,提高学生工程伦理的决策能力。

## 0.4.2  课程思政育人目标

工程伦理素质是当代社会高素质工程人才的表征,是工程人才培养的重要组成部分。通过目前高校工程伦理教育的现状及主体责任意识、职业责任感和社会责任感的伦理教育缺失产生原因的分析,将工程伦理教育与新工科人才培养及工程教育认证相融合,从培养目标、教学目标、教学案例设计、教学方法及手段、评价机制等方面融入课程思政元素,在课程教学目标的基础之上,提出课程的思政育人目标。

**育人目标 1**  按照坚持把"立德树人"作为中心环节,把思想政治工作贯穿教育教学全过程,实现全程育人、全方位育人的要求来培养高校学生。人才培养则从强调工具理性向突出价值理性方向提升和转移,塑造高校学生"关爱生命、关爱自然、尊重公平正义"的可持续发展价值观。

**育人目标 2**  培养工科学生识别和判别工程伦理冲突的能力和作为未来工程专业人员所应具备的风险辨识和评价的能力,增加学生对相关行业职业标准行为的了解,提升学生的道德敏感性,增强学生的专业伦理意志力,提高学生相关的伦理判断力。

**育人目标 3**  按照"新工科"发展需求,将工程伦理教育与课程思政紧密结合,"以学生为中心,以案例为主线,以思政为灵魂",以教学模式创新、课程革命为基础,融入课程思政元素,打造中国特色的工程伦理课堂,培养具有伦理意识和责任感的工程人才。

## 0.4.3  课程改革思路

为了培养具有社会责任意识和可持续发展理念的高水平人才,落实高校培养什么样的人、如何培养人以及为谁培养人的根本问题,应立足于"新工科"时代下工程人才的伦理素养与道德规范培养,以实际发展需求为导向,深度挖掘与分析教学模式、能力评价标准,进行对应的课程改革,并高度重视人才队伍建设,满足新环境下工程人才伦理培养要求。

### 1. 建立"以学生为本、以需求为导向"的人才培养理念

面向全体学生，优化人才培养全过程，关注人才培养成效和学习成果，强化学生工程伦理意识、职业道德和职业规范，持续提升工程人才培养水平。建立工程教育认证的人才培养模式，开拓以"需求导向"为引领，以"学生中心"为核心，以"持续改进"为活力，校内人才培养和社会企业需求相结合的机制。以中国工程教育认证体系能力标准为指引，分析"新工科"时代下人才能力需求层次，结合国际发展经验，打造适合我国人才培养宗旨的工程伦理课程培养目标与要求。

### 2. 丰富专业教学资源，优化课程教学团队

从教学信息化着手，突出教学模式与教学方法改革、教材建设，从通专融合的角度形成对学生工程伦理培养的全覆盖，构建适应现代工程师培养要求的教学模式。加快课程网络资源建设，推动混合式教学方法研究成果，重点提升专任教师工程实践能力和专业教学能力，提高专兼职教师团队水平，建立一支业务素质过硬的教学团队。以课程内容、评价方式、培养体系为核心内容，实施工程伦理课程的"线上+线下"混合式教学模式研究，通过案例式、讨论引导式教学方法，设计面向现代工程师培养需求的课程培养体系。

### 3. 实证研究

分析目前高校工程伦理教育现状形成的原因，提出将工程伦理教育与 CDIO(Conceive，Design，Implement & Operate，构思、设计、实现和运作)工程教育理念相融合的教学模式，从培养目标、教学目标、教学案例设计、教学方法及手段、评价机制等五个方面进行工程伦理教育研究，最终形成符合现代工程师培养要求的工程伦理、职业道德和职业规范等咨询报告。

## 0.4.4　教学内容及课程改革

### 1. 教学内容

图 0.1 为工程伦理课程教学内容及结构关系，图 0.2 为应对工程伦理问题的基本思路。

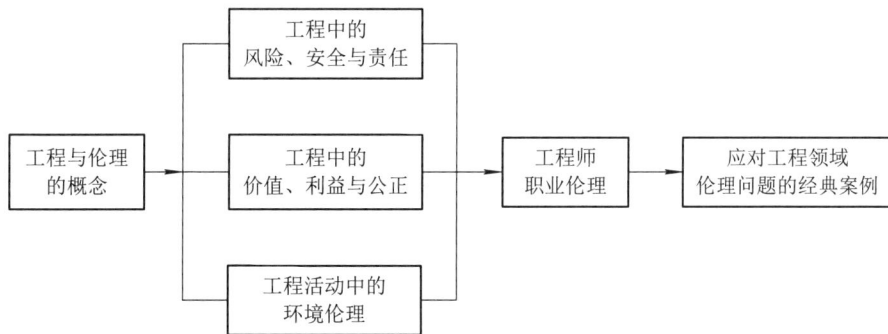

图 0.1　教学内容及结构关系图

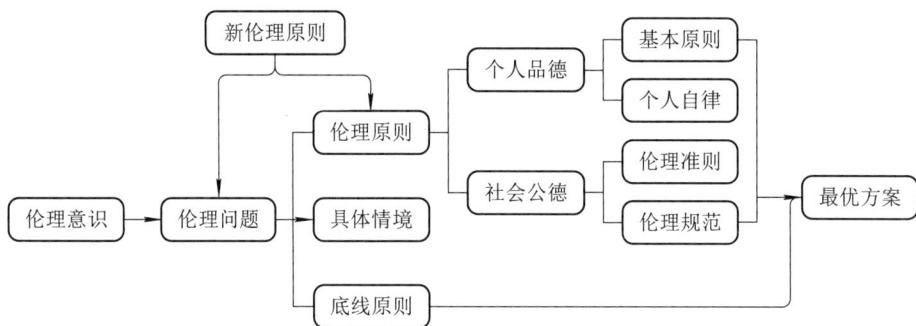

图 0.2　应对工程伦理问题的基本思路

## 2. 课程改革

以学生为中心，以案例为主线，以思政为灵魂，工程伦理课程改革主要从课程内容、教学模式、评价机制、团队建设等方面着手展开。工程伦理课程改革与培养体系建设方案如图 0.3 所示。

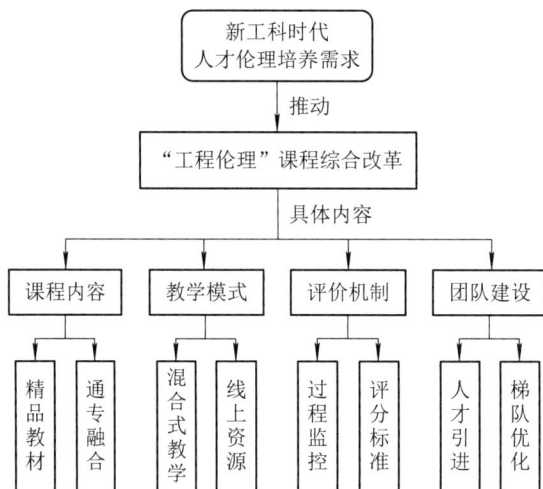

图 0.3　工程伦理课程改革与培养体系建设方案

总体来说，目前工程伦理研究的主要内容为：工程伦理的基础理论研究，包括工程伦理的概念、特点、方法，工程伦理学的学科定位和学科归属等问题；工程伦理的发展史与案例研究，包括工程伦理的观念史、实践史，以及典型的工程伦理案例研究；工程师的伦理责任和伦理准则研究，包括在工程设计、施工、运转与维护等各个环节中工程师所面对的伦理义务；大型工程实践的伦理考量研究，包括如何将伦理考量融入工程实践当中，如何让伦理学家参与大型工程实施过程，如何对大型工程进行伦理评价等涉及制度建设的问题；工程伦理教育研究，包括工程伦理教育的目标、内容、方法、实施，卓越工程师的培养，以及与工程界在教育方面的合作等问题；工程伦理建设的公众参与与沟通研究，包括公众参与的原则、方法、程序、平台以及控制与限度，大型工程的舆论沟通、伦理传播与误解消除等问题；中国工程伦理问题，包括中国工程伦理的地方性与国际化，中国工程伦理的现状、问题和对策，中外工程伦理理论和实践的比较，中国大型工程的伦理等问题。当然，工程伦理研究内容归根结底要为提升工程和工程师的伦理水平服务，因而会随着工程实践的发展而不断变化。

### 0.4.5　工程伦理教材的编写思路

进入 21 世纪之后，工程伦理教育受到工程界、教育界和政府部门的高度关注，在工程教育中全面推进工程伦理教育也成为人们的普遍共识。目前大多数工科院校已经开设了工程伦理课程，但针对普通高等工科院校的工程伦理教材尚且缺乏。

基于工程伦理教育的意义和目标，同时充分借鉴国内外相关教材的编写经验，本教材编写力求体现科学性、实用性和先进性，内容安排循序渐进、条理清晰，体现了"以学生为中心，以案例为主线，以思政为灵魂"的 OBE 理念及 CDIO 教育模式。本教材编写遵循以下原则：① 立足工程实践特点，以全面树立与强化工程活动的伦理意识为基本目标；② 充分体现专业领域工程伦理问题的特殊性，强化工程伦理规范的针对性；③ 在坚持职业伦理的规范性、原则性基础上，注意工程伦理实践在具体情境中的复杂性，提升工程伦理决策能力；④ 重视工程伦理基本原则与不同文化本土特点的结合；⑤ 以案例教学为特点，同时体现工程伦理基本理论框架的系统性。

根据以上编写原则，教材的整体结构分为"导论""工程与伦理""科学伦理与学术道德""工程中的风险、安全与责任""工程中的价值、利益与公正""工程师的职业伦理"和"经典案例"共 7 章。各章以引导案例为切入点，在各章末提供参考案例和需要讨论的问题，以供进一步思考。

## 参 考 文 献

[1]　夏嵩，王艺霖，肖平，等. 土木工程专业教育中工程伦理因素的融入："课程思政"的新形式[J]. 高等工程教育研究，2020(1)：172-176.

[2]　陈兴文，刘燕，吴宪雨，等. 基于 CDIO 理念的融合式工程伦理教育教学模式研究与实践[J]. 高教学刊，2019，(4)：94-96+99.

[3]　李艺芸，王前. 工程教育专业认证的伦理维度探析[J]. 大连理工大学学报(社会科学版)，2011，32(4)：79-83.

[4]　李艺芸. 工程教育专业认证的伦理维度探析[D]. 大连理工大学，2011.

[5]　张恒力. 聚焦工程伦理教育多维诉求[N]. 中国社会科学报，2019-07-23(007).

[6]　王远旭. 工程伦理教育的三个维度及其目标[J]. 武汉理工大学学报(社会科学版)，2019，32(3)：43-47.

[7]　宋晓琳，高强，刘浩，等. 工程伦理与工程训练相融合的教育模式探讨[J]. 实验技术与管理，2019，36(2)：213-217.

[8]　杨军. 对高校工程伦理教育的再思考[J]. 学校党建与思想教育，2018，(24)：57-58.

[9]　王进，彭好琪. 工程伦理教育的中国本土化诉求[J]. 现代大学教育，2018，(4)：85-93+113.

[10] 张恒力，许沐轩，王昊. 工程伦理中"道德敏感性"的评价与测度[J]. 大连理工大学学报(社会科学版)2018，39(1)：15-22.

[11] S BURTON, I HABLI, T LAWTON, et al. Mind the gaps: Assuring the safety of autonomous systems from an engineering, ethical, and legal perspective[J]. Artificial Intelligence, 2020, 279.

[12] 许沐轩. 美国工程伦理教育教学模式研究[D]. 北京工业大学，2018.

[13] 邬晓燕. 美国工程伦理教育的历史概况、教学实践和发展趋向[J]. 自然辩证法通讯，2018，40(3)：122-127.

[14] 李正风，丛杭青，王前. 工程伦理[M]. 北京：清华大学出版社，2016.

[15] 唐凯麟. 伦理学[M]. 北京：高等教育出版社，2001.

[16] 肖平. 工程伦理导论[M]. 北京：北京大学出版社，2009.

[17] 罗国杰，马博宣，余进. 伦理学教程[M]. 北京：中国人民大学出版社，1997.

[18] M WMARTIN, R SCHINZINGER，工程伦理[M]. 张劲燕译. 台北：高立图书公司，2006.

[19] 周川，王旭东. 软件开发工程中的伦理问题及对策探究[J]. 科技创新与应用，2018，(28)：132-133.

[20] 张桢远. 工程项目管理中若干工程伦理问题探讨[J]. 山西科技，2018，33(05)：112-115+118.

[21] 米伟哲. 工程教育认证视角下大学新生工程实践学习必要性研究[J]. 黑龙江科学，2018，9(17)：36-37.

[22] 孙春玲，许芝卫. 工程造价专业认证中工程伦理标准设置与评价研究[J]. 高等工程教育研究，2018(4)：78-83.

[23] 方云录. 浅议师范类专业学生伦理素质现状及改善[J]. 文学教育(下)，2018，(8)：168-169.

[24] 王进，彭好琪. 从"毛坯工程师"到"当责工程师"：工程师的伦理角色分析[J]. 昆明理工大学学报(社会科学版)，2018，18(3)：21-27.

[25] 赵乾宇. 工程风险视野下的伦理反思[J]. 湖北函授大学学报，2018，31(09)：117-118.

[26] 陈雯. 工程伦理教育中案例教学的必要性与改革研究[J]. 福建工程学院学报，2018，16(2)：183-187.

[27] 范春萍，江洋，张君. 研究生"科技与工程伦理"类课程实践探索：以北京理工大学"科学道德和学术诚信"课程为例[J]. 学位与研究生教育，2018，(4)：26-30.

[28] 陈万球，丁予聆. 一种新视角：西方工程伦理的形态演变及其启示[J]. 自然辩证法研究，2018，34(3)：27-32.

[29] 潘宇翔. 大数据时代的信息伦理与人工智能伦理：第四届全国赛博伦理学暨人工智能伦理学研讨会综述[J]. 伦理学研究，2018(2)：135-137.

[30] 张恒力，王昊，许沐轩. 美国工程伦理规范的历史进路[J]. 自然辩证法通讯，2018，40(1)：82-88.

[31] 周骥. 大型水利工程的生态伦理思考：以三峡工程为例[J]. 现代商贸工业，2017(24)：136-137.

[32] 王孙禺，梁竞文. 多学科视角下的工程伦理教育[J]. 清华大学教育研究，2017，38(4)：9-12+18.

[33] 吴雯双. 基因工程中的伦理道德问题探讨[J]. 文理导航(上旬)，2017，(6)：99.

[34] 李云红，喻晓航，苏雪平，等. 工程认证视角下"新工科"人才工程伦理教育研究[J].中国电力教育，2020，(6)：59-61.

# 01

# 第1章 工程与伦理

本章介绍工程、伦理、工程伦理以及工程共同体的概念；工程与技术的关系，道德与伦理的关系；工程活动相关的伦理规范，不同伦理立场的主要观点及区别与联系，伦理困境及伦理选择，工程伦理问题的主体，主要的工程伦理问题以及何时会面临工程伦理问题；工程实践中伦理问题的辨识，处理工程伦理问题的基本原则和应对工程伦理问题的基本思路。

## 教学目标

(1) 了解工程与技术、道德与伦理的关系。
(2) 掌握不同伦理立场的主要观点及区别与联系。
(3) 了解工程伦理问题的主体。
(4) 理解处理工程伦理问题的基本原则。

## 教学要求

| 知 识 要 点 | 能 力 要 求 | 相关知识 |
| --- | --- | --- |
| 如何理解工程 | (1) 掌握技术与工程的关系；<br>(2) 了解工程的过程；<br>(3) 掌握工程活动的七个维度 | 技术与工程 |
| 如何理解伦理 | (1) 了解道德与伦理；<br>(2) 掌握不同伦理立场的主要观点及区别与联系 | 道德与伦理 |
| 工程与伦理 | (1) 了解工程的特征；<br>(2) 掌握工程与伦理的关系 | 工程伦理核心 |
| 工程实践中的伦理问题 | (1) 了解工程活动的行动者网络；<br>(2) 掌握主要伦理问题的特点 | 工程的伦理问题 |
| 如何处理工程实践中的伦理问题 | (1) 了解处理工程伦理问题的基本原则；<br>(2) 了解应对工程伦理问题的基本思路 | 处理工程伦理问题的基本原则 |

**推荐阅读材料**

1. 顾祥林. 工程伦理学[M]. 上海：同济大学出版社，2015.
2. 郑凯，姜毅，李晖. 信息领域工程伦理教育的挑战与对策[J]. 高等理科教育，2021，(4)：14-18.
3. 肖平. 工程伦理导论[M]. 北京：北京大学出版社，2009.

**基本概念**

科学：关于自然界、人类社会和人自身的规律的事实、原理、方法和观念的知识体系以及创建这个知识体系的社会活动。

技术：根据生产实践或科学原理而发展成的各种工艺操作方法和技能以及相应的材料、设备、工艺流程等。

工程：一种实践性研究，研究如何利用各种科学方法使得人和物以及环境以更健康、更安全、更高效的方式相结合，从而赋能个人，促进社会的福祉。

**引例："卡特里娜" 飓风**

2005 年 8 月 29 日，来自加勒比海的 5 级飓风 "卡特里娜"（见图 1.1）以 260 多公里的时速，直逼墨西哥湾沿岸的路易斯安那州、密西西比州和阿拉巴马州，这样的风速在海面上足以掀起近 10 米的海浪。所幸的是，"卡特里娜" 并没有正面与新奥尔良交锋，而是擦肩而过。尽管这样，新奥尔良的大部分居民还是不得不撤离，飓风使整个城市失去了 10 多万个工作岗位。

图 1.1   "卡特里娜" 飓风旋转中心

　　"卡特里娜"飓风给美国造成了巨大的人员伤亡和经济损失，整个受灾面积几乎与英国国土面积相当。"卡特里娜"飓风还同时冲击了美国乃至世界经济。美国在墨西哥湾沿岸的一系列港口相继关闭，20%的石油生产陷入瘫痪。一家国际风险评估机构预计，"卡特里娜"造成的经济损失总额达到 1000 亿美元。飓风使大量民用建筑和公共设施遭受了严重破坏，据波士顿的一家资产评估公司估计，保险公司的理赔规模将在 120～260 亿美元。

　　应美国陆军工程兵团(USACE)的邀请，美国土木工程师协会(ASCE)成立了"'卡特里娜'飓风外部审查小组"，对 USACE 的"跨部门性能评估特遣队"(Interagency Performance Evaluation Task Force)的工作进行综合审查。ASCE 的最终报告《新奥尔良市飓风防御系统：出现了什么问题以及为什么》详细阐述并有力地说明了工程师保护公众安全、健康和福祉的伦理责任。

　　ASCE 的报告记录了工程的缺陷、组织与政策上的失误以及未来可以汲取的经验教训。它指出："卡特里娜"飓风给新奥尔良地区带来的灾难，与其他自然灾害相比其独特之处在于，大部分堤坝损毁应归咎于工程和与工程相关的政策的失败。特遣队过高地估计了土壤强度，使得防洪堤坝强度比它本应该有的要小；堤坝和水泵的原始设计也没有达到安全的强度标准，并且未能坚决而清楚地向公众通报该市及其居民将要面对的飓风风险水平。考虑到分配具体过失的困难，审查小组决定不去追究这个问题。

　　报告指出，州和地方政府对维护社会治安与保护公民安全负有重要的责任。当"卡特里娜"飓风一登陆，新奥尔良地区的法治和秩序便开始恶化。新奥尔良地区无序的法治环境妨碍了救灾工作的进行，有些情况下甚至临时中断了救灾行动，同时延缓了诸如电力、供水和通信等重要私人部门服务的恢复。

　　该报告确认了一系列关键的思想转变和行为变化。首先，安全应被放在公众优先权的首位。这就需要工程师为未来飓风的发生(可能性)做好准备，而不是让专家和民众对未来发生可能性相对较小的事情——就像这次飓风一样——掉以轻心。其次，有关人员应该做一些明确的量化风险评估，并且以一定的方式通报给公众，以使非专业人士在决定风险可接受或不可接受时拥有真实的话语权。此外，一个有组织的、相互协作的、强有力的飓风防御领导与管理体系是必需的。这个监管机构负责提供领导和战略视野，界定角色与职责，提供正式的沟通渠道，确定资金分配的优先次序，并协调关键建筑物的建造、维护和运行。

　　ASCE 的报告督促改善并审查设计飓风防御系统的程序。它指出：ASCE 有一个长期的政策，该政策主张，当一些公共工程项目的运作对公众安全、健康和福祉至关重要时，要有独立的外部同行审查制度。特别是在紧急情况下，正如在遭遇"卡特里娜"飓风袭击时，工程的可靠性是至关重要的。审查小组得出结论：这样的外部审查过程的有效运作能显著地减少损失。

　　报告的最后提醒工程师是具有局限性的，但从伦理上看，将安全放在第一位是十分重要的。面对节约资金或按时完工的压力时，工程师必须保持坚定，并且遵守职业伦理规范的要求，在公众安全的问题上绝不能让步。报告的最后呼吁工程师们更广泛地履行 ASCE 伦理章程的第一条，即基本原则，恪守保护公众安全、健康和福祉的承诺。这不仅仅是新奥尔良飓风防御系统的指导方针，而且"它必须同样严格地应用于工程师工作的所有场合——在新奥尔良，在美国，在全世界"。

从上述引导案例可以明显地看出工程知识对于公众生命和福祉的重要性。ASCE 的报告呼唤工程师为将来的飓风防范做更充分的准备，并且呼吁工程师在工程活动中履行基本原则，恪守保护公众安全、健康和福祉的承诺。许多工程师志愿付出努力，帮助"卡特里娜"飓风的受害者，并帮助恢复灾区，让灾民可以安全居住。这些工程师的姓名并不为人所知，但是他们的工作应该得到赞扬，而不应该仅仅被认为是理所当然的。这些行为反映了工程师在工程活动中所应秉持的一种道德价值，成为工程伦理的重要研究课题。

工程伦理研究始于 20 世纪 60 年代的西方，是一门哲学、伦理学与工程学、社会学交叉的新兴的学科门类。在规范性意义上，"工程伦理"指工程中得到论证的道德价值，明确何为嵌入工程活动中的"德行"(virtue)和"卓越"(excellence)。在描述性意义上，工程伦理关注的是工程实践中出现的特定伦理问题和伦理困境，通过践行并不断完善伦理规范和规则来实现"有限的伦理目标"，为应对工程中出现的具体伦理问题提供指导。本章将重点探讨工程和伦理的概念，分析工程实践中可能出现的各种伦理问题，提出处理工程实践中伦理问题的基本原则。

## 1.1    如何理解工程

探讨工程伦理问题，分析工程实践中出现的伦理困境，不仅需要明确"工程"的概念，更需要了解与之紧密联系的科学、技术之间的关系。科学发展推动技术发展，技术发展再推动工程发展。科学、技术和工程相互交织，三者的进步是相辅相成的。将科学知识运用于技术和工程中，可以创造出服务于人类的工艺和产品，技术的提高又能进一步促进科学活动。现代社会人类的工程活动都要以技术为基础，对技术的选择和应用直接或间接地影响工程的进步及发展方向。因此，工程与技术密切相关。在讨论工程伦理的相关问题之前，必须明确它们之间的联系与区别。

### 1.1.1    科学与技术

科学是关于自然界、人类社会和人自身规律的事实、原理、方法和观念的知识体系以及创建这个知识体系的社会活动。科学至少包括三个方面的内容：第一，科学是人们研究自然、社会、思维的本质及其规律所获得的一种知识体系；第二，科学不仅是一种知识体系，它还是产生知识体系的一个活动、一个过程；第三，科学还是一种社会事业，科学不仅由科学家个人进行，还需要整个社会共同参与。例如，研究宇宙中有无"反物质"和"暗物质"问题，就需要各国科学家、政府联合制造和发射"阿尔法磁谱仪"。

技术是根据生产实践或科学原理发展而成的各种工艺操作方法和技能以及相应的材料、设备、工艺流程等。技术包括三方面的内容：第一，技术是人们为了变革自然和社会所采取的一切物质手段、工具和方法的总和。第二,技术不仅是某种物质手段、工具或方法,它还是由技术思想或技术方案设计向生产技术和工程技术转化的一个过程。和科学一样,技术也是一个不断发展、创新的过程,例如我国目前开展的技术创新。第三,技术是某一时代社会生产力发展水平的重要标志。例如,人们常常把某种主导技术作为划分社会时代的标志,如原子能时代、计算机时代等。

国内外研究学者对于科学与技术的表述不尽相同,但是基本上可以理解为科学革命是指人类对客观世界规律的认识发生了具有划时代意义的飞跃,从而引起科学观念、科学模式以及科学研究活动方式的根本变革。它是人类认识领域的革命,是对科学理论体系的根本改造和科学思维方式的深刻变革,从而把人类对客观世界的认识提高到一个新水平。而技术革命指的是人们改造世界方式的根本性变革,是引起社会生产力巨大发展并推动生产关系变革的世界性的技术突破。这意味着科学革命与技术革命具有相对独立性和各自内在的发展逻辑。

19 世纪后半期以后,科学与技术两者的联系日益密切,逐渐融合成一个有机整体,科学向技术转化的速度日益加快。习近平主席指出,"当今全球科技革命发展的主要特征是从'科学'到'技术'转化",这个主要特征也贯穿于历史上多次科技革命,可以说只有具备这个主要特征的科技革命才是真正的科技革命。

钱学森基于科学与技术互动而提出的技术科学思想,对于科技体系发展仍具有重要的指导意义。技术科学作为现代科技体系中的"桥梁",是推进工程技术进步、带动基础科学发展的重要纽带。

## 发现故事　自然界厌恶真空

人们早就知道,只要抽去水管里的空气形成真空,水就会沿着水管往上流。亚里士多德解释抽水现象有一句名言——自然界厌恶真空。这句话的意思是:大自然是不会让真空存在的,一旦出现真空就让水来填补,于是水就被抽上去了。真空出现在哪里,水就跟到哪里。

但是,从古罗马时期以来,人们就注意到一个现象:用来输送水的虹吸管,当它们跨越高 10 米以上的山坡时,水就输送不上去;在超过 10 米深的矿井里,水泵怎么也抽不上水来。大自然为什么只能填补 10 米以下的真空,而不能填补 11 米、12 米以上的真空呢?伽利略注意到空气有重量,他的学生托里拆利(1608—1647 年)从这一事实出发,把真空问题的研究推进了一大步。托里拆利通过实验为矿井抽水问题提供了一个新答案。他论证说,地球被大气层包围,由于空气有重量向下对水面施加压力,当活塞提升时对矿井水面施加的这种压力使水在泵筒中提升,因此泵筒中水柱高度 34 英尺(10.5 米)的最大值反映的不过是大气对井的水面所施加的总压力。同时,托里拆利推断,如果他的猜测是正确的,那么大气压力也能够支持相应的比较短的水银柱。

帕斯卡注意到了这个假说的其他检验蕴涵。他推论说,如果托里拆利气压计中水银柱是靠在开口水银井上面的空气压力来取得平衡,那么它的长度将随着高度增加而减少,因为空气的重量在上面变得更小。帕斯卡的这一断言由他妹夫彼里耶进行检查,他在山高约 4800 英尺(1 英尺 = 30.48 厘米)的山脚下测量了托里拆利气压计中水银柱的高度,然后把仪器带到山顶,并在那里重复测量;同时另一只气压计作为对照留在山脚下,由他的助手监管。彼里耶发现,在山顶上水银柱比山脚下短 3 英寸(1 英寸 = 2.54 厘米),而对照气压计的水银柱高度在这天始终不变。

大气压力究竟有多大? 这方面最为生动的事例发生在德国。1650 年,德国工程师格里克(1602—1686 年)发明了抽气泵,这样,人们就能较容易地获得真空。1654 年,格里克进行了有名的"马德堡半球实验",这是人类第一次用演示实验生动地表明了大气压力的存在。

## 1.1.2　技术与工程

技术是对造型艺术和应用技术的描述。技术几乎和人类一起诞生。关于技术起源有不同的说法,认为技术起源于巫术、劳动、好奇心、兴趣、游戏、玩具,或者起源于知识、科学、经验直觉、机会、机遇,而得到公认的是技术起源于需求,它最初是以经验为基础的。

工程起源于人类不断发展的实践活动,在人与自然不断斗争的过程中,工程逐渐出现;随着技术的不断发展,工程规模也越来越大。例如埃及金字塔和中国长城是古代伟大的工程代表,今天的曼哈顿工程、基因工程、神舟五号、南水北调等都属于工程。

### 发现故事　　曼哈顿工程

曼哈顿工程是二战期间美国主导的开发功能性原子武器项目的代号。该项目是在美国新墨西哥州的洛斯阿拉莫斯进行的,目的是吸引一些世界顶尖的科学家以及美国军方参与进来负责原子弹的生产和最终使用。这一工程动员了 10 万多人参加,历时 3 年,耗资 20 亿美元,于 1945 年 7 月 16 日成功地进行了世界上第一次核爆炸,并按计划制造出两颗实用的原子弹。后来曼哈顿工程完善的核裂变技术成为开发核反应堆、发电机以及其他创新技术应用的基础,包括医疗成像系统(例如 MRI 机器)和各种癌症的放射治疗。

### 发现故事　　南水北调工程

南水北调即南水北调工程,是中华人民共和国的战略性工程,分东、中、西三条线路。东线工程起点位于江苏扬州江都水利枢纽,中线工程起点位于汉江中上游丹江口水库,西线工程尚处于规划阶段。南水北调工程主要解决我国北方地区,尤其是黄淮海流域的水资源短缺问题。工程规划区涉及人口 4.38 亿人,调水规模 448 亿立方米。工程规划的东、中、西线干线总长度达 4350 公里。通过三条调水线路与长江、黄河、淮河和海河四大江河的联系,构成以"四横三纵"为主体的总体布局,以实现中国水资源南北调配、东西互济的合理配置格局。

南水北调中线工程、南水北调东线工程(一期)已经完工并向北方地区调水。南水北调工程自 2014 年全面建成通水以来，南水已成为京津等 40 多座大中城市 280 多个县市区超过 1.4 亿人的主力水源。截至 2023 年 3 月 31 日，南水北调东中线工程累计调水量超 612 亿立方米。其中，为沿线 50 多条河流实施生态补水 85 亿立方米，为受水区压减地下水超采量 50 多亿立方米。

技术与工程之间既有区别又彼此联系。两者的区别主要体现在以下四个方面：第一，两者内容和性质不同。技术是以发明为核心的活动；工程是以建造为核心的活动。第二，两者"成果"的性质和类型不同。技术活动成果大多为发明、专利、技术技巧和技能，是在一定时间内有产权的私有知识；工程活动成果主要是物质产品、物质设施，直接显现为物质财富本身。第三，两者的活动主体不同。技术活动的主体是发明家，工程活动的主体是工程师以及工人、管理者、投资方等。第四，两者的任务、对象和思维方式不同。技术是探索带有普遍性的、可重复性的"特殊方法"，而工程活动则是利用科学原理和技术手段的发明创造过程。

虽然技术与工程之间有差异，但是彼此也有紧密的联系。首先，它们都以满足人类的某种需要为目的，是人类在认识世界的过程中为了获得更为优质的生活而改造世界的活动。其次，任何时代的工程活动都要以那个时代的技术为基础，工程要对技术进行集成，同时工程也必然成为技术的重要载体，并使技术的本质特征得以具体化。"当作为过程的技术在工程中被集成时，动态的技术在其过程中要经历形态的转化，要与工程中的相应环节匹配、整合，而被集成为'在场'技术，即工程技术"。可以说，技术是工程的手段，工程是技术的载体和呈现形式，技术往往包含在工程之中。

### 1.1.3　工程的定义

"工程"一词由"工"和"程"构成。《说文解字段注》中解释"工，巧饰也"，又说"凡善其事者曰工"。《康熙字典》集前贤之说，对"工"补充有"象人有规矩也"。再看"程"字，"程，品也。十发为一程，十程为分"。"品，即等级"，"品评程"即一种度量单位，引申为定额、进度。《荀子·致仕》中有"程者，物之准"。准，即度量衡之规定。可见"工"和"程"合起来即工作进度的评判，或工作行进之标准，与时间有关，表示劳作的过程或结果。"工程"一词曾出现在北宋欧阳修的《新唐书·魏知古传》中："会造金仙、玉真观，虽盛夏，工程严促"。此处"工程"指金仙、玉真这两个土木构筑项目的施工进度，注重过程。清代钦定《工程做法则例》中记录了 27 种建筑物各部尺寸单和瓦石油漆等的算料算工算账法。总之，中国传统工程的内容主要是土木构筑，如宫室、庙宇、运河、城墙、桥梁、房屋的建造等，强调施工过程，后来也指其结果。

工程一词在 18 世纪的欧洲主要指称军事工程，如作战兵器的制造、军事堡垒的修建等活动。19 世纪工程也开始指称道路、桥梁、江河渠道、码头、城市排水系统等民用工程的修建活动。1828 年，英国伦敦民用工程师学会[ the institution of civil engineering(London)]把 civil engineering 定义为"驾驭天然力源、供给人类应用与便利之术"，当时工程重事实，理论尚属幼稚,故谓之"术"。工业革命时期出现了机械工程、采矿工程。随着科学技术的发展,几乎每次新科技出现都会产生一种相应的工程,而且各门工程之"学理"亦日臻完备。

随着人类文明的发展,人们可以建造出比单一产品更大、更复杂的产品,这些产品不再是结构或功能单一的东西,而是各种各样的所谓"人造系统",比如建筑物、轮船、飞机等,于是工程的概念就产生了,并且逐渐发展为一门独立的学科和技艺。

王沛民等人在《工程教育基础》一书中定义,工程即技术、科学、专业;孔寒冰从三个角度定义工程:一是造福人类的实践活动;二是与科学技术相关的知识体系;三是创造一种世界从未有过的专门职业。李伯聪教授在《工程哲学引论——我造物故我在》中认为,工程是对人类改造物质自然界的完整的、全部的实践活动的总和。《2020 年中国科学和技术发展研究》给出的定义则为:人类为满足自身需求有目的地改造、适应并顺应自然和环境的活动。我们把工程定义为"有目的、有组织地改造世界的活动"。这一定义中的限制词"有目的"把无意识地自发改变世界的活动排除在外。例如人们污染环境的行动虽然也改变世界,但不能称为工程。而环境工程则是有目的地改善环境的活动,所以是工程的一种。另外,定义中的限制词"有组织"则把分散的个体活动排除在外。因此,原始人把野生稻改造为栽培稻不算工程,但"大禹治水"是组织很多人进行的,应是一种早期的工程活动。朱京强调"工程的社会性",这一社会性与本定义中的"有组织活动"应当是同义词。到目前为止,工程都是按照被改造的对象而命名的。

工程是一种实践性研究,研究如何利用各种科学方法使得人和物以及环境以更健康、更安全、更高效的方式相结合,从而赋能个人,促进社会的福祉。"工程"是科学的某种应用,通过这一应用,将自然界的物质和能源通过各种结构、机器、产品、系统和过程,以最短的时间和精而少的人力做出可靠且对人类有用的东西。

在现代社会,工程可分为广义和狭义两种。广义的工程定义为,工程是由一群人为达到某种目的,在一个较长时间周期内进行协作活动的过程。狭义的工程定义为,工程是以满足人类需求的目标为指向,应用各种相关的知识和技术手段,调动多种自然与社会资源,通过一群人的相互协作,将某些现有实体(自然的或人造的)汇聚并建造为具有预期使用价值的人造产品的过程,如"化学工程""三峡工程""载人航天工程"等。工程伦理课程中的工程,主要是指狭义的工程概念。

工程也包含以下几点内涵:第一,工程活动是从制订计划开始的,或者说计划是工程活动的起点。第二,实施(操作)是工程活动最核心的阶段,工程活动的本质是实践、是行动。第三,工程的决策理论和方法在工程的成败和工程哲学中具有特殊的重要意义。它涉及工程的自然要素、科学技术要素、环境要素、社会人文要素和价值要素等一系列要素,是工程伦理研究的核心问题。

## 1.1.4  工程的过程

工程的完整生命周期如图 1.2 所示,包括计划、设计、建造、使用和结束。

```
┌─────┐   ┌──────┐   ┌──────────────┐
│     ├──→│ 计 划 ├──→│  设想提出、决策  │
│ 工  │   └──────┘   └──────────────┘
│ 程  │   ┌──────┐   ┌──────────────┐
│ 的  ├──→│ 设 计 ├──→│  思路、理念、方案 │
│ 完  │   └──────┘   └──────────────┘
│ 整  │   ┌──────┐   ┌──────────────┐
│ 生  ├──→│ 建 造 ├──→│ 实施、安装、试车、验收│
│ 命  │   └──────┘   └──────────────┘
│ 周  │   ┌──────┐   ┌──────────────┐
│ 期  ├──→│ 使 用 ├──→│   投入运营    │
│     │   └──────┘   └──────────────┘
│     │   ┌──────┐   ┌──────────────┐
│     ├──→│ 结 束 ├──→│   报废处理    │
└─────┘   └──────┘   └──────────────┘
```

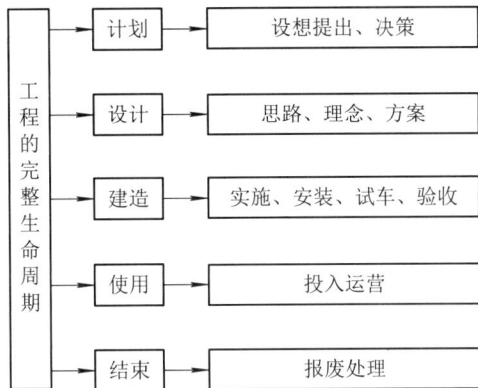

图 1.2　工程的完整生命周期

计划环节包括工程设想的提出和决策两个部分,主要解决工程建造的必要性和可行性问题。工程问题的提出通常是指根据实际情况与需求,提出要决策的问题,并搞清楚其性质、特征、范围、背景、条件及原因等;而工程决策是工程计划的关键环节,是知识、权力、规范和利益等各类要素的结合与博弈。由于工程实践的不确定性,决策作为一种行为不仅存在于工程计划环节,而且贯穿于工程活动始终。如何通过决策程序和决策依据来平衡决策者的权力,促使决策者做出相对公平的利益分配,成为工程伦理新的关注点,代表了工程伦理由单纯注重个体或团体的行为规范向建立与伦理相关的制度的一种转向。

设计环节需要设计师、工程师和其他参与者依据工程目标设计工程方案,包括工程的设计思路、设计理念以及具体施工方案等。设计是工程的核心环节之一,设计合理与否直接决定了工程能否顺利开展。

建造环节包括工程实施、安装、试车和验收等步骤,是根据工程设计方案对自然进行改造的过程。建造过程具有高度的创造性和不确定性,应遵从设计方案,同时又在实践中不断修改和完善方案。

使用环节指的是工程竣工验收之后投入运营的时期。通过使用,工程对公众和环境等方面产生的影响也逐步显现。对于工程自身来说,通过使用实现其价值是必经的环节,也是最为关键的环节之一。在工程使用的过程中,用户、受工程影响的其他公众开始越来越广泛地介入工程系统之中。

使用期之后,进入结束环节,即报废处理。一旦报废则涉及巨额费用,同时废弃物处理也易造成环境污染,因此在工程设计和建造时期,就需要考虑工程结束期的废物处理和再利用问题,应尽量选择可再生材料,或者可循环利用的建筑结构。

至此工程的完整生命周期就完成了。这五个环节密不可分,相互影响,缺少任何一个环节,工程都是不完整的。

在进行工程设计时,要立足于工程实践活动的系统结构和生命周期全过程。马克思说:"在人类历史中即人类社会的产生过程中形成的自然界是人的现实的自然界,因此,通过工业——尽管以异化的形式——形成的自然界,是真正的、人类学的自然界。"工业日益在实践上进入人的生活，改造人的生活。"包括工程活动在内的生产劳动既是人的实践的社会形式，又是自然的物质过程，劳动是制造使用价值的有目的的活动，是为了人的需要而占有自然物，是人和自然之间的物质变换的一般条件，是人类生活的永恒的自然条件"。

从过程的角度理解工程，第一种观点是将工程理解为设计的过程，工程的实施是根据设计进行生产制造。如同西方学者 Louis Bucciarell 所指出的设计是工程的核心，但工程设计不是一个机械或计算的过程，而是一个社会建构的动态过程，即工程是一个动态的设计过程。第二种观点是将工程理解为建造的过程，认为建造是工程的本质。在 Mitcham 看来，工程作为一种建造过程，不同于仅仅帮助自然的行为，而是改变和重构自然；同时，工程的建造行为是由发明、研发、设计、生产、销售、服务和管理等一系列子行为构成的行为系统，而且是动态的行为过程；此外，工程作为行为系统与经济、社会因素密切相关，承载了特定的社会价值。我国工程哲学家李伯聪也认为，造物的实践活动更能够体现工程的本质。他认为，如果说在认识活动中如笛卡儿所说"我思故我在"，那么在工程活动中，则"我造物故我在"。这两种观点从不同的角度反映了工程活动的特点。

## 1.1.5　作为社会实践的工程

任何一个工程项目整体上都是一种社会实践。工程是人们调整和协调社会关系的社会实践活动过程。马克思曾指出："以一定的方式进行生产活动的一定的个人，发生一定的社会关系和政治关系。"在社会实践活动过程中，工程的构建需要人与人之间既合作又竞争的动力支持，合作可以维系社会关系，竞争可以发展社会关系。因此，人们在工程这个社会实践载体上，协调社会关系，进行既合作又竞争的社会实践活动。

"作为社会实践的工程"可从两个角度进行考量：第一，工程活动是工程共同体通过实践将工程设计和知识应用于自然的过程，本身具有社会性；第二，工程活动的目的是"好的生活"，其造福人类社会的目标具有社会性。

实践活动是在社会群体中开展的，需考虑这些活动对社会带来的影响，包括是否符合法律规定、是否违背社会公德、是否挑战人类伦理准则、是否符合生物安全有关规定、是否对生态环境造成恶劣影响等。通过实践活动可能会暴露一些问题，然后探索解决问题的办法，做到真正服务于社会，承担社会责任。

工程作为一种由具有有限理性的人所主导的社会实践，既具有社会性，又具有探索性。这两个方面都使得工程实践与伦理问题紧密相关。一方面，工程实践不仅涉及与工程活动相关的工程师、其他技术人员、工人、管理者、投资方等多种利益相关者，还涉及工程与人、自然、社会的共生共存，因此面临着多重利益关系。如何兼顾工程实践过程中各主体间不同的利益诉求，尽可能平衡或减少其中的利益冲突，体现公平公正的社会伦理准则和可持续发展理念，是工程实践必须面对的重要问题。另一方面，由于工程具有不确定的结果，工程活动既可能形成新的人工物满足人们的需求，也可能导致非预期的不良后果，可以说，"工程是社会试验"，而且，技术发展常常是"双刃的、有双面孔的和在道德上有双重性的"，这使得作为社会试验的工程成为一种"被制造出来的风险"。由此出发，如何尽可能有效地规避风险，并最大限度地服务于"好的生活"，不但需要制定必要的行为规范，而且要求监测和反馈；同时也要求"取得那些受影响者的同意"。

## 1.1.6　工程活动的七个维度

与科学、技术或文化相类似，工程活动也是非常复杂的社会现象。从单一视角理解工程非常局限。因此，我们需要从以下七个维度认识工程活动。

### 1. 哲学维度

哲学维度涉及工程的本质、工程的价值、工程师及其相关人员的责任等问题的反思，即关于工程的两个基本哲学问题：什么是工程？工程的意义和价值何在？哲学的思考，首先要反思自身的责任：工程的价值何在？什么是好的设计和好的工程？工程师如何更好地履行自己的使命？其次是要回应对工程活动的质疑和批判。

工程哲学可以解决工程技术中所忽略的问题。解决工程问题要上升至哲学的高度去考虑，通过工程哲学思维去推动并完善工程科学体系建设。如果对工程活动的理解缺乏哲学的高度和角度，往往对工程活动的整体性难以把握。工程哲学对工程活动的引导具有极高的实践和应用价值。

20 世纪中期以来，关于技术和工程的批判不绝于耳。批评者认为，工程师们把丑陋的建筑和毫无用途的消费品倾注到人类社会，导致生态失衡等诸多问题。应对这些批评，说明工程活动的合理性，需要工程师们从哲学的维度思考工程的本质和意义。特别是以哲学的视角来看待工程活动及其引发的诸多伦理困境时，也涉及对"好的生活"的价值指向和相应的行为规范的反思。

### 2. 技术维度

工程活动和技术紧密结合。工程活动是技术的应用和实践，在深层意义上展示出人类的智慧和道德责任与精神。工程活动越来越依赖于技术的进步，许多引领设计与建造潮流的工程，最终的实现往往得益于应用了先进的材料与技术。在工程实践的过程中，为了使人造物体现新的设计理念，具备优良的品质，展现独特的风格，成为城市或地区的标志，设计师和工程师、建造者往往努力寻求最佳的技术路径，探索利用新材料和技术来实现创造性的奇思妙想。

比如悉尼歌剧院，被作为当代艺术与现代科技结合的产物，它不仅体现了建筑应与周围环境有机融合的"有机建筑"理念，而且代表了当时建筑技术和建筑材料的最高水平。值得注意的是，工程并不只是简单地应用技术，而是要创造性地把各种先进的技术"集成"起来共同实现新的人工建造物；而且在这个过程中，也可能发明新的技术，开发技术的新用法，或者实现技术上的重大突破。可以说，工程实践不但为技术提供了用武之地，而且本身也是孕育新技术的温床。

### 3. 经济维度

经济维度主要包括工程的经济价值和工程的经济性两方面。工程的经济价值体现在很多工程能够立项并得以实施，主要是会带来显著的经济效益。工程经济的组成部分主要包括成本、现金流量、营业收入和利润等。成本实际上是一种现金流出，是企业经营过程中的支出，是为了达到经营目的而提前支出的部分。现金流量主要反映在融资、投资和业务中，集中反映在资产负债表中。工程活动的经济性体现在对耗资巨大、影响广泛、管理复杂的工程实践，要以尽可能小的投入获得尽可能大的收益。这是需要仔细核算的问题。

工程活动需要经济评价指标来保证决策的科学性与正确性，按照科学的经济指标来执行，以此减少投资风险，最大程度地提高经济效益。因此调查研究工程的活动方案、投资估算、融资方案等都是很有必要的。

尽管工程的实施还必须充分考虑社会、生态等多方面因素，但经济利益无疑是激发人们开展工程活动的重要动力。应重视经济分析工作，并将其应用到具体工程活动中，在科学分析、重安全、抓质量、保进度、措施到位的同时实现利润最大化，达到降本增效的目的。这对于整个工程活动的发展和运行具有非常重要的作用。

### 4. 管理维度

工程实践中管理维度解决的问题是使工程的不同环节、相继的时间节点实现高效协同。工程管理部门可以是招标方，也可以是受委托的项目管理公司。工程管理的内容会随着项目的不同阶段而发生改变。如建筑工程管理有严格的工作范围、时间进度、成本预算、质量性能等方面的要求，仅依靠个人解决不了问题，必须借助团队合作的力量。项目活动也是团队合作管理的过程。

### 5. 社会维度

从社会维度来看，由于工程活动的复杂性，它需要多元化的主体来保证工程活动的实施与完成。工程活动的主体包括政府、企业以及工程师。政府以实现社会利益和公众利益最大化为目标，对工程活动中的政策进行制定、监督与指导。企业追求绩效，以期实现利益最大化；企业部门处于一定的社会关系中，它的发展程度也取决于它所建立的社会关系。正如马克思所说，"社会关系实际上决定着一个人能够发展到什么程度"。工程师在工程活动中不仅要履行技术创新和应用的责任，而且还要协调与其他工程共同体之间的责任冲突。

### 6. 生态维度

工程活动与生态环境有着密切的关系，工程问题处理不当会对自然环境与生态平衡带来不可逆转的负面影响。从 18 世纪末到 20 世纪初，产业革命所造成的城市人口剧增以及城市范围扩大给生态环境带来了巨大的压力；20 世纪初到 40 年代，石油化工产业的发展，给环境带来了前所未有的污染；20 世纪 50 年代以后，放射性污染以及有机合成化学物带来的有机氯化物污染，使得环境污染进入泛滥期。从某种程度来讲，工程实践可能对生态环境带来严重影响。这也要求人类将改造自然的行为严格限制在生态规律之内，使得人类活动与自然规律相互协调，努力实现人与自然的和谐发展。因此高度重视生态和环境，保护自然资源，维护和促进生态系统的完整和稳定是人类应尽的义务。

**发现故事** 贺兰山生态保护修复

再野化是近年来国际上新兴的一种生态保护修复方法，即通过大规模的生态系统修复以及自然过程重塑，促进人与自然和谐相处，使大自然中的所有主体都能够健康发展和兴旺。再野化也是一种基于自然的解决方案。

贺兰山(见图 1.3)横跨宁夏回族自治区和内蒙古自治区，处于青藏高原、蒙古高原和黄土高原的交界处，山脉呈南北走向绵延 250 余公里，东西宽 20～40 公里，最宽处 60 公里，是我国重要的自然地理分界线和西北重要生态安全屏障。位于干旱半干旱区过渡地带的贺兰山，历史上经受过高强度放牧和长时间序列露天及井下矿山开采等大范围、剧烈的人类活动干扰，导致脆弱的生态系统进一步退化。

十八大以来，党中央、国务院高度重视贺兰山生态环境保护修复。习近平总书记在 2016 年 7 月、2020 年 6 月视察贺兰山时指出，对破坏生态环境的行为必须扭住不放、一抓到底，直到彻底解决问题。

贺兰山生态保护修复工程资金投入累计 150 多亿元，其中"宁夏贺兰山东麓山水林田湖草生态保护修复工程"纳入国家第三批山水林田湖草生态保护修复工程试点。工程总投资 53.66 亿，中央财政奖补资金 20 亿。按照"安全、生态、景观"的顺序治理破损地貌，消除人类威胁；修复受损生态系统，增加荒野程度；修复景观斑块之间的通道，增加连通性。这使贺兰山自然生态系统整体功能增强。另外，发展葡萄庄园生态文化产业，促进人与自然和谐共生。

图 1.3　贺兰山风光

**小知识** 2021 年生态保护和修复重大工程

自然资源部与世界自然保护联盟(IUCN)开展合作，组织翻译和出版了标准与使用指南两个文件，并结合我国生态保护和修复重大工程与实践，在全国范围内选取了 10 个代表性案例，分别是：官厅水库流域治理、贺兰山生态保护修复、云南抚仙湖流域治理、内蒙古乌梁素海流域保护修复、钱塘江源头区域保护修复、江西婺源乡村建设、东北黑土地保护性利用、重庆城市更新、广西北海陆海统筹生态修复和深圳湾红树林湿地修复。这些案例涉及自然、农业、城市等生态系统类型和国土空间主体功能，对我国乃至全球基于自然的解决方案本地化应用具有示范和借鉴作用。

### 7. 伦理维度

工程活动作为许多要素的集成性活动，是现代社会存在和发展的物质基础。它不但涉及人与自然的关系，而且涉及人与人、人与社会的关系，因此存在着许多深刻、重要的伦理问题。可以说没有与伦理无关的工程，任何工程活动中都必然蕴涵着一定的伦理目标、伦理关系和伦理问题。

其中一个焦点性的问题是关于伦理维度的地位和作用以及如何认识伦理维度和其他维度的相互关系。一方面，必须承认确实存在着相对独立的伦理维度的问题，因此绝不能消解或取消伦理这个"独立的维度"；另一方面，又要承认在工程活动中，纯粹的伦理问题一般来说是不存在的，伦理问题常常和其他问题密切结合在一起。在研究和分析工程伦理问题时，我们必须把伦理分析和其他维度的分析结合起来，否则，对工程中伦理问题的分析就难免要陷于"浪漫主义"的幻想或"空中楼阁"式的空谈。

在后面的各章中，我们探讨工程实践中具有一定普遍性的伦理问题，同时也将对不同类型的工程实践中面临的特殊伦理问题展开具体的分析。

## 1.2　如何理解伦理

一般而言，人们会把道德和伦理视为一个概念，其实，两者并非完全一致，这两个概念既密切相关，又有一定的区别。在本节中我们将具体探讨道德与伦理的关系，分析不同的伦理立场可能出现的伦理问题，以及面对伦理选择时应注意的问题。

### 1.2.1　道德与伦理

在中国古代，就已经出现"伦理"与"道德"这两个词。"伦理"表示客观人际"关系"，即处理人与人、人与自然的相互关系应遵循的规则。而"道德"是由"伦理"关系所规定的角色个体的义务，并通过修养内化为德性。在古典中国伦理学中，"伦理"主要指的是客观的宗法等级"关系"范畴；道德、德性属于"伦理"中角色个体的内在精神。但"道德"与"伦理"密切相连，两者不能孤立存在，否则就搞不清"道德"的含义。

在古代社会，荀子说："学至乎礼而止矣。夫是之谓道德之极。"认为只有明白了"礼"，才能懂得自己应尽的义务，在"伦理"关系中做一个有道德的人。如同董仲舒所言："制度文采玄黄之饰，所以明尊卑，异贵贱，而劝有德也"。在实践上，唯有通过"礼"才能让个体明白自己所当遵循的"道德"；在学理上，唯有通过"礼"这一伦理实体才能把握中国古代的"道德"。而没有了角色个体之"有德",所谓"伦理实体"也就成了有名无实的空壳,这也同时表明了"伦理"与"道德"具有统一性。

英语中"伦理"(ethics)的概念源于希腊语的 ethos,"道德"(moral)则源于拉丁文的 moralis,古罗马思想家西塞罗用拉丁文 moralis 作为希腊语 ethos 的对译。由此可见,这两个概念在起源上的确密切相关,都包含传统风俗、行为习惯之意。此后这两个概念的含义发生了一定的变化,"道德"(moral)更多包含了美德、德行和品行的含义。因此,尽管"伦理"一词经常与"道德"这个概念关联使用,甚至有时被同等地加以对待,但人们也注意到两者之间的差异。

### 💡 小知识　道德起源

"道德"起源于中国古代思想家老子的《道德经》。老子说:"道生之,德畜之,物形之,势成之。是以万物莫不尊道而贵德。道之尊,德之贵,夫莫之命而常自然"。

道德是个人对应该如何做事的主观认知水平,并将这种主观认知水平落实到自身的行为方式上。老子《道德经》中"道生之,德畜之……尊道而贵德"是指一个人认识到自然和客观事物的发展变化规律,从而使自己的行为受到某种自律、约束,使自己的行为更加正当。而伦理是如何处理人和人、人和自然、人和社会之间关系的问题,是一种社会规范。这种社会规范往往是人们在长期的实践中把一些好的行为习惯积累下来,从中提炼出做事的一些规范性要求。如果社会上每个人的道德水平都提高了,它所建立起来的伦理规则就会在一个比较高的伦理立场上。很多人将科研诚信理解为伦理问题,正是因为诚信长期以来是伦理上的要求。

习近平总书记在中国共产党第十九次全国代表大会报告中指出:"我们党团结带领人民……进行了二十八年浴血奋战,完成了新民主主义革命,一九四九年建立了中华人民共和国,实现了中国从几千年封建专制政治向人民民主的伟大飞跃。"从伦理关系的维度去理解,中华人民共和国的建立已经使得作为几千年封建专制政治社会基础的宗法等级"伦理实体"失去了存在的理由,代之而立的则是适应"人民民主"的新的"伦理实体"。这是不以人的意志为转移的历史逻辑。

"伦理"与"道德"的区别在于"道德"更突出个人因为遵循规则而具有"德性","伦理"则突出依照规范来处理人与人、人与社会、人与自然之间的关系。而两者的相同点在于,伦理与道德都强调值得倡导和遵循的行为方式,都以善为追求的目标。善的理想往往具体化为普遍的道德准则或伦理规范,以不同的方式规定了"应当如何""应当如何行动(应当做什么)""应当成就什么(应当具有何种德性)""应当如何生活"等。"应当"表现为人和人之间相互关系的要求和道德责任,从而引申出"应当如何"的观念和伦理规范。伦理规范"反映着人们之间,以及个人与个人所处的共同体之间的相互关系的要求,并通过在一定情况下确定行为的选择界限和责任来实现"。进而,善的理想通过人的实践进一步转化为善的现实。

## 1.2.2  不同的伦理立场

什么是好的、正当的行为方式？伦理规范在人类社会生活中是否值得应用？如何得到应用？对这些问题的思考形成了不同的伦理学思想和伦理立场。这些伦理立场可以概括为功利论、义务论、契约论和德性论。

### 1. 功利论

功利论评价行为是否正当主要取决于行为后果。功利论也被称为后果论或效益论，其本质的特点是对后果主义的承诺和对效用原则的采用。如果行为后果带来的是幸福，则认定此行为是正当的。但并不只是单纯地每个人只追求自己的幸福，而是对任何可能相关的人最大的幸福，称之为最大善、公共善。只有当一个行为能够最大善时，它才是道德上正确的。

**小知识  功利主义**

功利主义亦称"功利论""功用主义"，通常指以实际功效或利益作为道德标准的伦理学说。战国思想家墨子以功利言善，是早期功利主义的重要代表。宋代思想家叶适和陈亮主张功利之学，注重实际功用和效果，反对惟言功利和空谈性命的义理之学。

根据功利论判断行为是否正当，需比较这个行为带来的好处和风险。现在大多关于科技界的讨论都是基于功利论，比如换头手术、基因编辑婴儿等。在功利论的立场上，善意的谎言是可取的，因为可能带来善、带来好的结果。

在工程中，伦理规范的核心原则是"将公众的安全、健康和福祉放在首位"。功利论是解释这个原则最直接的方式。一方面，它以成本效益分析方法帮助工程师对可供取舍的行动及其可能产生的结果进行比较和权衡，然后把这些结果与替代行为的结果在相同单位上进行比较，以便最大限度地产生好的效应。另一方面，当在特定场合不这么做将产生最大善的时候，这些规则可以被修改乃至违背，"不做损害雇主和客户利益的事，除非更高的伦理关注受到破坏"。当一套最优的道德准则产生的公共善大于别的准则(或至少与别的准则一样多)时，个人行为就可在道德上得到庇护。

### 2. 义务论

义务论是指行为本身是有道义、有伦理意义的，有的事情不能做，比如撒谎。站在义务论的立场，诚信是内在要求。功利论聚焦于行动的后果，而义务论则关注的是行为本身。义务论者强调，行为是否正当不应该仅依据行为产生好的后果来判定，行为本身也具有道德意义。行为本身或行为所体现的规则是否遵从了道义或道德准则，可以帮助我们判断行为是否正当。因此，义务论也被称为道义论。

以康德为主要代表的理想主义义务论者认为，人是理性的存在，理性追求的是理想至善，道德法则的使命就是"自己为自己立法"，人的自由意志就是要实践道德法则。为遵循"心中的道德法则"，康德强调对道德律令的理性自觉和自我约束，即道德自律。以罗斯(W. D. Ross，1877—1971)为代表的义务论者往往聚焦于行为本身，强调行为本身就具有道德意义。例如，工程项目的规划、设计与实施在一定程度上会改变自然环境，影响生态系统，关系人与自然的和谐。义务论的思想对于环境工程师的要求是时刻注意自己的职业行为，在工程实践活动中应该将环境保护作为第一要素，自觉按照道德规范或生态伦理限度去从事实践活动，自觉抵制对人类赖以生存的自然生态环境有危害的行为或活动。

### 3. 契约论

契约论讲求忠诚，要忠实地履行契约，诚信是契约论的重要要求。契约论的思想可以追溯到古希腊思想家伊壁鸠鲁，他视国家和法律为人们相互约定的产物。17 至 18 世纪，英国哲学家霍布斯、洛克及法国思想家卢梭等人进一步发展了契约论的思想，提出了社会契约论。20 世纪契约论的主要代表人物是美国学者罗尔斯(John Bordley Rawls)，他主张"契约"或"原始协议"不是为了参加一种特殊的社会，或为了创立一种特殊的统治形式而订立的，它的目的是确立一种指导社会基本结构设计的根本道德原则，即正义。罗尔斯围绕正义这一核心范畴，提出了正义伦理学的两个基本原则：一是个人自由和人人平等的"自由原则"；二是机会均等和惠顾最少数不利者的"差异原则"。

从契约论的视角分析，以罗尔斯等为代表的契约论者以"正义"作为指导社会基本结构设计的伦理原则，通过制度性的框架体系来约束个人的行为，凸显"契约"或"原始协议"的目的及价值。比如，对于环境工程师来说，需对工程项目是否达到生态环保要求进行严格把关，必须对关于工程现有各方面的数据进行客观且公正的评价与分析，避免欺骗性的行为，否则就违背了"契约"或"原始协议"签订的初衷。

### 4. 德性论

德性论是指一个有德性的人应该是可靠、诚实的，也被称为美德伦理学或德性伦理学。德性论者认为，伦理学的核心不是"我应该做什么"的问题，而是"我必须是具有何种品德的人"的问题。

以亚里士多德、麦金泰尔等为代表的德性论者以"行动者"为中心，看重行动者个人的品质，关注自身具有怎样的品德，应该是什么样的人。德性论的思想对环境工程师提出应然的生态伦理规范具有重要的启示。应该能够正确看待人类与自然界的关系——尊重自然、敬畏自然，树立人与自然和谐发展的理念。人类的生存与发展依赖于自然界，甚至人类的产生也是源于自然界。更应该以敬畏之心协调人与自然的关系，把保护自然环境、尊重自然规律放在首位，树立人与自然和谐发展的理念，注重个人品德的养成。

德性论者不仅强调要拥有德性，还要在实践中不断践行德性，德性只有通过实践才能达到自我实现。从德性论的视角出发，环境工程师应该根据自己的专业知识和职业特性来彰显"行动者"的"品质"，用自己的"德性"来影响他人。在决策民主化不断推进的今天，不同群体具备环保意识的综合程度影响工程实践活动按照环保的要求向前推进。

### 1.2.3  伦理困境与伦理选择

伦理困境是指人们在行为选择中面临道德冲突，但又必须加以解决的一种特殊境遇，是难以避免的一种矛盾。它不仅包括行为选择与行为标准之间的冲突，还包括不同行为意义上的冲突。伦理困境发源于价值观冲突，诱发伦理选择的困难和问题。

工程实践中应该如何坚持伦理立场？功利论以道德"效用"或"最大幸福原则"为基础，认为行动的道德正确性标准在于通过行动来产生的某个非道德的价值，比如幸福；义务论则认为行动本身就具有内在价值，康德更是认为道德要求体现在所谓的"绝对命令"中；契约论并不偏重行为的结果，而是更注重行为的程序合理性，强调达成共识之后按照契约行动；德性论则从职业伦理的角度为人的行动提供了一种内在的倾向性标准，比如诚信、正直、友爱等。价值标准的多元化导致了人们在具体的工程实践情境中选择的两难，工程活动本身的复杂性又加剧了行为者在反映不同价值诉求的伦理规范之间的权衡。

在面对复杂的伦理问题或伦理困境时，需要处理好以下伦理关系：第一，自主与责任的关系。在尊重个人的自由、自主性的同时，要明确个人对他人、对集体和对社会的责任。第二，效率和公正的关系。在追求效率，以尽可能小的投入获得尽可能大的收益的同时，要恰当处理利益相关者的关系，促进社会公正。第三，个人与集体的关系。在追求工程的整体利益和社会收益的同时，要充分尊重和保障个体利益相关者的合法权益。但是，工程实践也不能一味追求个人利益，而忽视了工程对集体、对社会可能产生的广泛影响。第四，环境与社会的关系。这里的"环境"具有多重含义，可以指生态环境，也可以指生活环境。环境与社会二者是互相影响、互相制约的辩证关系。在实现工程的社会价值的过程中，如何遵循环境伦理的基本要求，促进环境保护，维护环境正义，是工程实践不得不面对的重要挑战。

## 1.3  工 程 与 伦 理

从人类发展来看，工程实践活动有着悠久的历史，伴随着不同类型的工程行为。值得注意的是，人类大规模改造自然的工程行为不可避免地涉及人与自然、人与社会、人与人之间的关系，不同的利益诉求也会导致工程行为选择上的困境和冲突。因此，工程实践不仅是一种改造自然的技术活动，也是涉及人、自然和社会的伦理活动，因此我们就需要探讨工程和伦理的关系。

**发现故事**　怒江水电站开发

怒江水电开发一直存在争议，成为环保与发展争议的标志性事件，也被外界视为中国乃至世界水利开发主要受阻于环保因素的一个罕见案例。

怒江既是资源最富集的地区之一, 也是全国最贫困的地区之一, 怒江水电开发被视为该地区脱贫致富求发展的重要途径。按照云南省有关部门提出的规划, 怒江中下游干流共开发 13 个梯级电站, 总投资将近 900 亿元, 可以带来 40 多万个长期就业机会, 不但电力会成为地方新兴的支柱产业, 而且也会带来巨大的社会经济效益。当地的官员说:"怒江的人民有脱贫致富的强烈愿望, 已经初步具备了开发怒江水电的能力, 具备了改变家乡面貌的能力。"

有一些水利专家也认为, 怒江现在的问题不仅仅是保护和恢复生态的问题, 还有拯救生态的问题。开发怒江水利资源, 对于治理怒江流域的生态环境具有关键的意义。只要在开发当中重视环保问题, 坚持科学的开发方式, 资源开发和环境保护是可以实现双赢的。

但怒江水电开发引发了多方面的争议。支持者认为怒江水电开发可以改变该地区的贫困面貌, 不但会增加就业机会, 也能够带动地方建材、交通等产业的发展, 促进财政增收, 由此带来的社会经济效益将远远超过电力行业本身。

反对者的主要理由包括以下几个方面:

(1) 水电站的建设可能影响怒江的旅游业。

(2) 兴建水电站会改变自然河流的水文、地貌及河流生态的完整性和真实性, 同时也将影响和降低其作为世界自然遗产的地质、地貌、生物多样性、珍稀濒危物种以及自然美学价值。

(3) 该地区是少数民族聚居区, 怒江的开发会破坏该地区多民族聚居的独特的地方民族文化。

(4) 应从国家生态安全长期目标出发, 将其作为一条生态河流予以保留。

(5) 水电开发必将引起村庄、部落的迁移, 由此引发的移民问题难以解决。

从怒江水电开发的案例中, 我们可以思考一些问题: 为什么一个水电开发工程会引起如此大的争议? 这个争论涉及了哪些伦理问题? 如何理解水电开发工程实践中出现的伦理问题? 一些重大工程的实施必然引发环境问题, 又该如何去处理经济发展与环境保护的关系?

以环境保护为例, 我国在社会发展、经济建设过程中产生了一系列的伦理问题。改革开放以来, 我国经济持续、快速、健康发展, 环境保护工作也取得了很大成就。尽管中央把环境与资源保护作为基本国策之一, 但环境保护形势仍然十分严峻。工业污染物排放总量大的问题还未彻底解决, 城市生活污染和农村面临的污染问题又接踵而来, 生态环境恶化的趋势还未得到有效的遏制。

我国是发展中国家, 解决环保问题归根到底要靠发展。我国要消除贫困、提高人民生活水平, 就必须毫不动摇地把发展经济放在首位, 各项工作都要围绕经济建设这个中心来展开。无论是社会生产力的提高、综合国力的增强、人民生活水平和人口素质的提高, 还是资源的有效利用、环境和生态的保护, 都有赖于经济的发展。但是, 经济发展不能以牺牲环境为代价, 不能走先污染后治理的路子。我国在这方面的教训是极为深刻的。因此,正确处理好经济发展与环境保护的关系，走可持续发展之路，保持经济、社会和环境协调发展，是我国实现现代化建设的战略方针。

随着社会的进步，人们对生活质量提出了更高的要求，"天更蓝、树更绿、水更清、城更美"成为人们的共同心声。经济发展与环境保护的关系，归根到底是人与自然的关系。解决环境问题，其本质就是处理好人与自然、人与人、经济发展与环境保护的关系问题。在人类社会发展的过程中，人与自然从远古天然和谐，到近代工业革命时期的征服与对抗，到当代的自觉调整，再到努力建立人与自然和谐相处的现代文明，是经济发展与环境保护这一矛盾运动和对立统一规律的客观反映。有些人错误地认为环保与经济发展是对立的，要保护环境必然要牺牲经济的发展。这些年的实践证明，正确处理环境与发展的关系，二者是可以相互促进的，可以达到经济和环境的协调发展。美国的环境保护和经济发展状况为我们提供了很好的可资借鉴的范例。

当今，绿色经济、循环经济成为新世纪的标志。用环保促进经济结构调整成为经济发展的必然趋势。保护环境就是保护生产力，改善环境就是发展生产力。因此，如何协调环境与经济的关系，建设人与自然和谐相处的现代文明，是坚持实现保护环境的基本国策的关键。

工程伦理的研究源于西方20世纪60年代，从它的建立依据与背景来看，人类的工程实践不仅是一种改造自然的技术活动，也是关于人、自然和社会的伦理活动；从它的建立层面来看，工程伦理是一门新兴的学科，涵盖了哲学、伦理学、社会学等学科。

探讨工程伦理问题，分析人类工程实践中出现的伦理问题，首先应该明确"工程"的概念。在现代社会，人类的工程活动都要以技术为基础，对技术的选择和应用直接或者间接地影响工程的进度及发展方向。因此，工程和技术密切相关，在讨论工程伦理相关问题之前，必须搞清楚技术与工程之间的联系与区别。

## 1.3.1　工程的特征

随着工业化进程的推进，人类对于自然力量的控制和利用越来越紧密地与近代以来的科学发现和技术发明联系在一起。所以，工程往往被视为是对科学和技术的应用。约翰·D.肯珀(John D·Kemper)和比利·R.桑德斯(Billy R. Sanders)认为，工程是这样一种活动，通过学习、经历和实践获得数学和自然科学的知识，并将其应用于判断，以研发经济地利用材料和自然力量的新方法，造福人类。

这个概念可以表征工程的三个特征，并帮助我们分析工程与伦理的联系。第一，它相当正确地表明工程与数学和自然科学有着密切的关系。工程以某种方式将这些科学应用于开发人类利用材料和自然力量的方法这一实践中。第二，"应用于判断"这表明它不是一个简单的算法过程，进行判断是必需的，这意味着允许以不同的方式利用数学和自然科学，可能还意味着其他方面。第三，肯珀和桑德斯所提到的工程项目能够帮助我们理解工程与人类福祉之间的联系。通过精心的设计，喷气式飞机、数字计算机、吊桥、核反应堆和空间卫星都可以提供这样的福祉。事实上，一些精心的设计也可能导致严重的伤害与摧毁(如军事装备)。而且,其中一些工程产品,即使意图是为人类谋福利,但是也可能在带来福利的同时带来巨大的风险,喷气式飞机可能坠毁,吊桥可能坍塌,卫星可能失灵并带来危害等。

这些复杂的情况有助于我们理解伦理与工程的联系。工程师所做的事情对人类福祉影响深远,影响可能是好的也可能是坏的。工程对于非人类的生命、人类和非人类的环境同样也有着深刻的影响。

## 1.3.2　工程伦理的核心

工程伦理的核心是对工程和伦理这两个概念的理解。在美国教育和学术界,对工程的理解通常涉及工程师,工程(engineering)和工程师(engineer)似乎是一对术语,这对术语总是成对地出现在对这两个术语的定义中。这就好像伦理(ethics)与道德(moral)成对地出现在对它们各自的定义中一样,人们总是习惯于用其中的一个来定义另外一个。戴维斯认为,这在某种程度上是一种循环定义,定义项直接或间接地包含了被定义项。

总体来说,对工程伦理的理解有两个方面,一是从科学和技术的角度看工程,二是从职业和职业活动的角度看工程。第一个视角容易导致还原论,将工程作为技术的一个应用部分,而不是作为一种有其自身特征的相对独立的社会实践行为。在这种视角下,工程伦理也就被消融为技术伦理,因而也就没有独立存在的必要。在 20 世纪 80 年代的美国学术界就曾经流行过这种观点。第二种视角又容易将工程伦理与其他职业伦理混为一谈,从而抹杀了科学技术在工程职业中的特殊地位。这种视角容易将工程伦理仅仅归结为工程师的职业伦理,而忽略了工程活动的伦理维度。本书倾向于从第二个视角出发来理解工程,我们将工程职业活动看作是一种社会实践活动。

## 1.3.3　工程伦理与工程师伦理

随着工程技术不断发展,其负面效应也日渐突出。环境污染、能源危机等一系列问题的出现,使得与工程技术联系最为密切的工程伦理问题成为工程界、哲学界和社会广泛关注的问题。工程师必须遵守工程伦理准则,在工程活动中具有社会责任感、正确的价值观、利益观和强烈的伦理道德意识,才能自觉担负起维护人类共同利益的伦理责任。

工程伦理是关于"工程技术人员(包括技术员、助理工程师、工程师、高级工程师)在工程活动中,包括工程设计和建设以及工程运转和维护中的道德原则和行为规范"的研究。

工程师的伦理行为是工程师作为道德主体出于一定的目的而进行的能动地改造特定对象的活动。其中工程师伦理行为选择是工程师伦理行为的核心和实质部分。工程师伦理行为选择是指工程师面临多种伦理可能时,在一定的伦理意识的支配下,根据一定的伦理价值标准,自觉自愿、自主自觉地进行善恶取舍的行为活动。

现代工程活动使工程师扮演了一个极其重要的专业角色,工程自身的技术复杂性和社会联系性,必然要求工程师不仅精通技术业务,能够创造性地解决有关技术难题,还要善于管理和协调,能够处理好与工程活动相关的各种关系。

## 小知识  工程师和科学家的区别

科学家努力探索大自然，以便发现一般性法则，工程师则遵照此既定法则，在数学和科学上解决一些技术问题。科学家研究事物，工程师建立事物。科学家探索世界以发现普遍法则，工程师使用普遍法则以设计实际物品。

工程伦理伴随着工程师和工程师职业团体的出现而出现。起初，人们理所应当地认为工程任务会带给人类福祉，但后来发现工程实践目标很容易被等同为商业利益增长，这一点随着越来越多工程的实施遭到了社会批判。由于工程师应用的现代科学技术拥有巨大力量，人们逐渐要求工程师承担更多伦理的义务和责任。

从职业发展来说，工程师共同体强调行业的专业化和独立性，同时也需要加强职业伦理建设。从工程实践来说，好的工程要给社会带来更多的便利，工程师必须要解决社会背景下工程实践中的伦理问题。这些问题仅仅依靠工程方法是无法解决的，在工程设计中尤其要寻求人文科学的帮助。总之，工程伦理就是对工程与工程师的伦理反思，只要人们生活在工程世界中，使用工程产品，工程伦理便和每个人的生活密切相关。

工程伦理研究作为科技哲学领域的研究热点之一，它的核心问题是"如何让工程实现更好的使用和更多的便利"。工程伦理学家借助哲学和伦理学的方法，尤其是概念分析、反思性批判和全球比较等方法，结合工程实践的具体语境做出面向实践的可操作性的回答。工程伦理研究内容归根结底要为提升工程和工程师的伦理水平服务，因而会随着工程实践的发展而不断变化。

## 小知识  西方工程伦理发展阶段

美国哲学家卡尔·米切姆认为工程伦理的发展经过了五个主要阶段。现代工程和工程师诞生初期，工程伦理处于酝酿阶段，各个工程师团体并没有将之以文字形式明确下来，伦理准则以口耳相传和师徒相传的形式传播，其中最重要的观念是对忠诚或服从权威的强调。19世纪下半叶20世纪初，工程师的职业伦理开始有了明文规定，成为推动职业发展和提高职业声望的重要手段。20世纪上半叶，工程伦理关注的焦点转移到效率上，即通过完善技术、提高效率而取得更大的技术进步。第二次世界大战之后，工程伦理进入关注工程与工程师社会责任的阶段。反核武器运动、环境保护运动和反战运动等风起云涌，要求工程师投身于公共福利之中，把公众的安全、健康和福祉放到首位，让他们逐渐意识到工程的重大社会影响和相应的社会责任。21世纪初，工程伦理的社会参与问题受到越来越多的重视。强调社会公众对工程实践中的有关伦理问题发表意见，工程师不再是工程的独立决策者，而是在参与式民主治理平台或框架中参与对话和调控的贡献者之一。

# 1.4　工程实践中的伦理问题

从工程与科学技术的关系角度来看，工程实践是为了实现特定的目标，调动社会力量，将相关科学技术高度集成后建造人工产品的过程。从此种意义上来说，工程实践既是应用科学和技术改造物质世界的自然实践，更是改进社会生活和调整利益关系的社会实践。

物质的实践是工程的基本特性，人是实践的主体，人与自然之间、人与人之间必然发生的多样化的、可选择的关系是伦理问题产生的重要前提。因此，对于工程实践中的伦理问题的探讨，应该以分析人这个实践主体作为出发点。

## 1.4.1　工程活动的行动者网络

工程活动作为人的造物过程是大规模的集体性社会活动，它的主体是企业、工程师、工人、管理者、投资者、政府等多元异质群体交互作用组成的社会行动者网络，工程参与者是承载着不同社会关系、具有不同的价值目标的各种利益相关者。

### 小知识　行动者网络理论

行动者网络理论是由法国社会学家卡龙和拉图尔提出的社会学分析方法。该理论研究了人与非人行动者之间互相作用并形成的异质性网络，认为科学实践与其社会背景在同一过程中产生，并不具有因果关系，它们相互建构共同演进，并试图对技术的宏观分析和微观分析进行整合，把技术的社会建构向科学、技术与社会关系的建构扩展。

行动者网络的意义在于各参与行动者在结合为网络的同时也塑造了网络，没有技术和社会的经济背景之区分，没有了技术因素和非技术因素的区别。不管是人类还是非人类都被看作是行动者网络的要素，其解构了人与非人因素分立的二元论方法。

对工程活动的行动者网络分析可以有两个维度：第一个维度是不同类型的行动者之间的交互作用，构成我们通常所说的工程共同体；第二个维度是同一类型的行动者之间的交互作用，这以工程师共同体为典型代表。这两个维度的行动者网络彼此交织，围绕着工程构成了一个立体的社会网络，这个立体网络在"内部"和"外部"关系上存在着多种复杂的经济利益和价值关系。

## 1.4.2　主要的工程伦理问题

工程不是单纯的科学技术在自然界中的运用，而是工程师、科学家、管理者乃至使用者等群体围绕工程这一内核所展开的集成性与建构性的活动。工程活动集成了技术要素、经济要素、社会要素、自然要素和伦理要素等多种要素。而伦理要素与其他要素联系在一起，形成工程伦理关注的四个方面，即工程的技术伦理问题、工程的利益伦理问题、工程的责任伦理问题和工程的环境伦理问题。

### 1. 工程的技术伦理问题

工程活动是一种技术活动，工程技术伦理即工程技术活动所涉及的伦理问题。首先应当考虑的问题是工程的正当性。许多工程规模和影响都十分浩大，即使在修建完成后将其拆除也会对环境和社会产生难以估量的影响，基本不存在恢复如初的可能。随着时代的发展，工程的影响越来越大，对周边的影响也呈现出不可恢复性。换言之，技术进化会产生新的危险因素，这是其正当性问题的根本来源。当然，怀疑其正当性并不意味着要对其彻底否认。事实上，工程从宏观角度来看，利大于弊是毋庸置疑的。比如水利工程，以南水北调为例，工程整体的社会效益是应当被肯定的，但是在中线工程取水中的疏忽却造成了汉江"水华"问题。和其他工程活动不同，水利工程的环境影响呈现出更加难以预估的特性，因为其兴建往往并不直接而且长久地大量排放污染物，在许多时候更多是起到了"蝴蝶效应"般的作用。

技术工具论者认为，技术是一种手段，本身并无善恶。技术自主论者则认为，技术具有自主性。技术活动必须遵从自然规律，并不以人的主观意识为转移。霍金提出"人工智能计算机可能在接下来的 100 年之内就将人类取而代之"的观点。

---

**发现故事　　人工智能伦理问题**

外卖平台作为服务大众的工程项目，其受众人数巨大——外卖市场规模超 6500 亿元，覆盖 4.6 亿消费者。外卖平台一旦出现意外风险控制不当的情况，则会对其受众造成无法估量的损失。在基于大数据的人工智能算法的训练过程中，算法训练结果会随着数据重心的整体偏移而改变，从而导致外卖骑手不得不加快派送的速度进而导致风险增加。

外卖骑手因忽视交通规则造成伤亡的事件并非最近才发生。2017 年上半年，上海市公安局交警总队数据显示，在上海，平均每 2.5 天就有 1 名外卖骑手伤亡。同年，深圳 3 个月内外卖骑手伤亡 12 人。2018 年，成都交警 7 个月间查处骑手违法近万次，事故 196 件，伤亡 155 人次，平均每天就有 1 个骑手因违法伤亡。

### 2. 工程的利益伦理问题

在工程的利益伦理上，工程师需要平衡好工程活动中各方面的利益，需要兼顾效益和公平两个方面。在追求利益最大化的同时，也要协调好工程内外部各方的利益关系。例如，信息技术和人工智能的介入将使得传统工程活动的利益相关方大幅度增加，从而形成原本不存在的利益伦理问题。

工程的基本责任是为人类的生存和发展创造福祉，因此，如何通过工程活动平衡好各方利益，在争取实现效益最大化的同时，协调好各方利益，兼顾效益与公平两个方面，就成为工程中的利益伦理问题着力解决的核心问题，同时也是衡量工程实践活动好坏的重要标准。正如李伯聪教授所说，"工程的决策不应该在无知之幕后进行，而应该拉开无知之幕，让利益相关者出场"。

工程活动中的利益关系包括工程内部和工程外部两个方面。其中，工程内部的利益关系主要发生在工程活动各主体之间，例如工程计划环节中不同出资人之间的利益关系，工程建造阶段工程师与管理人员、工人之间的利益关系，工程建成之后建造者与监督人、使用者的利益关系等。工程外部的利益关系主要是指工程与外部社会环境、自然环境之间的利益关系。例如工程在给一部分地区一部分人带来特定利益的同时，也会对另一部分地区和另一部分人产生不良影响，其中包括经济利益、文化利益、环境利益等。

### 3. 工程的责任伦理问题

工程的责任伦理是指要在工程实践过程中主动承担相应的社会责任，有自身的职业责任感。工程责任不但包括事后责任和追究性责任，还包括事前责任和决策责任。《北京市建设工程质量条例》首次规定，实行工程质量终身责任制，其中建设、勘察、设计、施工、监理五方责任主体以及相关法定代表人都须履行工程质量终身责任。此外，专业技术人员、一线作业人员也须按照规定履行职责，承担岗位质量责任。党的十八届四中全会就提出"建立重大事项决策责任追究制度及责任倒查机制"，具体到工程决策伦理，主要涉及权利与责任、效率与公平两个价值选择问题。

由于工程师是工程责任伦理的重要主体，因而要注重对工程师的伦理知识教育，培养他们的社会责任感，使其从伦理的视角对待工程实践，通过理性的伦理价值判断来处理各种工程伦理难题并在工程实践中发挥主体性作用，主动地运用工程伦理意识来约束和指导实践行为，形成以责任伦理的视角和原则来对待工程活动的自觉意识。工程师应具备良好的诚信与公正责任伦理意识，并在工程的验收和评估中必须秉承科学、客观、诚信和公正的态度。

### 4. 工程的环境伦理问题

工程造成的环境问题，使得我们必须考虑可持续发展问题，工程的环境伦理也由此受到普遍关注。我们应当正确看待技术产物在造福人类的同时对环境生态带来的不利影响，思考工程活动中"绿水青山就是金山银山"的重要性和必要性，正确看待自然界事物的内在价值和相关权利，树立尊重自然、人与自然和谐相处的工程师环境伦理观念。现代工程活动中的环境伦理原则主要由四部分构成：尊重原则、整体性原则、不损害原则和补偿原则。

现阶段，我国的环境所面临的基本问题主要体现为如何协调保护环境与促进经济发展之间的关系，逐步形成节约能源的产业结构，实现经济的可持续发展。因此，关注环境、保护环境就成为现实而迫切的挑战。工程师们需要牢固树立工程师责任感和为公众谋福祉的工程使命感，以及"绿水青山就是金山银山"的环境伦理观念，并在工程活动中践行社会主义核心价值观。

### 1.4.3 工程伦理问题的特点

工程伦理问题的特点主要包括历史性、社会性和复杂性三个方面，其中历史性是从时间的维度，社会性和复杂性分别是从参与者和涉及因素的维度来看待工程伦理问题的。

#### 1. 历史性

工程伦理问题的历史性与社会发展阶段相关。在社会发展过程中，工程伦理的价值取向、研究对象和关注的焦点问题都随时代改变。其中，工程伦理的价值取向经历了"忠诚责任—社会责任—自然责任"的转变。

不同社会时期对价值判断会有明显的差异。例如城市河流堤防建设，传统的方法是建设标准化的防洪堤将河流渠化。随着时代的进步，目前有部分城市开始摒弃传统方式，而下大力气拓宽河道、采用接近自然的河道断面，努力恢复河流生态系统，打造美丽的河流风景线。显然，为达到同样的防洪标准，生态友好型方案的建设和运行维护成本更高。这种价值取向的变化，正是工程伦理历史性特征的具体体现。

随着技术的不断发展以及工程应用范围的扩大，工程与技术、社会、环境的结合及其之间的联系更为紧密，工程伦理学的关注领域也逐渐将网络伦理、环境伦理、健康伦理、生命伦理等关系到人类未来生存和发展的全球性问题纳入研究范畴。例如，计算机普遍应用所带来的技术胁迫、网络的言论自由及产生的权力关系以及大型工程技术的应用所导致的世界性贫困等问题。

#### 2. 社会性

工程伦理问题的社会性体现为多利益主体相关，取决于工程自身的社会性。社会需求是工程的有机要素。知识、社会需求、分析和创造力四者之间的互动关系，形成工程的核心属性。工程活动从根本上属于社会性质的生产。

工程是关于人的活动，也是关于自然的活动。认识其社会性，不但要考虑组成社会的具体人的具体需求，还要考虑工程活动对自然的影响——最后也是对人类社会的影响。一些工程活动表面上看取得了预期的成效，但是长远考虑，又有一定的负面效应。面对自然界以及社会，人们起初更多关注的是最初的最明显的成果，但逐渐会发现人们为取得上述成果而作出的行为所产生的较远的影响，可能完全是另外一回事，甚至完全相反。

从工程伦理发展视角来看，社会越传统、经济越落后，人们的道德自觉程度就越低，在工程伦理意识中会夹杂各种传统观念和非理性的风俗意识。与此同时，经济、技术发达的社会中，如果制度文明落后、社会组织制约方式集中，社会行为制约者也会很少考虑社会行为的伦理问题。这会影响人们对待工程的伦理态度，制约人们的伦理行为方式，妨碍工程道德意识提高和工程道德原则设计的进步。

#### 3. 复杂性

工程伦理问题的复杂性体现在行动者的多元化以及多因素交织两个方面。

工程活动是一项集体性活动，在人类文明高度发达的现代社会，工程实施范围极其广泛，工程项目规模大、技术复杂，且与许多不同的领域密切相关。任何一项工程，在实施过程中除了立项、规划、设计等前期工作阶段，还包括实施、运行等多个阶段。每个阶段都是很多科学原理的综合运用，同时也是诸多技术的集中展现。事实上，工程不仅是科学理论和技术的集中体现，还与其"外部"的社会经济等因素密切联系，与生态、环境、伦理高度相关。

这种技术要素与经济、社会、管理等基本要素的集成增加了当代工程的复杂性。技术的高度集成也使得技术系统对自然的影响具有不确定性，技术系统的构成要素和结构越复杂，失效的可能性就越大。加上工程本身就与科学实验不同，它是技术在现实环境中的创造性应用，过程本身就带有很高的不确定性。据此马丁等学者指出"甚至看起来用心良好的项目也可能伴随着严重的风险"，这表达了工程的复杂性可能导致工程结果产生不可控风险。

## 1.5　工程实践中伦理问题的处理

对每一位工程行为者而言，处理好工程实践中的诸多伦理问题并不仅仅表现为形式化的遵行伦理规范的过程。工程伦理规范作用的对象——工程行为者及其行动——总是展开于具体的工程实践场景中，而具体情境对规范、原则的制约，又往往表现为行为者在实践过程中经由反思、认识后的调整和变通。在一般意义上，处理好工程实践中的诸多伦理问题，行为者首先需辨识现实工程实践场景中的伦理问题，然后通过对当下工程实践及其生活的反思和对规范的再认识，将伦理规范所蕴含的"应当"现实地转化为自愿、积极的"正确行动"。

### 1.5.1　工程实践中伦理问题的辨识

工程伦理问题的出现必然伴随着具体的工程实践，工程伦理问题常常与社会问题、法律问题等其他问题交织在一起，需要我们以正确的角度区分工程伦理问题。

#### 1. 工程伦理问题产生的背景

在古代，工程伦理还处于基于经验与技能的阶段，随着工程活动的不断积累，哲学家们开始根据道德判断工程实践。随着 16 世纪近代科学的发展，工程实践开始向国家利益靠拢。到近代，随着电气时代的飞速发展，人们开始相信自己能够征服自然，工程实践对社会环境的影响也进一步扩大。1952 年的伦敦城，因原煤使用量激增，加之雾气的笼罩，出现了雾霾严重、航班停飞、人们呼吸困难等问题，4000 多人因此死去。痛定思痛，人们逐渐意识到工程实践过程对环境、对社会影响的伦理问题，并开始在工程活动中增加对工程伦理的思考。

#### 2. 工程伦理问题的主体

工程伦理学科体系的建立，除了对工程伦理的理论问题和相关伦理困境提供分析的思想和方法，更要从伦理道德角度对工程实践中存在的问题与风险、已发生的事故、可能的严重后果等给予价值关切，寻求现实的解决方法。因而，以规范工程活动各主体行为和行动为目标的工程伦理具有了应用伦理学特征。在西方，学者将应用伦理学问题按照来源进行分类：一类来自各个专业，一类来自公共政策领域，一类来自个人决定。按照以上三种来源，应用伦理学的研究对象包括两类：一是在公共领域引起道德争论的特定个人或群体的行为；二是特定时期的制度和公共政策的伦理维度。相应地，在工程实践活动中面临伦理问题的对象范围非常广泛，不仅包括工程师，还包括科学家及其他设计者和建造者，以及投资人、决策人、管理者甚至使用者等工程实践主体。同时，不仅是个体，工程组织的伦理规范和伦理准则等也面临伦理问题。工程伦理教育不仅包含遇到具体问题时讨论工程实践活动中面临伦理问题的对象范围，还包括从工程伦理本身的学习中出发，使每个人都能触及工程伦理问题，学习有关工程活动中的伦理问题，从而使个人在将来的工程实践中对个人、社会和自然负责。这也是现阶段开展工程伦理教育的初衷。

工程实践活动中出现的工程伦理问题主要有：① 因伦理意识缺失或者对行为后果估计不足导致的问题，如在工程设计、决策过程中未考虑到某些环节会对环境或其他人群造成不良影响。② 因工程相关的各方利益冲突所造成的伦理困境，如经济效益与环境保护之间、数据共享与个人隐私之间的冲突等，特别是工程的投资方的利益诉求与大众的安全、健康和福祉存在严重冲突。③ 工程共同体内部意见不合，或者工程共同体的伦理准则与规范等与其他伦理原则之间不一致导致的问题。如"棱镜门"事件中斯诺登、美国联邦政府对侵犯公众隐私权的伦理判断存在很大冲突，或者工程管理者对成本和时间的要求明显超出了安全施工的界限，就会造成工程师及其他实践主体的伦理问题。由此可见，工程伦理问题的对象和表现形式具有多样性和复杂性，尤其是伦理问题往往伴随着伦理困境和利益冲突。因此，处理工程实践中的伦理问题首先需要借助一些基本伦理原则。

## 1.5.2　工程实践中对实践主体的伦理要求

工程实践主体必须具备一定的工程伦理意识，以便形成一种理想的、积极的工程形态，实现人与人、人与社会、人与自然的和谐。

工程实践主体要具备责任伦理意识。工程中的共同体主要包括施工人员、投资人员及管理人员等相关人员。一个优秀的工程是需要共同体统一协调完成的；但在现实生活中，工程活动中的共同体组织还比较松散，在具体执行期间还存在一些缺点。如各自为政现象的存在，是由于共同体人员欠缺相关性的思维，导致组织的系统功能无法充分发挥。如果共同体、个体没有形成一定的集体凝聚力，不仅会降低整个工程活动的实施效率，也会失去工程活动的实现价值。所以说，在工程活动中，工程中的共同体要形成自身的责任伦理意识，在工作中相互监督、互相交流，形成统一的伦理系统。

工程实践主体要具备问题伦理意识。问题伦理意识使工程实践主体能够认识到工程活动中的一些伦理问题，并根据相关的伦理知识来作出反应。问题是真理研究的基础条件，工程活动中将问题贯穿于始终将发挥较有利的效果。随着建设工程的不断进步，工程活动中经常会产生一些问题，如果这些问题无法处理，将会影响人类社会的积极进步。所以，要促进工程活动价值的形成，工程实践主体就要有问题伦理意识，并针对此问题进行考虑。为此，一方面要把握价值导向。这就需要实践主体考虑问题的存在是否影响社会的未来发展，是否与各个区域、国家及全球的自然环境有关，是否与工程价值相关，保证工程活动的建立和发展能够促进社会、自然的和谐发展。另一方面要把握利益导向。工程实践主体作为工程活动中的主要管理者、引导者，在利益选择上，是以经济效益发展为主，还是以消费者的利益为主，成为工程实践主体主要面对的问题。工程实践主体作为工程活动中的社会者，应该以消费者的利益为主，但由于社会发展情况与工程实践主体存在一定差异，使一些工程实践主体没有充分考虑消费者的利益，致使"豆腐渣工程"、食品安全问题等负面现象多发。因此，使工程实践主体认识到利益导向的问题伦理意识应当是当前社会发展的主要任务之一。

工程实践主体要具备场域伦理意识。场域伦理意识中的场域性主要是工程发生的位置、环境、文化及社会组织结构等一些特殊要素，这些因素影响了工程活动的内在变化。在工程实践开展期间，不能任意妄为，而应时刻关注工程建设区域的自然环境，并尊重自然环境。同时，工程实践主体不仅要认识到地区经济结构、政治结构，同时还要思考当地的历史与文化，以促进施工的合理性和稳定性。工程实践主体在开展工程活动期间，必须尊重区域的历史与文化，并与其融合，这样才能促进城市化进程。

## 1.5.3　处理工程伦理问题的基本原则

伦理原则指的是处理人与人、人与社会、社会与社会利益关系的伦理准则。工程伦理要"将公众的安全、健康和福祉放在首位"。由此出发，从处理工程与人、社会和自然的关系的三个层面看，处理工程伦理问题要坚持人道主义原则、社会公正原则、人与自然和谐发展原则。

人道主义原则是处理工程与人关系的基本原则。人道主义原则就是提倡关怀和尊重，主张人格平等，以人为本。自主原则作为人道主义所包含的一个基本原则，提倡人享有平等的价值和普遍尊严，人应该有权决定自己的最佳利益。实现自主原则的必要条件有两点：一是保护隐私，二是知情同意。此外，不伤害原则作为人道主义的基本原则，强调人人具有生存权，工程应该尊重生命，尽可能避免给他人造成伤害。无论何种工程都强调"安全第一"，即必须保证人的健康与人身安全。

社会公正原则是处理工程与社会关系的基本准则。社会公正是一种群体的人道主义，即要尽可能公正与平等，尊重和保障每一个人的生存权、发展权、财产权和隐私权等。具体到工程领域，社会公正体现为在工程的设计与建造过程中，需兼顾强势群体与弱势群体、主流文化与边缘文化、受益者与利益受损者、直接利益相关者与间接利益相关者等各方利益。同时，不仅要注重不同群体间资源与经济利益分配上的公平公正，还要兼顾工程对不同群体的身心健康、未来发展、个人隐私等其他方面所产生的影响。

人与自然和谐发展原则是处理工程与自然关系的基本原则。人与自然和谐发展意味着在具体的工程实践中注重环保，尽量减少对环境的破坏；同时，还意味着对待自然方式的转变，即自然不再是机械自然观视域下的被支配客体与对象，而是具有自身发展规律和利益诉求的主体，人类的工程实践必须遵从自然规律。人与自然和谐发展需要工程的决策者、设计者、实施者以及使用者都了解和尊重自然的内在发展规律，不仅要注重自然规律，更要注重生态规律。

## 1.5.4 处理工程伦理问题的方法

物质的实践是工程的基本特性，人是实践的主体，人与自然之间、人与人之间必然发生的、多样化的、可选择的关系是伦理问题产生的重要前提。因此对于工程实践中伦理问题的探讨，应该以分析人这个实践主体作为出发点。具体地说，应把对工程活动中的行动者在网络上的探讨作为起点。这就意味着工程实践过程面临多重风险：一是多种技术集成后应用于自然界所带来的环境风险；二是利用技术建造人工物的质量和安全风险；三是工程应用于社会所导致的部分群体利益冲突和受损的风险。

不论哪种伦理学思想或伦理原则，都不能够完全解决我们在实际中面对的伦理问题。作为工程的主要设计者和建造者，工程师不仅需要具备专业的知识和技能，更要具备"正当地行事"的伦理意识，以及规避技术、社会风险和协调利益冲突的能力。

处理好工程实践中的伦理问题对于工程师的培养具有重要意义。它不仅关系到工程师自身伦理素养和社会责任的提升，而且通过工程这一载体，影响经济、社会与自然的和谐发展。工程师在处理此类工程实践中的伦理问题时，应从以下三个方面出发。

### 1. 进行工程伦理教育，提升工程师伦理素养，加强工程从业者的社会责任

长期以来，我国工程教育多注重专业知识与技能的培养，工程伦理教育环节相对缺失，使得工程师在工程实践中往往只看到技术问题，而忽视工程引发的环境问题、社会问题，这是造成工程实践中环境污染严重的重要原因之一。同时，在具体工程实践中，片面追求经济效益、盲目听从长官意志，无视工程的社会责任的现象屡有发生，导致豆腐渣工程、假冒伪劣工程大量出现。工程伦理教育的重要意义，就在于提升工程师的伦理素养，强化工程师和其他工程从业者的社会责任，使其能够在工程活动中意识到工程对环境和社会造成的影响，将公众的利益而非经济利益或长官意志放在突出的位置。

### 2. 树立工程伦理意识，推动可持续发展，实现人与自然的协同进化

现代工程技术已经得到极大发展，人类控制自然的能力不断提高，改造自然的进程也随之加快。但如果滥用知识和技术的力量，就会对自然环境带来极大破坏，并因此导致能源危机、生态危机和环境污染。近年来我国挥之不去的雾霾就鲜明地将环境污染的严峻形势呈现在公众面前。工程作为经济发展的基本实践方式，必须坚持合理的发展理念，在工程设计和工程建设中，应将可持续发展、协调发展作为基本准则之一。

### 3. 控制实践主体，加强风险管控

任何工程中，人都是实践的主体，控制了人，也就控制了工程的一切运行。一切工程都是人类改造自然、创建人居环境、为人类生活居住和生产活动提供空间和设施服务的活动，涉及对自然资源的占用和消耗，对经济增长和社会发展的贡献，对生态环境的改变，对人类发展的历史和文化也产生着重要影响。

正是因为其影响如此广泛，在各类工程项目投资决策、规划设计、建造施工、使用维护运行直至拆除的全寿命周期内，充满了安全与风险、利益分配的公平与公正、经济社会与环境可持续发展、局部与整体、短期与长期利益协调、现代化改造和历史文化传承等一系列工程伦理问题。以工程师为代表的工程专业技术人员在参与工程实践的过程中，应该本着诚实守信、尽责胜任、平等尊重、回避利益冲突、保密自省等职业伦理来面对挑战。

## 参 考 案 例

### 案例 1：重庆石门嘉陵江大桥——"伤心桥"

重庆石门嘉陵江大桥(见图 1.4)是 1988 年竣工的大桥，由于在通车后不久就经常性地缝缝补补，不是换拉索就是补路面，被不少重庆人称为"伤心桥"。重庆石门大桥的修补问题让重庆人很头疼，也是媒体一度监督报道的焦点。2008 年 1 月底，该桥的左半幅桥面维修铺设完工，但是当双向车流转换到这半幅"新"桥面行驶几天后，新桥面出现沥青混凝土上有纵向裂纹的严重问题。2008 年春节后，这半幅桥面更是出现坑洞，露出了路基的钢筋。

图 1.4　重庆石门嘉陵江大桥

针对群众反映的修补问题，大桥经营管理方——重庆路桥股份有限公司曾公开给予答复：由于该桥斜拉索设计使用年限为 20 年，斜拉索达到设计年限以后，其性能已经有所退化，使用安全度和安全储存有不同程度的下降。2005 年，重庆市有关部门曾组织相关技术和施工单位更换了 36 根拉索。后经市政府批准，石门嘉陵江大桥换索工程于 2008 年 10 月 10 日开工，到 2010 年上半年剩余 180 根拉索全部更换完毕，恢复正常通车。而对于桥面的修补，大桥方面一直否认有重大质量问题，只是承认有赶工期的因素。记者从重庆得到的有关大桥安全问题的答复是：目前，石门大桥运行正常，符合安全标准。

针对上述案例，同学们应用工程伦理知识，分析石门大桥为什么会反反复复修补。

## 案例 2：萨拉热窝的水重建工程

1993 年，达拉斯英特泰克特救灾和重建公司(Dallas's Intertect Relief and Reconstruction Corporation)的奠基人，工程师弗雷德里克·坎尼(Frederick Cuny)带领一批助手前往波斯尼亚的萨拉热窝(见图 1.5)，他们试图为被围困的饱经战争创伤的城市居民恢复取暖和安全的水供应。他们到达以后发现，对当地居民来说，仅有的水源源自一条受污染的河流，提着桶到河边取水的人又暴露在狙击手的射程之内，数百名居民死于狙击手的射击。

图 1.5  萨拉热窝

经过对环境的初步调查，坎尼团队认为，在该城市老城区的某个地方必定存在着一个不运作的水系统。幸运的是，他们发现了一个陈旧的蓄水池和输水管网络，如果能设计安装一套新的水过滤系统，那么水网还是可以恢复正常供水的。不幸的是，建造过滤系统所需的材料不得不从外界运进来。

过滤系统的构件被设计成适合 C-130 飞机运输的尺寸，飞机从接壤的克罗地亚首都萨格勒布飞往萨拉热窝。飞机货舱塞满了货物，货物边上只留下了 3 英寸的空间。为了避开萨拉热窝的围攻者们设置的检查站，他们在 10 分钟之内卸下了构件。经过努力，2 万多萨拉热窝居民有了清洁和安全的水源。坎尼于 1969 年 27 岁时创办了英特泰克特公司。在接下来的几年时间里，他和同事们在世界上许多国家开展了灾难救助，包括孟加拉、斯里兰卡、黎巴嫩、危地马拉、亚美尼亚、柬埔寨、苏丹、埃塞俄比亚、索马里、库尔德斯坦和车臣。有人询问救灾的基本方法，他回答道："在任何大规模的灾难中，如果你能将部分从整体中分离出来，那么你通常就能理解整体。"首先聚焦于可以理解的较小部分特征，这是最终理解救灾到底需要什么这一整体景象的关键。

在萨拉热窝，主要是供水和供热带来的问题，这也是坎尼和他的同事们所关心的。在救灾准备工作中，坎尼起初对这样的事实感到吃惊：医疗专业人员和医疗物资通常涌向受灾地区，却没有工程师、工程设备和物资。因此，他反复重申的观点是："为什么官员们不给修复下水道系统以第一优先权呢？而是仅仅制止那些由于卫生条件崩溃而造成的不可避免的后果？"

### 案例 3：切尔诺贝利的核事故

1986 年 4 月 26 日凌晨 1 点 23 分，切尔诺贝利核电厂的第四号反应堆发生了爆炸。这次灾难所释放出的辐射线剂量是二战时期广岛原子弹爆炸的 400 倍以上，导致整个西欧处于紧张之中，造成损失大概两千亿美元。该事故被认为是历史上最严重的核电事故，也是首例被国际核事件分级表评为第七级事件的特大事故。外泄的辐射尘随着大气飘散到苏联的西部地区、东欧地区、北欧的斯堪的那维亚半岛。乌克兰、白俄罗斯、俄罗斯受污染最为严重，由于风向的关系，据估计约有 60%的放射性物质落在白俄罗斯的土地上。但根据 2006 年的 TORCH(The Other Report OnChernobyl)报告指出，实际上半数的辐射尘都落在上述的三个苏联国家以外。此事故引起大众对于苏联的核电厂安全性的关注，事故也间接导致了苏联的瓦解。苏联瓦解后独立的国家包括俄罗斯、白俄罗斯及乌克兰等每年仍然在事故的善后以及居民的健康保健方面投入经费与人力。因事故而直接或间接死亡的人数难以估计，且事故后的长期影响到目前为止仍是个未知数。2005 年一份国际原子能机构的报告认为直到当时有 56 人丧生，47 名核电站工人及 9 名儿童患上甲状腺癌，并估计大约 4000 人最终将会因这次意外所带来的疾病而死亡。一支由科学家和工程师组成的队伍一直在那里工作，他们力图处置那些使核反应堆周围 20 英里的区域内再也无法住人的大量核燃料。如果这些核燃料不能得到妥善处理，那么它将会威胁到更多居民。

这些科学家和工程师所受到的辐射远远地超过了美国制定的可接受的水平(大约超过 6 万倍)。在哥伦比亚广播公司的 60 分钟专访节目中(1994 年 12 月 18 日)，有一位队员说，为了能继续从事这份工作，他上交了一份受辐射水平大大低于他实际所受辐射的"正式"记录。当问及他为什么愿意这么做时，他回答说："总有人要做这事，我不做谁做呢？"他特别提到他的两个儿子也想加入这支队伍，但是，他不想让他们参加，他们没有义务参加这项任务。一位政府发言人在评价这支队伍的成就时，把志愿者描述成英雄和勇士。

# 思 考 与 讨 论

1. 结合工程活动的特点，思考为什么在工程实践中会出现伦理问题。

2. 结合功利论、义务论和契约论、德性论等伦理立场，思考工程伦理与工程师伦理之间有什么联系和区别。

3. 结合本章涉及案例，思考工程实践中可能出现哪些伦理问题，这些伦理问题各有什么特点。

# 参 考 文 献

[1]　张桢远. 工程项目管理中若干工程伦理问题探讨[J]. 山西科技，2018，33(5)：112-115+118.

[2]　喜冲. 论工程哲学的伦理维度[J]. 科技资讯，2010， 247(34)：40.

[3]　李永胜. 论工程思维的内涵、特征与要求[J]. 洛阳师范学院学报，2015，34(4)：12-18.

[4]　郑文宝. 工程伦理研究的前提考量：基于本质与特征的学理视角[J]. 高等工程教育研究，2014，(2)：71-74.

[5]　张小凤. 我国工程安全的伦理反思[D]. 长沙，长沙理工大学，2017.

# 第 2 章　科学伦理与学术道德

本章介绍科学伦理和学术道德，包括道德与伦理的区别和联系，科学伦理的含义和基本原则，学术道德的含义和基本规范，科学伦理和学术道德的养成，常规技术的伦理问题，高新技术的伦理问题以及科学技术与工程伦理教育等。

## 教学目标

(1) 了解伦理和道德的特点。
(2) 掌握科学伦理和学术道德的概念。
(3) 了解相关技术中的伦理问题。

## 教学要求

| 知识要点 | 能　力　要　求 | 相关知识 |
| --- | --- | --- |
| 伦理和道德 | (1) 掌握伦理和道德的概念；<br>(2) 了解伦理和道德的区别和联系 | 伦理和道德 |
| 科学伦理 | (1) 了解科学伦理的由来；<br>(2) 掌握科学伦理的特点和价值 | 科学伦理 |
| 学术道德 | (1) 了解学术道德的由来；<br>(2) 了解学术道德失范的行为 | 学术道德 |
| 科学伦理的原则 | (1) 了解科学伦理的基本原则；<br>(2) 了解科学伦理素养的养成 | 伦理原则 |
| 学术道德的规范 | (1) 了解学术道德的基本规范；<br>(2) 了解学术道德的养成 | 学术道德规范 |

续表

| 知识要点 | 能 力 要 求 | 相关知识 |
|---|---|---|
| 技术伦理问题 | (1) 掌握常规技术的伦理问题；<br>(2) 掌握高新技术的伦理问题 | 常规技术<br>高新技术<br>技术伦理 |
| 科学技术与工程<br>伦理教育 | (1) 了解科学技术与工程伦理教育的意义；<br>(2) 了解科学技术与工程伦理教育的途径；<br>(3) 掌握工程伦理教育的方法 | 工程伦理教育<br>伦理困境 |

**推荐阅读材料**

1. 成有杰. 科学技术与社会道德的关系[J]. 纳税，2017，(18)：138-141.
2. 陆俊，严耕. 国外网络伦理问题研究综述[J]. 国外社会科学，1997，(02)：15-19.

**引例：黄禹锡事件**

　　黄禹锡，曾被誉为"韩国克隆之父"，民众曾视之为韩国的"民族英雄"。他生于1953年，29岁时获得兽医专业的博士学位，并成为首尔国立大学教授。他将一切精力和时间都投入到实验研究之中，是国际生命科学领域的权威人物，韩国政府也不遗余力地支持他的研究。韩国曾在克隆领域取得一系列突破性进展，超过了原本领先的英国、日本和美国，引起世界瞩目，而领军人物就是黄禹锡。图2.1和图2.2为他培育出的克隆狗和克隆狼。

　　正当他春风得意、风光无限之际，2005年12月15日，他被曝出在研究中造假。黄禹锡科研组的2号人物、米兹麦迪医院院长卢圣一向媒体披露，黄禹锡宣扬成功培育出的11个胚胎干细胞，其中9个是假的，另外2个也真假难辨。黄禹锡及其科研组曾在美国《科学》杂志发表论文，称首次成功利用11名不同疾病患者身上的体细胞克隆出早期胚胎，并从中提取了11个干细胞系。随着黄禹锡神话的破灭，黄禹锡从"民族英雄"一夜之间沦为"科学骗子"。这种大起大落不仅对于黄禹锡本人是一次沉重的打击，而且让整个韩国科学界为之蒙羞，更让人类的克隆科学研究遭受创伤。

图2.1　黄禹锡的克隆狗　　　　　　　　图2.2　黄禹锡的克隆狼

　　黄禹锡故意捏造科学数据，显然不是为了发论文、评职称，甚至不是为了出人头地、名

满天下。他之前在克隆研究方面取得的成就，使他已经拥有"韩国克隆之父""民族英雄"等头衔，然而恰恰是这些耀眼的头衔，在很大程度上成了促使黄禹锡造假的因素。被公众推向"神坛"，被万众顶礼膜拜的黄禹锡别无选择，只能以更突出的成就、更惊人的成果来证明自己无愧于这些荣誉，来回报韩国公众对他的热切期待。而韩国公众之所以给予黄禹锡如此崇高的荣誉，正如韩国某大学一名社会学教授所言，这是一些存在于韩国社会文化中的"急功近利"思维使然。在这种社会文化和公众心态之下，不论是韩国人将黄禹锡尊奉为"韩国克隆之父""民族英雄"，还是黄禹锡急于拿出成果来为韩国赢得荣誉和尊重，都不足为奇。但即使处在反对的压力下，所有国家的科学家都应该坚持普遍主义的标准，科学的国际性、非个人性、实际上的匿名性特征都必须被强调。法国著名科学家、微生物学家巴斯德有一句名言：科学家有祖国，科学无国界。

## 2.1  科学伦理与学术道德的基本概念

### 2.1.1  伦理规范

伦理与道德是有着显著区别的两个概念，伦理范畴侧重于反映人伦关系以及维持人伦关系所必须遵循的原则；道德范畴则侧重反映道德活动或道德活动主体自身行为的应当性。伦理是客观法，是他律的；道德是主观法，是自律的。德国哲学家黑格尔就认为，道德与伦理"具有本质上不同的意义"，"道德的主要环节是我的识见、我的意图，在这里，主观的方面，我对于善的意见，是压倒一切的"。道德是个体性和主观性的，侧重个体的意识行为与准则、法则的关系；伦理则是社会性和客观性的，侧重社会"共体"中人和人的关系，尤其是个体与社会整体的关系。较之道德，伦理更多地展开于现实生活中，其存在形态包括家庭、市民、社会、国家等。作为具体的存在形态，"伦理的东西不像善那样是抽象的，而是强烈的、现实的"。从精神意识的角度考察，道德是个体性、主观性的精神，而伦理则是社会性、客观性的精神，是"社会意识"。

把"伦理"与"道德"关联起来看，这两个概念的区别在于"道德"更突出个人因为遵循规则而具有"德行"，"伦理"则突出依照规范来处理人与人、人与社会、人与自然之间的关系。两者的共同之处在于伦理与道德都强调值得倡导和遵循的行为方式，都以追求善为目标。就其表现形式而言，"善"既有理想的形态，又展开于现实的社会生活。善的理想往往具体化为普遍的道德准则或伦理规范，以不同的方式规定了"应当如何""应当如何行动(应当做什么)""应当成就什么(应当具有何种德行)""应当如何生活"等。进而，善的理想通过人的实践进一步转化为善的现实。"应当"表现为人和人之间相互关系的要求和道德责任，从而引申出"应当如何"的观念和伦理规范。伦理规范"反映着人们之间，以及个人同个人所属的共同体之间的相互关系的要求，并通过在一定情况下确定行为的选择界限和责任来实现"，它既是行为的指导，又是行为的禁例，规定着什么是"应当"做的，什么是"不应当"做的，因而同时也就规定了责任的内涵。

伦理规范既包括具有广泛适用性的一些准则，也包括在特殊的领域或实践活动中被认为应该遵循的行为规范，或者那些仅适用于特定组织内成员的特殊行为的标准。后者往往与特殊领域的性质和行为特点密切相关，是结合所从事的工作的特点，把具有一定普遍性的伦理规范具体化或者从特殊工作领域实践的要求出发，制定一些比较有针对性的行为规范。我们所讨论的工程伦理就属于工程领域中的伦理规范。

根据伦理规范得到社会认可和被制度化的程度，我们可以把伦理规范分为以下两种情况。

一是制度性的伦理规范。在这种情况下，伦理规范往往得到了比较充分的探究和辩护，形成了被严格界定和明确表达的行为规范，对相关行为者的责任与权利有相对清晰的规定，对这些行为者有严格的约束并得到这些行为者的承诺。比如对医生、教师或工程师等职业发布的各种形式的职业准则大体上属于这种情况。

二是描述性的伦理规范。在这种情况下，人们只是描述和解释应该如何行为，但并没有使之制度化。描述性的伦理规范往往没有明确规定行为者的责任和权利，因此可能在一些伦理问题上存在不同程度的争议。同时描述性的伦理规范也比较复杂，其中既可能包括对以往行之有效的约定习惯的信奉和维护，也可能包括对一些新的有意义的行为方式的提倡。因此，同制度性的伦理规范相比，描述性的伦理规范并不总是落后的或保守的。在实践中形成的有价值的合适的新的行为方式，在一定条件下经过进一步的探究和社会磋商，有可能成为新的制度性的伦理规范。

## 2.1.2 科学伦理的含义

### 1. 科学伦理的由来

科学技术的迅速发展为人类控制和改造自然提供了巨大力量，同时也增加了危害人类生存的可能性。因而，随着当代科学技术的发展和应用，科学技术、科学研究的伦理价值问题日益突出。20 世纪 70 年代，美国一项针对黑人梅毒患者长达 40 年的研究被揭发，该研究在不给受试者药物治疗、未经过知情同意的情况下欺骗病人使其以为自己得了"坏血病"，目的是全程观察在不加治疗的情况下，病毒最后究竟侵害的是患者的大脑还是心脏。丑闻被揭发后，美国相关机构发布了《贝尔蒙报告》，并于 1981 年制定了《共同法则》，要求对涉及人的生物医学和行为研究进行伦理监管，率先把对受试者的保护及伦理委员会的规定制定成法令的形式。近年来，科技圈中关于克隆人、人工智能、基因编辑婴儿等话题的讨论热度很高，这些科学前沿发展的背后都逃不开伦理的"束缚"。科学伦理，这个过去非常陌生的词汇，也频频出现在科技类报刊和网站上。我们在热议这些重要成果的同时，不禁要问：科学伦理为什么值得我们如此关注？科学与伦理到底是什么关系？

中国科学院院士裴钢认为，科学研究作为一项探索高级知识的脑力活动，在发展过程中，已经形成了一套比较完整的伦理、自律标准。他表示，在商品社会中，科学研究作为社会活动的一部分，也与商品经济难脱瓜葛。也就是说，在市场经济下，如果把科学研究活动看成一种职业，那么造假、剽窃等事件就可能渗透其中。此时，伦理会督促大家规范科学活动，遵循相应的道德伦理，科学活动的秩序也就得到了维护。如今的大科学研究往往需要几百人甚至几千人共同合作，需要更多的科学家一起闯关克难，在这个过程中，也需要科学工作者具备较高的科学道德水平。裴钢说："科学家们需要有较高的道德水平，要讲君子之道。伦理道德的规范约束，可以在一定程度上将科学家们从'尔虞我诈'中解脱出来，专心从事科学研究。"因此，伦理对科学具有重要的价值引导和行为规范作用，以保证科学向人类进步的方向发展。李富家表示："任何有意义的科学研究，都要有敬畏生命之心，服务社会之用。若科学研究是大海中的'轮船'，伦理就是'航标'和'灯塔'，没有了'航标'和'灯塔'，'轮船'就可能偏离航道、触礁翻船。"世界上所有的事情都有两面性，用辩证法的角度来看就是利弊共存。裴钢认为，科学本身充满了无止境的追求，最大胆的、最先进的科学发展可能与人的常识、一般的伦理道德有矛盾，这个矛盾既是科学发展的动力，也是一种阻力。裴钢认为，基因编辑和人工智能是当前最突出的充满伦理争议的两个科技领域。如果我们用基因编辑的方法去治疗已出生的病人或许无可非议，但目前针对人的胚胎进行基因编辑还是伦理的红线。今后科学发展到什么水平，是否允许针对人的胚胎进行基因编辑，现在下结论还为时过早。谈及人工智能，我们不禁会想到：将来人工智能发展的底线是什么？人工智能应该不应该有很强的情感和超强的控制力？人工智能可不可以自我复制？这些比较敏感的问题往往会让这个领域的发展变得复杂起来。"科学追求的不仅是客观世界的真理，也要顾及人类社会主观世界的'真理'。在人文思想的关怀下、在道德标准的规范下从事和发展科学技术研究，这样科学精神才是完美的。"裴钢表示，伦理边界的存在伴随着科学永无止境的追求。

### 2. 科学伦理的特点

科学不仅是一种探索真理的过程，而且是一种求善的学说；不仅是追求自由的行为，而且是遵循必然性的活动；不仅是历史的，而且是现实的；不仅形成现实的科学理论，而且形成解决现实问题的方法，对促进现实社会发展具有重要作用。列宁重点从科学认识论角度，论述科学发展的伦理本质，即求真与扬善、自由与必然的辩证统一。

一方面，列宁批判马赫主义对科学任务的错误界定，论述科学发展的求真与扬善的辩证统一伦理本质。对马赫主义唯心主义伦理思想的批判贯穿于列宁整个科学伦理研究过程的始终。马赫"物是感觉的思想符号"的论断，明确表明了其唯心主义的基本立场和世界观。在这一世界观的引领下，马赫指出："科学的任务只能是：研究表象之间的联系的规律(心理学)；揭示感觉之间的联系的规律(物理学)；阐明感觉和表象之间的联系的规律(心理物理学)。"物理学的对象是感觉之间的联系，而不是客观事物之间的联系，这就把科学引进"唯心主义科学伦理思想"的死胡同，违背了科学发展的求真本质。对此，列宁指出，不管马赫主义如何狡辩，他们都陷入了惊人的逻辑谬误，他从两个方面分析马赫主义科学伦理思想的荒谬性，并进行了深刻的驳斥和系统的批判。

第一，科学是对客观实在的反映。马赫不承认离开"我"而存在的客观存在，认为"我"决定科学认识的内容和对象。列宁批判地指出科学的认识不在信仰中，不在思辨中，而是在经验和实践中。在人类实践活动中，科学是实践活动的结果，是对人类社会实践活动及其发展规律的经验总结，是对客观存在的反映。社会实践活动是人类社会与自然界相互作用的基础，在两者相互作用中，会出现许多复杂的现象和问题，科学认识需要透过这些复杂的现象和问题，认识客观存在及事物发展的本质规律。只有这样，才能正确反映客观事物，促进科学发展。因此，科学认识的根本任务在于揭示客观事物及其发展过程的内在本质规律。

第二，科学具有自身发展的规律性。列宁认为自然界是无限的，而且它无限地存在着，人们对它的认识是不可穷尽的，一切认识都处于相对的、不断发展的过程中。日益发展的科学认识都具有暂时的、相对的、近似的性质，且具有不以人的主观意志为转移的自身发展的规律性。因此，列宁指出："在认识论上和在科学的其他一切领域中一样，不要以为我们的认识是一成不变的，而要去分析怎样从不知到知，怎样从不完全的不确切的知识到比较确切的知识。"

科学绝对不是一劳永逸的事情，它是一种随着社会实践发展而不断追求真理、检验真理和运用真理的过程。在这一过程中，相对真理与绝对真理的区别是不确定性与确定性的统一。这种不确定性"阻止了科学变为恶劣的教条，变为某种僵死的凝固不变的东西；但同时它又是这样的确定，以便最坚决果断地同信仰主义和不可知论划清界限。"这表明科学对客观世界认识的深度和广度是有条件限制的，在特定的范围和特定的条件下，科学认识是绝对真理，如果扩大这一范围或改变这一条件，这种绝对真理又会变成相对真理。科学不是永恒不变的真理，随着社会实践的不断发展，科学必然随之发展，它将不断地接近客观现实，正确地揭示客观规律，这本身就蕴含善的理念。

科学活动是在遵循客观规律的前提下，在继承前人积累的科学知识的基础上，进行科学探索活动，以便正确地认识客观事物。这就是人类的科学实践的目的性和能动性。随着这种目的的实现，人们将不断突破认识的界限，不断深化对客观世界的认识，不断提高认识客观世界和改造客观世界的水平。所以，科学求真的过程中蕴含求善的思想。这里的善主要包括三层含义：

第一，对人类的善。科学的发展，提高了人们在遵循规律的前提下，认识自然和改造自然的水平和能力，不断地拓展人们的自由空间，为促进人类发展提供前进的动力，有利于实现人类自由解放。第二，对社会的善。客观世界处于不断变化和发展之中，科学随着社会实践的发展不断发展，追求尚未认识的事物，并正确地揭示社会发展规律，有利于提高人们认识社会和改造社会的能力和水平，为社会发展提供正确的方向保证和智力支持，促进社会文明发展。第三，对主体人的善。科学的发展，不仅提高科学探究主体的认识水平和科学修养，而且激发他们的创新能力，提高他们的精神生活水平；不仅推进人们的思想进步和开放，而且引导人们遵循事物发展规律，不断地提高人们的生活质量，促进人的自由全面发展。

因此，在列宁看来，科学发展的目的绝对不是马赫所说的提供一幅尽可能全面的、静止的世界图景，而是促使科学真的价值在善的维度上展开，实现科学的客观价值，促使科学发展真、善辩证统一，为人类造福。

列宁还批判了马赫主义对自由与必然关系的曲解，阐释科学发展的自由与必然辩证统一的伦理本质。科学是对客观世界的一种真理性认识。它立足于现实又超越现实，是科学工作者在尊重科学发展规律的前提下，发挥主观能动性，并不断地促使这一科学规律发展的产物。列宁指出，马赫主义者卢那察尔斯基在《概念》一书中，对恩格斯关于自由与必然关系的观点进行引证和解释，但是，这种引证和解释是在没有看出自由与必然辩证思想在认识论上的真正意义的前提下进行的。

列宁指出恩格斯关于自由与必然关系的论述，即"自由是对必然的认识，必然只是在它没有被了解的时候才是盲目的。自由不在于幻想中摆脱自然规律而独立，而在于认识这些规律，并且根据这种认识能够有计划地使用自然规律为一定的目的服务。因此，人对一定问题的判断愈是自由，这个判断的内容所具有的必然性就愈大……自由是在于根据对自然界的必然认识来支配我们自己和外部自然界"，可以结合科学认识及其发展实质，从三个方面进行解释：

第一，科学发展以遵循规律为前提。科学发展就是科学主体立足于社会实践，不断地揭示科学认识的规律的过程。在这一过程中，必然需要科学主体发挥主观能动性，发挥自由意志的积极作用。但是，自由是认识科学发展规律的自由，而不是任意妄为的自由；自由是摆脱陈旧迂腐的旧思想和机械思维模式束缚的自由，而不是借"科学"之名，违反社会法律规范的自由。科学发展必须以遵循规律为伦理前提，否则，不可能有真正科学认识的产生和发展。

第二，科学发展需要自由。作为自觉的能动的社会主体，人是追求自由的生命存在。在一切实践活动中，人既要尊重规律，也要拥有自由、追求自由，以实现整个人类的自由解放。只有摆脱一些不必要的束缚，自由地从事科学研究，才能真正地揭示和把握科学发展规律。

第三，科学发展的动力在于实践。实践是人类认识产生和发展的动力和源泉。科学发展来源于社会实践，通过实践，人们积累经验，逐渐认识事物发展的客观规律，为科学产生提供了可能性。科学发展就是实践基础上的自由与必然的辩证统一。

### 3. 科学伦理的价值

1) 科学伦理的基本特征

在驳斥马赫主义错误科学伦理思想的过程中，列宁创新并发展了马克思主义科学伦理思想，形成了列宁科学伦理思想，他的思想具有以下特征：

(1) 科学性。列宁科学伦理思想是对科学产生、发展和本质的正确反映。它的科学性主要表现在：坚持科学的绝对真理和相对真理的辩证统一；认为科学认识来源于实践并接受实践检验，且随着实践的发展而不断发展；认为科学发展是自由与必然统一的结果；认为科学评价与实践紧密相连，只有在社会实践中，科学价值才能实现，只有立足于实践，才能实事求是地评价科学发展及其运用的价值；主张科学与唯物辩证法相互促进，共同发展。

(2) 批判性。列宁以坚持马克思主义唯物辩证法为指导，在批判马赫主义错误的科学伦理思想的过程中，形成自己的科学伦理思想，必然具有批判特性。自然科学的新发现推翻了维护资产阶级永恒统治的传统机械世界观，引起人们思维的震荡。为了维护资产阶级统治和利益，马赫主义提出自然科学革命导致"物质消失"的谬论，产生了极其恶劣的影响。对此，列宁批判地指出："至今我们认识物质所达到的那个界限正在消失，我们的知识正在深化，那些从前以为是绝对的、不变的、原本的物质特性(不可入性、惯性、质量等)正在消失，现在它们显现出是相对的，仅为物质的某些状态所特有的。"这说明科学认识的客观对象是不以意识为转移的客观存在，它不会因为新科学的发现而消失。新的科学发现引起消失的是传统的、僵化的、机械的认识模式和以往不正确的认识结论。为了深刻地批判马赫主义，彻底地揭露其虚伪性，列宁强调，必须注意和解决自然科学领域里最新革命所提出的种种问题，形成自然科学与唯物主义联盟，提高唯物主义战斗和批判的水平。

(3) 辩证性。列宁强调："人类思维按其本性是能够给我们提供并且正在提供由相对真理的总和所构成的绝对真理。"这说明科学的发展不是笔直而是曲折地前进，科学发展没有止境，始终是不断探索真理、逐渐深化认识的过程。在科学发展过程中，列宁从相对真理与绝对真理相统一的角度，分析科学新发展，并尊重科学发展成果，正确评价科学发展的价值，实事求是地对待科学认识及其发展；坚持科学理论和社会实践辩证统一的方法，揭示科学不断地通向绝对真理的正确路径；坚持人类整体利益与阶级利益辩证统一，驳斥了马赫主义科学伦理思想的狭隘的资产阶级立场以及反人类整体利益的本性，引导人们正确评价科学发展并正确运用。

2) 列宁科学伦理思想的当代启示

列宁坚持以马克思主义为指导，从自然科学发展中，揭示科学伦理思想的精神实质，不仅坚持了科学伦理的正确方向，而且发展了马克思主义科学伦理思想，对于促进当代科学发展具有重要的启示价值。

(1) 实事求是地认识和评价科学发展及运用的现状。马赫主义为了维护狭隘的资产阶级利益，违背科学求真的精神，肆意地否定科学发展的事实及其社会价值，造成不良的社会影响。列宁批判了马赫主义错误的科学伦理思想，并从科学发展的事实出发，实事求是地认识和评价科学发展。列宁指出："如果不是从全部总和，不是从联系中去掌握事实，而是片断地和随便挑选出来的，那么事实就只能是一种儿戏，或者甚至连儿戏也不如。"他启示我们要实事求是地认识和评价国内国际科学技术发展及其运用，特别是在全球化科技竞争异常激烈的背景下，我们必须高度重视科学技术创新，掌握核心技术，拥有竞争优势；必须结合当前国内外科技领域存在的各种问题，客观地分析科学技术的利弊，既要实事求是地肯定科学技术发展及应用给人类社会发展带来的好处，也要实事求是地承认其给人类带来的负面影响和灾难。我们必须以问题为导向，制定相应的措施和策略，解决科学发展和应用的问题，促进科学、自然和社会和谐共存、共同发展。

(2) 与时俱进地促进科学发展。社会实践是科学认识产生的动力和源泉，科学认识随实践的发展不断地发展和完善。科学的发展需要人们的思维随之发展。列宁运用唯物辩证法观点，批评马赫主义的错误思想，一针见血地指出马赫主义的错误实质，并与时俱进地、正确地评价科学发展的客观价值。这启示我们，从一定意义上讲，人类历史就是一部科学技术发展史，这个历史是旧的科学技术不断被新的科学技术代替和发展的历史，是新旧科学技术不断斗争的历史，其发展不会因为某个人的主观判断和主观否定而中断。我们要结合中国特色社会主义基本国情，与时俱进地促进科学技术发展。要制定各项政策促进科学技术不断发展，鼓励科学不断创新；要善于变革体制，扫除科学发展的体制障碍；要善于接受新的科学技术，利用新的科学技术为人类造福；要善于总结科学技术发展和应用的经验和教训，与时俱进地发展马克思主义科学伦理思想，拓展中国马克思主义科学伦理思想新境界。

(3) 服务于人类自由解放的事业。列宁指出马赫主义任意地虚构或否定科学及其发展价值，违背了人类整体利益，不利于科学的发展。科学是人类在实践基础上不断积累经验的结果，人们之所以总结这些经验，形成科学认识，根本目的是指导实践，改善人民生活，促进人类自由解放，这是人类发展科学的最初目的。这启示我们，在制定科技战略及其具体实施方案时，要遵循科学发展规律，尊重科学发展的最初的目的，必须关注民生，服务于全人类的自由解放。习近平强调："要把科技创新与提高人民生活质量和水平结合起来，在防灾减灾、公共安全、生命健康等关系民生的重大科技问题上加强攻关，使科技成果更充分地惠及人民群众。"我们要进一步探索科学发展和应用的合理路径，把促进人的自由发展作为科学伦理思想的出发点，将追求幸福生活和美好未来作为科学发展的最高目标，让科技造福人类；要把科学发展与人类整体利益相结合，走科学发展促进和谐世界之路。科学技术只有服务于全人类自由解放的事业，在运用中关注民生，维护人民的根本利益，促进人的自由全面发展，才能实现真正的价值与意义。

## 2.1.3　学术道德的含义

**发现故事**　　学生实名举报大学教授学术造假

2020 年 11 月，一份长达 123 页的举报材料在网络热传，作者自称"原天津大学化工专业硕士研究生吕某"，实名举报"天津大学化工学院教授张某和其女张\*\*学术造假"，包括实验、论文多次造假，指导学生将他人论文改写成张某自己的论文，利用学生研究成果为自己和女儿署名等，此事在学术圈内引起轩然大波。11 月 19 日，天津大学化工学院在其官网发布情况说明称，经该院调查组查证，认定教授张某学术不端行为属实，张某亦承认本人有学术不端行为，并愿意承担全部责任。天津大学已解除与张某的聘用合同，并于学院网站删除张某的相关信息。

道德如何而来？这个命题长期以来引起各领域学者的关注、研究甚至争论，争论的核心主要集中在道德是否先天存在、道德发展是否有机制以及道德判断的来源等对于这些问题，不同的研究路径会给出不尽相同的答案。认知发展理论以皮亚杰和科尔伯格为代表，他们认为道德是通过主体与环境的交互建构而来。进化心理学将现代心理学和进化生物学结合起来研究道德发展的心理机制，认为道德是进化的产物。对于道德是否为本质存在，两种研究路径在本体论意义上有不同的认识，认知发展理论秉承一种建构主义的思维，而进化理论则认为道德是同生命进化一般通过适应而来的。

　　学术界一直以来被视为圣洁之地，知识分子作为社会中的文化精英，受到公众的普遍尊敬。然而频频出现的学术道德失范行为，也导致了人们对学术界和知识分子的怀疑，极大地损害了学术界和知识分子的形象。严重的学术道德失范行为使得圣洁的学术界也沾染了社会腐败因素，玷污了学术界的空气。我国在 2006 年 5 月 10 日由教育部印发了《关于树立社会主义荣辱观进一步加强学术道德建设的意见》，希望通过这个意见能对学术界的癔气有所治理。这个意见指出了学术道德在学术研究中的重要作用。学术道德是学术研究的基本伦理规范，是提高学术水平和研究能力的重要保证，它能够促进自主创新能力和学术能力的繁荣与发展，同时也是人才培养和社会道德的重要组成部分，与学风、教风、校风建设相互促进、相辅相成。学术道德是社会道德的重要方面，对良好社会风气的形成具有示范和引导作用。因而，要构建我国学术伦理的骨骼，必须先从理论上掌握学术道德内涵以及学术道德的内容，否则对于学术道德失范的整治就无从下手。

　　学术界对学术道德问题进行了广泛的讨论。对于学术道德的定义，有人认为是保证学术活动健康发展而约定俗成的基本道德准则，也有人认为学术道德规范是对学术工作者思想修养、学术道德的价值和职业道德方面提出的应该达到的要求，但这些观点对学术道德概念的理解都过于宽泛。笔者认为江新华教授对学术道德的描述无论从概念的内涵还是外延来看都比较全面和准确。他对学术道德是这样定义的："学术道德就是指从事研究活动的主体在进行学术研究活动的整个过程及结果中处理个人与他人、个人与社会、个人与自然关系时所遵循的行为准则和规范的总和"。

　　学术道德规范是学术活动中衡量学者道德水平和进行道德评价的标准。美国作者克拉克·克尔在他的《高等教育不能回避历史——21 世纪的问题》著作中就阐述了学者在学术研究的过程中应遵循以下基本规则：仔细地收集和使用证据；仔细地使用他人的思想和著作；对于未经充分证明的事情应持怀疑态度，虚心对待可供选择的解释，依靠说服而不是压制；在评价别人的学术绩效时仅凭其学术价值，拒绝利用可以得到创造和传播知识的地位和方便来促进无关的个人金钱或政治的目的或意识形态的信念；完全接受对学生的义务，忠诚地教育他们，仔细地指导他们，公正地评价他们，并且无论如何不剥削他们；完全接受对学术同事的义务，帮助他们、指导他们的学术研究。我国一些高校和科研院所为了遏制学术道德失范也制定了一些规定。2002 年北京大学党委办公室校长办公室制定的《北京大学教师学术道德规范》中的第四条规定："教师不得有下列违反学术道德规范的行为：① 为得出某种符合自己主观愿望的结论而故意捏造、篡改研究成果、实验数据或引用的资料。② 抄袭他人已发表或未发表的作品，或者剽窃他人的学术观点、学术思想。③ 在填写有关个人学术情况报表时，不如实报告学术经历、学术成果、专家鉴定、证书及其他学术能力证明材料。④ 未参加实际研究或者论著写作，未经原作者同意，而在别人发表的作品中署名。⑤ 通过新闻媒体发布所在学科惯例应经而未经学校或其他学术机构组织论证的重大科研成果，而为个人或单位谋取不正当利益。⑥ 故意夸大研究成果的学术价值、经济与社会效益。⑦ 违反国家有关保密的法律、法规或学校有关保密的规定，将应保密学术事项对外泄露。⑧ 其他违背学术界公认的学术道德规范的行为。"

综上所述，我们可以看出学术道德实际上包含以下三个方面：第一是内容层面的规范，主要包括不同学科的概念范畴体系和科学研究方法；第二是价值层面的规范，它的中心内容就是学术道德或学术伦理，它是从事学术活动的人在学术活动中应当共同遵守的道德观念、价值取向和行为规范准则；第三是技术层面的规范，它包括学术成果中的符号使用、成果署名、注释的引用等，这些都是通过可操作的制度进行规定的。因此只有在学术行为主体遵守完善的学术规范的情况下，才能保证学术正常有序地进行。

## 2.2　科学伦理的基本原则

在现实生活中，伦理道德规范广泛地存在于社会的各个领域，约束和指导着人们的行为。因此，不同层次、不同领域的道德规范也呈现出诸多不同的道德要求和规则。然而，不论各行各业的伦理道德规范有怎样的差异，都需要围绕着伦理道德的基本要求来展开，而在追求伦理道德规范的价值理念中贯穿主体性原则、科学性原则、普遍化原则，会使伦理道德规范的设立和建设更加有序和合理。

伦理原则是指道德规范的指导原则和依据，包含关于道德的观点及理想等内容。它给道德规范以指导，又通过道德规范体现出来。不同道德规范体系有不同的伦理原则作为依据和指导。例如基督教道德的基本原则是"爱上帝"，资产阶级道德的基本原则是个人主义和利己主义，共产主义道德的基本原则是集体主义。

### 2.2.1　主体性原则

首先，主体性原则要求确立人为道德的主体和道德价值存在的目的。抽象地谈论道德规范的主体性原则，并不是否认主体性原则的具体性。人自身就具有存在的最高价值，这就决定了在一般意义上可以确立基本的道德标准，即尊重和爱护生命。

其次，道德标准的主体性原则要求人的能动性和创造性以人的发展需要为目的。道德作为满足主体需要的一种活动方式，必然要在道德规范中制定出满足人的创造性活动、自主性活动需要的原则和内容。因而，我们可以确立的最高道德标准就是"人的全面发展"。在社会主义市场经济条件下，我们可以依据时代的具体条件，根据"人的全面发展"在现阶段的要求而提出符合社会主义社会发展要求的道德标准。道德规范的最终原则应符合主体的利益，符合全人类的总体利益和根本利益。

### 2.2.2　科学化原则

合理的道德规范还必须具备内容的正确性、规定的科学性。首先，科学化原则要求道德规范的确立要符合社会发展的客观规律。一方面，伦理道德规范要适应社会历史条件的变化和发展的需要，另一方面，道德规范还要适应社会客观规律的未来发展的需要。其次，科学化原则要求道德规范的确立要符合人自身的发展规律的要求。作为人自身发展的规律，首先就是生存的需要，因而保障人的生存需要是道德规范的基础；其次是享受和发展的需要。所以道德规范在确立过程中，必须要满足人自身发展的规律要求，制定人与家人、人与他人、人与社会、人与自然的关系的伦理道德规范才是科学、有效的。

### 2.2.3　普遍化原则

道德规范的普遍化首先要求道德规范内容上的普遍性。伦理道德规范不仅包含着具体主体的各种需要，还对目的的满足与否做出规定，而且还要有对社会性主体满足的需要和目的的普遍性的规定。另外，道德规范不仅要满足一定主体眼前利益的需要，更重要的是要满足一定主体的长远利益和未来利益的需要。

其次，道德规范的普遍性原则要求其对规定对象的要求和约束也要具有普遍性。由于社会领域处于多层次和多样化的形态中，各个具体领域也会有相应的具体的道德规范，这些规范对于同一领域的主体来说都应该遵守，即道德规范面前人人平等。

## 2.3　学术道德的基本规范

学术规范化的含义包括广义的和狭义的两个方面。广义的学术规范化是指对学术思想和学风等大的方面的正确把握和规范；狭义的学术规范化是指学术论文评审、科研项目立项等学术生产过程中确立的基本准则。在当今的知识经济时代，知识迅速发展，传播手段多样，加之功利主义思潮和浮躁的心态，导致学术不规范的问题甚为严重。因此，学术规范化的问题已经到了必须着手解决的阶段。促进学术规范化主要从两方面入手：一是主观方面，靠内在的自我约束；二是客观方面，靠外在的制度制约。前者是自觉、主动的，后者则是被动、强制性的。二者相互关联，互相促进，同步发展，才能完善学术规范化的机制和加速学术规范化的进程。

> **发现故事**　青年长江学者学术失范

2018 年 10 月 24 日《中国青年报》报道南京大学社会学系教授、青年长江学者梁某涉嫌学术不端、百余篇论文被撤，从南京大学党委宣传部获悉，校方已成立调查组介入调查。2018 年 10 月 24 日中午，记者打通梁某电话，她表示正发高烧，不接受采访，"不要再伤害我了"，梁某说，随即挂断了电话。

2018 年 12 月 12 日，南京大学召开警示教育大会，会上通报了学校对教师梁某学术不端等违规违纪行为的处理情况。根据教育部《关于建立健全高校师德建设长效机制的意见》《教育部关于高校教师师德失范行为处理的指导意见》《新时代高校教师职业行为十项准则》等文件精神和规定，南京大学给予梁某党内严重警告处分、行政记过处分，取消梁某研究生导师资格，将其调离教学科研岗位，终止"长江学者奖励计划"青年学者聘任合同，并报请上级有关部门撤销其相关人才计划称号和教师资格。

### 2.3.1　学术规范化中的自我约束原则

在学术规范化的进程中，自我约束是最重要的环节。任何一件事情，只有变成人们的自觉行动才能够得以完善和达到最佳效果。学术规范化的自我约束主要包括：遵守规则的自觉性、运用规则的科学性和排除不规范化因素的主动性。在自觉遵守和维护学术规范的过程中，必须进行长期有效的教育，形成一种氛围，使学术规范化成为人们的自觉行动和文化传承，变成自觉行动和自我约束机制，进而形成学者自我鉴别和抵御不规范化因素侵害的能力。

### 2.3.2　学术规范化制度建立

建立严密的学术规范化制度是遏制学术腐败的根本保证，其基础是要有良好的学术环境，既能保证学术自由、学术创新和学术民主，又要有利于学术发展和知识资源的开发利用，以确保知识产生过程的规范化和合理性。为了保护原创性知识的不断产生和合理利用，我们不但要有关于学术生产结果的学术规范，同时还要建立知识生产过程中的学术规则，这样才能从外在的制度和规则上确保学术研究过程和知识产生结果的规范化和合理性。有了学术规范化的规则和制度，就有了限制和约束，它将告诉知识的生产者什么可以做和什么不可以做，从而使人们有法可依，有章可循，违反规则可以依法进行处理。

### 2.3.3　自我约束与规范制度相结合

知识生产者必须接受内在自我约束和外在规则制约。大学是一个生产知识生产者的地方。教育工作者既是学术规范的教育者，又是学术规范的执行者，承担着教育和被教育的双重责任。特别是研究生教育，占据着学术规范的前沿阵地，同时也是学术不规范的雷区，因此，学术规范化教育任重而道远。首先，教育者本身必须严格遵守学术规范的规则和制度，并进行合理的传承，使受教育者接受优良的学术规范化教育，并变成自觉的行动；加上学术规范化制度的制约，学术规范化将成为未来知识生产者的自觉行为规则。在当今的市场经济条件下，研究生教育已不只是简单的传承知识，还包含有新知识的产生和创造，同时也夹杂有非学术因素的内容。目前注重数量而忽视质量的风气以及与经济活动相配套的各种评估奖励政策，也为学术不规范和学术腐败的产生带来了机会和条件，由此产生了各种各样的学术不规范的现象，如学术思想不端正、功利主义严重、优秀作品和原创性知识产生较少等。常见的是学术论文的抄袭现象，学术论文和科研项目评审过程的不科学和人情风，更为严重的是与经济活动直接相连的学术活动，直接导致违反学术道德的现象和事件产生，使圣洁的学术活动被玷污。因此，加强研究生的学术道德教育，规范学术活动过程，严格学术成果的管理，是研究生教育过程的重要环节。

# 2.4    科学伦理与学术道德养成

**发现故事**    我国的科研伦理规范

中国科协最新的一项调查显示,科技工作者普遍认同科研伦理的重要性,在科研伦理道德方面主要关注科研诚信问题,对其他科研伦理规范了解较少。同时,我国科技工作者对于科研伦理的理解比较模糊和宽泛,而临床研究人员对伦理规范最了解。

调查还显示,伦理教育培训缺失、伦理委员会建设滞后以及外在压力等因素,大大制约了科技工作者科研伦理意识的提升。"我国科研伦理水平与科技发展速度严重不匹配。"华中科技大学生命伦理学研究中心执行主任、人文学院哲学系主任雷瑞鹏直言,不仅需要提高科研人员的伦理意识,科研伦理制度建设也需跟上。我国目前的科研伦理规范主要有三个:《涉及人的生物医学研究伦理审查办法》《药物临床试验质量管理规范(GCP)》和《关于非人灵长类动物实验和国际合作项目中动物实验的实验动物福利伦理审查规定(试行)》。

"我认为科研人员在科研活动中需要牢牢把握和遵守以下基本的科研伦理原则,即尊重原则、不伤害原则、有利原则和公正原则。其实,在学术上,这些原则已经讨论和界定得很清楚了。"雷瑞鹏说。

## 2.4.1    科学伦理素养的养成

科学伦理是指人们在从事科学伦理实践活动和科研成果应用过程中关于社会和自然关系的思想和行为准则。它规定了科研工作者在科技活动中和社会公众使用技术产品中所恪守的价值观念、社会责任和行为规范,这种观念和规范在人类社会的发展过程中并不是一成不变的,而是随着科技的进步和人们思想的变化而变化。

大连理工大学教授李伦指出,在科学道德与伦理教育中,需要着力培养科技人员和理工科学生的价值敏感性、道德想象力和社会责任感,创设科学伦理意识的养成环境,建立恰当的科学伦理水平评价标准,为科学道德与伦理教育的有效性提供必要的制度保障。

科技创新要取得突破,不仅需要基础设施等"硬件"支撑,更需要政策、制度、文化等"软件"保障。习近平总书记在全国教育大会上强调,要"扭转不科学的教育评价导向,坚决克服唯分数、唯升学、唯文凭、唯论文、唯帽子的顽瘴痼疾"。2019 年《政府工作报告》提出,要"加强科研伦理和学风建设,惩戒学术不端,力戒浮躁之风""营造良好的科研生态",这为进一步改善我国科研创新软环境提出了明确要求和着力点。

同时要加强科研伦理和学风建设,营造良好的科研生态,是当前克服"五唯"、完善人才评价制度的有效措施,也是增加广大科研人员获得感、幸福感的内在要求。

加强科研伦理教育引导,促进学术自律。科学研究可以大胆假设,但科研人员必须遵守学术规则与科研伦理。通过开展增强科研伦理的教育活动,让学生在学术生涯的起步阶段就养成崇尚科学精神、遵循科研伦理、严守学术规范的良好习惯，为建设创新型国家提供坚实的人才支撑。

我国有世界上最大规模的科技人才队伍，科研伦理和学风建设事关我国创新型国家的建设，只有加强科研伦理和学风建设，教育引导广大科研人员树立良好的学术道德，遵守学术规范，才能更好地释放人才这第一资源的潜能，让各类英才竞现、创新成果涌动。

## 2.4.2 学术道德的必要性

良好的学术道德，是对科研工作者治学的基本要求，是科研工作者的基本道德素养。实现第二个百年奋斗目标的新征程即将开启，居于全局核心地位的是创新，只有紧抓科技创新，才能摆脱关键技术上对外的依赖性，解决"卡脖子"问题，以自立自强的科技创新推动科技强国建设，战略支撑强国梦的实现。这一切都需要科研工作者有良好的学术道德。它要求科研工作者必须在科学研究中守诚信、遵守规范，杜绝学术不端行为，以维护学术尊严。只有这样才能在坚持科学精神、求真求实的基础上，以真实可靠的科研成果服务社会，才能形成良好的学术生态，也才有助于整个社会道德水平的提升。

学术道德建设需要他律与自律的统一。加强学术道德建设，既需要科研工作者的自律，也需要来自外在规范与约束的他律。自律是内因，是提升学术道德水平的内生动力；他律是外因，是提升学术道德水平的外在条件。再好的措施、保障，只有通过科研工作者的自律才能起作用。因此，加强学术道德建设，必须唤醒科研工作者的内生动力，使其主动杜绝学术不端行为。而科研工作者内生动力的唤醒，就需要其严格自律，需要以中华优秀传统文化提升其学术道德的自律性。

优秀传统文化是涵养学术道德的沃土。中华文化博大精深，它是民族的根与魂，"学习和掌握其中各种思想的精华，对树立正确的世界观、人生观、价值观很有益处。"为此，传承它、弘扬它，挖掘其立德、诚信、求实的思想资源，与马克思主义相结合，开展转化与创新，赋予其新蕴意，并在科研工作中实践它，既是新时代科研工作者的任务，也是涵养学术道德的要求。所以，中华优秀传统文化是涵养科研工作者学术道德的丰沃土壤。

## 2.4.3 学术道德的内容

立德是做人、做事、做学问的基础。在中华传统文化中，历来有崇德、重德的传统，主张以德为先，立德是做人、做事、做学问的基础。《左传》中说："太上有立德，其次有立功，其次有立言。"在这"三不朽"中，立德是基础，一个人只有树立了德行典范，有了良好的德行修为，才能做好立功、立言之事。人无德，则不立。在《论语》中，孔子总结了他的人生四事，即"志于道，据于德，依于仁，游于艺。"在这里，孔子把道德作为一个人做人、做事、做学问的根据，告诫人们不能做违背道德的事情，要守住道德这个底线。《世说新语》中写道，"百行以德为首"，也说明了古人对德的重要地位的认识。《大学》中说，上至天子，下至平民百姓，"壹是皆以修身为本"，也就是说，天子和百姓都把修养自己的品性作为根本，如果不以修身为根本，家庭、国家、天下就乱了。德作为基础、根据、为首、根本都说明了德的重要性。立什么德？《大学》告诉人们，就是"明德"，也就是彰显光明美好的德行。古人重德的传统，从一个侧面让我们看到了科研中学术道德的不可或缺性，明大德、守公德、严私德，是每个科研工作者做人、做事、做学问的基础。

学术道德是指进行学术研究时遵守的准则和规范。遵守学术道德很重要的部分就是要有诚信。考试作弊、抄袭作业，无疑都属于诚信缺失的范围。学术道德是治学的最基本要求，是学者的学术良心，其实施和维系主要依靠学者的良心及学术共同体内的道德舆论，它具有自律和示范的特性。学术道德通常包括学术诚信、学术规范、学术伦理、学术责任、学术精神等，有其基本要求、根本态度以及环境要求。

学术诚信是治学的基本要求。诚信，就是诚实、守信的合称，它是中华传统文化的精髓思想，是人们基本的道德规范。讲诚信，是科研工作者基本的学术操守。在《论语》中，孔子多次谈到了治学上的诚信问题。孔子认为，诚信是"学文"的前提，做到"入则孝，出则悌，谨而信，泛爱众，而亲仁"之后，再做到"行有余力，则以学文。"孔子将诚信置于学习知识之前，说明了要治学必须先守诚信。"言忠信，行笃敬"，只有言语忠厚诚信，才能顺利处事。"人而无信，不知其可也。"一个人不诚实守信，将一事无成，不讲诚信，就是一种可耻的行为。"行己有耻""言必信，行必果"，这是对"士"的要求，是做人的基本原则。保持"行己有耻"，以不讲诚信为羞耻，也是研究者必须坚持的原则。孔子认为"士志于道"，而求道的途径就是"学而时习之"，且要以诚实守信的态度和行为"习之"。针对"古之学者为己，今之学者为人"的现象，孔子主张做学问的动机要端正、守诚信，做真学问，而不能为了装门面、哗众取宠去做学问。当今，研究者要真做学问、做真学问，就要热爱科学、潜心研究，要守诚信、有敬畏之心，要抵住诱惑、安于寂寞，把诚信做人与诚信做学问结合起来，以体现科学研究中追求真理与实现价值的统一。

严谨求实是治学的根本态度。自古以来，先哲们做学问就秉着严谨的态度。孔子在春秋末期就告诉了人们做学问的正确态度："知之为知之，不知为不知，是知也。"这个态度，就是实事求是的态度。韩婴在《诗外传》中说："内不自诬，外不诬人"，就是说，如果知道了却刻意对别人隐瞒，就是欺骗别人，如果不知道却假装自己知道，就是自欺欺人。如果以这种不求实的态度做学问，就会阻碍科技进步和社会发展。对不懂的问题，孔子主张要虚心学习，要"敏而好学，不耻下问"，不要不懂装懂。《论语》记载："子入太庙，每事问。"在这里，孔子身体力行告诉人们，要以求实求真的严谨学风做学问。孔子在《论语》中说："不患人之不己知，患其不能也"。当别人不了解自己时，不要浮躁，要脚踏实地地努力，提升自己的能力。在汉代，史学家班超提出了"实事求是"一词，意为"务得事实，每求真是也"，体现了求实的治学态度。明清之际，顾炎武等提出了"经世致用"，反对空谈的思想，强调做学问要从实际出发，经纶济世，而不能闭门造车。在当前，科研工作者也要深入实际，具有问题意识，要言之有物，实事求是，培养良好的学术道德。

环境对人的道德养成有重要影响。一个人的道德养成是一个内外兼修的过程，它既需要知礼、慎独、内省的自律，也需要外在的他律。在影响人的道德养成的外在因素中，环境作用不可忽视。孔子在《论语》中说："性相近也，习相远也。"他认为，每个人的本性都相差无几，只是所受的影响不同，才拉开了距离。这说明孔子认为环境对一个人的本性是有很大影响的。荀子也持这种观点，他在《劝学》中写道："蓬生麻中，不扶而直；白沙在涅，与之俱黑"。在这里，荀子用生动的比喻说明了人能被环境熏染、同化的道理。《三字经》中记载："昔孟母，择邻处。"孟母三迁，目的就是希望有一个好邻居，希望所处的生活环境能有利于孩子成长。傅玄在《太子少傅箴》中指出"近朱者赤，近墨者黑"，言简意赅的语言，揭示了所处环境、所交朋友对一个人的影响。所以，要树立良好的学术道德，家庭、学校、社会、亲朋好友等都要对学术研究有正确的态度，整个社会要有良好的道德风气，才能形成良好的学术生态。

### 2.4.4　养成学术道德的途径

养成学术道德主要通过以下途径：

(1) 文化自信。以优秀传统文化涵养学术道德，就要认同它，对其有自信，而且这种强烈的认同和自信，是践行的前提。习近平总书记指出，"文化自信，是更基础、更广泛、更深厚的自信。"这种自信的根源，来自于对中华优秀传统文化的高度认同、广泛传播、积极践行，以及对它所具有的强大生命力的坚定信心。对科研工作者来说，只有坚定文化自信，才能对中华优秀传统文化从心里真正认同，从实践上积极弘扬，才能用立德、诚信、求实等传统文化的精华思想修身，使之成为滋养学术道德的丰富营养。

(2) 传播途径。以优秀传统文化涵养学术道德，就要大力弘扬中华优秀传统文化，创新其广泛传播的途径。在社会主义核心价值观的引领下，中华优秀传统文化的传播和弘扬，既要通过传统的图书、报纸、电视等媒介进行，也要通过微博、微信、抖音等网络新媒介来进行；既要通过学校的系统教育来进行，也需要通过家庭的言传身教和社会的良好氛围共同配合来进行。只有这样，才能在显性传播与隐性传播中使立德、诚信、求实等传统文化的精华思想深入人心。

(3) 坚持知行合一。以优秀传统文化涵养学术道德，不能止于"知"，关键在于"行"，要坚持知行合一。实干才能兴邦，学术道德的涵养不能只停留在纸面上，更要在实践中践行它，在科研工作中，既要把握中华优秀传统文化的立德、诚信、求实等精华思想，对其体深悟透，真正内化于心，又要将其切实落实，自觉遵守学术道德规范，使之外化于行，这样才能在知行合一中涵养学术道德。

(4) 建立保障机制。以优秀传统文化涵养学术道德，不仅需要自律自觉，还需要以外在的硬核措施为保障；既要有管理部门高度重视的组织保障，也要有法律法规的制度保障；既要有以社会主义核心价值观为引领的思想保障，也要有多层面的监督保障。只有这样，才能"把软约束和硬措施结合起来"，把涵养学术道德落到实处。

## 2.5　常规技术中的伦理问题

"何为技术"一直是技术哲学研究中一个非常重要的问题。人们对技术的基本看法和者定义五花八门。科学家、技术专家、经济学家、哲学家、科技史学家都从不同角度对技术加以定义，如"技术是劳动手段的总和""技术是行为的方式""技术是行动的理念"，"技术是人类为了自己而对自然的利用"等。现代科学技术的发展，促使技术成为了科学的应用，科学成为了技术的先导，因此，人们又多从技术与科学的关系上来理解技术，出现了技术是科学的物化或技术是物化了的科学知识等说法。

## 2.5.1　常规技术的伦理问题

### 1. 技术及常规技术的概念

技术是一个过程，技术的存在取决于人类的需要。早期人类创造及使用技术是为了解决其基本需求，而如今的技术则是为了满足人们更广泛的需求和欲望，并需要巨大的社会结构来支撑它。技术的本质特征包括：

(1) 技术的历史同样是人类的历史。古代和中世纪的技术主要基于经验和技能，当今的技术与科学原理实践相结合；

(2) 技术具有目的性。技术不是科学的简单应用，要满足人类的各种实际需要，体现价值属性；

(3) 技术具有多样性和复杂性。工具、机器、设备乃至经验、技能、知识都是技术多样性的体现，复杂性是指大多工具都很难理解其来源和制造方法。现代技术改变了人类的生存方式和社会结构，技术成为一种普遍的社会存在。

💡 **小知识**

现代汉语中的"技术"一词对应英语中的如下词汇：art 表示古代和中世纪与艺术设计和加工相关的技术，也称技艺；skill 表示手工操作的技能性技术，基于经验和诀窍；technic(s) 表示技术活动中的工艺和技能，复数形式称为"工艺学"；technique 表示具体技术活动过程，包括工艺、技能、设备、标准；technology 表示基于科学知识原理的现代技术体系，后缀-ology 来自"logos"，意为"某种学问"。

常规技术是经常、长期、普遍应用的技术。在人类生产生活不断发展的过程中，常规技术的原理、方法、工艺标准都已经确定。常规技术能够在企业生产和工程建设中被反复应用，但其技术设计、加工、控制、使用等环节仍需要不断进行技术创新。常规的技术发明(技术原理尚未发生根本变革)和使用新型外观设计专利，也属于常规技术范畴。技术的发展和进步，也是人类为实现一定目的而对自然进行控制和改造的过程。然而，现代技术的不断发展带来了许多意外后果，引起了普遍的社会反思，其中就包括常规技术的伦理问题。

### 2. 常规技术伦理问题的表现及产生原因

常规技术的伦理问题涉及技术活动中生产者与消费者、技术活动与社会生活以及技术活动与生态环境等方面的伦理关系。

自然界演化过程中出现了人类，也就开始了人类使用技术的历史，技术实践与人类历史一样悠久，但是伦理思想却萌芽于人类解决了温饱问题之后。在人类漫长的原始文明和农耕文明时期，伦理与技术处于初级和谐之中。工业革命之后，伦理与技术之间的这种原始和谐局面被无情打破。生产机械化，工程技术全面改革，动力机、传动机和工作机密切配合，形成了初步的完整工业技术体系，人类步入全新的机器时代，技术理性日益彰显，伦理理性则不断退隐。大机器生产带来的是产业工人劳动强度的增大与工业生产废弃物的不断积累，废气、废水、废渣的产生逐渐污染了环境。

技术的非人道应用对人类造成巨大伤害后，人类开始反思技术的价值和相应的伦理问题。常规技术中伦理问题的出现原因主要有以下几点。

(1) 近代技术与工商业活动密切相关，涉及人们的利益分配和利益冲突。对某些人、地区、国家有利的技术活动，可能会对另一些人、地区、国家造成伤害，需要公正、合理地解决相关问题。

(2) 常规技术虽然是已定型的技术，但其设计者、操作者、使用者和受影响人群都在不断变化之中。现代技术越复杂，了解技术内情的人越少，人们相互监督的机会越少，越需要技术工作者严格自律。

(3) 近代西方技术的伦理原则和道德规范是在市场经济相对发达的社会环境中形成和发展的。我国历史上长期处于自然经济阶段，中华人民共和国成立后又有很长的计划经济时期，适应市场经济的技术伦理还没有得到充分发展。

(4) 现代的技术伦理教育以往常常被纳入思想政治课或职业伦理课中，或作为选修课开设，尚未得到足够的重视，对技术工作者还没有产生普遍影响。

### 3. 常规技术与伦理问题的现实冲突

机器的不断使用挑战着伦理的权威，不断打破着伦理的界限，首当其冲的便是人与自然的伦理界线。人与自然本是和谐发展的，人作为地球上唯一有意识的生物，对自然有着与生俱来的伦理责任。然而在 17 世纪，培根毫不犹豫地将自然置于与人类对立的位置，率先举起了利用技术知识去认识自然并最终征服自然的鲜明旗帜。有了机器的帮助，人的欲望极度膨胀，为了省时又省力，人类野心勃勃地向大自然宣战。

机器打破了人与社会关系的伦理界线。人是社会的最小单元，人为社会注入生命；而社会则是由人所构建的生活集合体，社会为人提供庇佑。可是在工业社会中，钢筋水泥不断压缩人们的生活空间，使人产生生理不适和心理负担；高强度和快节奏的生活方式让人不断失去安全感、存在感和成就感，社会就如一张无形的网，紧紧把人包裹起来。"巨机器"成为现代社会的本质，其最大的危害就是反人性。

机器打破了人与人关系的伦理界线。现代技术的介入，使人与人之间出现了一系列的伦理问题：首先是人自身伦理特性的丧失，"金钱至上"和"物质主义"导致了人在面对利益的情况下无视其伦理责任；其次是人的伦理权利困境，基因工程、人工智能等不断冲击着人的伦理主体地位。技术不断发展和运用的过程就是对人类伦理不断考验的过程。

**4. 处理常规技术伦理问题的原则和方法**

处理常规技术中的伦理问题，应当遵循以下原则。

(1) 技术的人道主义原则。技术的发展要体现关怀人、尊重人、以人为本，防止对无辜生命的伤害和对人类尊严的侵犯。

(2) 技术的功利主义伦理原则。技术的目的是追求绝大多数人的最大的幸福，避免因为个别人的自私自利损害其他人的健康和幸福。

(3) 技术活动的负责人原则。从事技术设计、操作、使用和管理的专业人员要对他人负责，对社会负责，对自然环境负责。这种责任不仅关注后果，更关注未来。

(4) 技术利益关系的公平公正原则。技术活动的利益相关者在投入和回报上应避免专横邪恶倾向的影响。

在面对常规技术伦理问题时，有以下要求。

(1) 技术工作者需要有严格的道德自律。技术人员在技术活动中应严格要求自己，遵循伦理原则和道德规范，发挥道德想象力的作用，运用道德良知，自觉履行自己的伦理责任。

(2) 技术工作中需要有严格的道德他律。技术人员应积极支持符合技术伦理的行为，主动制止他人或组织违背技术伦理的行为，包括通过组织和制度约束、批评教育、舆论监督、向媒体和公众揭发等。

(3) 具有"道德的物化"观念。荷兰技术伦理学家费贝克等倡导的一种贯彻技术伦理观念的方法，就是将伦理理念融入技术设计之中，通过使用相应的技术产品体现相应的道德行为，如无障碍通道、学校门前的减速带等。

**5. 人类对技术的伦理责任**

在这个以技术为主要特征的世界里，伦理学虽然无法从程序上规定我们如何正当使用技术，但可以在技术使用实践中帮助我们开启伦理模式。

首先，技术的伦理使用凸显了人类对技术的伦理态度。在技术使用实践中，人类已有的价值习惯以及现有的对技术产品的理解，决定着技术最终如何发挥功能。这就需要我们在使用技术的过程中坚定伦理态度，对技术产品给予正确的理解方向。其次，技术的伦理使用进一步强调了人类对技术的伦理责任。人作为具有意识的生命存在，必须对自己的行为负责。使用者对一个技术产品的使用频率、使用强度、使用方式最终会决定该产品是否发挥了其环保功能，所以技术的伦理使用也倡导人类可持续的技术使用行为。最后，着眼于人类与技术的伦理互动。所谓伦理互动，不仅强调人类对技术的伦理行为，也强调技术对人类的伦理形塑。这就需要人类在使用某个产品的过程中逐步培养起自己的伦理意识和责任体系，要善待自己的技术产品，开展可持续的技术使用行为。

## 2.5.2　技术产品设计中的伦理问题

**1. 技术产品设计的含义**

产品设计是技术活动中的一个基本环节。技术产品设计是指通过小型化的标准实物模型或理论模型，系统地分析和预测技术产品可能的结构和功能的过程。设计活动要把技术目的转化为实际的产品模型，要考虑产品在生产和使用过程中对操作者、消费者、企业经营者、自然环境、社会生活等的影响，协调经济效益和社会效益的关系，因而必然涉及相关的伦理问题。

**发现故事　　特斯拉刹车事故**

2019 年，一位特斯拉 Model 3 驾驶员在进入车库前踩下刹车停车，等待车库门完全打开。但就在这时，她所驾驶的特斯拉 Model 3 突然启动，并向左行驶。虽然驾驶员再次踩下制动踏板，但最终车辆还是撞上两个车库之间的墙壁，造成车辆部分损坏。这就是"意外加速"现象。

后来，Ronald A. Belt 博士针对特斯拉 Model 3"意外加速"情况进行调查并形成了一篇长达 66 页的调查报告，得出了特斯拉 Model 3 意外加速可能的发生原因。Belt 博士的调查报告中，一共展示了 102 起特斯拉"意外加速"造成的事故，其中 70 起发生在停车减速或低速转弯时，27 起发生在静止时，5 起发生在高速路上。

实际上，特斯拉"意外加速"现象无论在中国还是海外地区都曾发生过，这些事故都是因为驾驶员把油门当刹车了吗？但特斯拉坚称这不是车辆的问题，那么问题究竟在哪呢？带着这些疑问，Belt 博士采集了车辆的 EDR 数据(Event Data Recorder，相当于车辆的黑匣子)、驾驶员证词、特斯拉的事故报告，收集了事故发生前 5 秒钟车辆的相关数据，并用这些数据还原出了事故发生时车辆的行驶轨迹。根据对特斯拉的电机、制动系统的详细剖析，他最终推测出停车减速或低速转弯时发生"意外加速"现象的可能原因。不过，这一结论暂时没有得到特斯拉官方或其他机构的证实，但也为外界提供了一种分析这一现象的方法。在研究过程中，Belt 博士发现了一个奇怪的现象，EDR 数据和特斯拉官方发布的事故报告、当事驾驶员口述三者之间互相矛盾。

**2. 技术产品设计中的狭隘功利主义**

技术产品设计中的狭隘功利主义，是指只考虑企业经营者的利益最大化，削弱甚至损害技术活动中其他相关者的利益，这显然是违背伦理道德的。比如：机器的设计尽可能实现效益最大化，但明显损害操作者的生理和心理健康，工业革命初期这种情况普遍存在；技术产品的设计不求结实耐用，使其寿命尽可能缩短，从而使消费者不得不尽快再去购买同类型的新产品；技术产品的外观设计华而不实，装饰过度，借此抬高销售价格；技术产品的功能冗杂，消费者必须整体购买，特别是高端电子产品，如计算机、手机等。

**发现故事　　卓别林电影《摩登时代》**

影片的故事发生在 20 世纪 30 年代的美国，时值美国经济大萧条的高峰期。查理是一个普通的工人，生活在社会的最底层，每天的生活就是日复一日发疯般地工作，只为获得可以填饱肚子的可怜工资。而工厂的管理层们疯狂地压榨员工，昏天黑地的工作使人们麻木，查理自然也成为了其中的一员。他成天挣扎在生产流水线上，由于他的任务是扭紧六角螺帽，最后他的眼睛里唯一能看到的东西就是一个个转瞬即过的六角螺帽。但工厂老板可不会满足，他甚至认为工人吃饭的时间都过长，于是美其名曰为了提高工人的工作效率，又引进了全新的吃饭机。这种吃饭机可以在最短的时间内"喂"工人吃完饭，这样就可以省下大量的时间用于工作。而查理则很不幸地成为了"试用品"，谁知试用的过程中吃饭机出现了问题，不但无法停止，还开始发狂，结果搞得查理也几近疯狂。

### 3. "恶的设计"

技术的发展本是为人类造福，所谓善恶都是人们在使用技术的过程中造成的。随着技术的发展，人们发现有些产品的设计本身就是出于恶的目的。所谓"恶的设计"，是指技术产品在设计上就是准备用于违背伦理道德甚至违法的目的。比如：用于造假和欺诈的技术，像考试作弊器具、窃取银行卡信息的读卡器等；用于制造毒品的技术；用于国际上禁止的大规模杀伤性武器的技术，像神经性毒气、细菌武器等。"恶的设计"越复杂，效能越高，对人类社会生活的危害就越大。

**发现故事**　　原子弹"诞生"始末——以责任、理性和良知的名义

1945 年 8 月 6 日，美军在日本广岛投下原子弹"小男孩"，8 月 9 日在长崎投下原子弹"胖子"。时任美国总统杜鲁门 8 月 6 日发表声明说："我们花了 20 亿美元进行了历史上最伟大的科学赌博并赢得胜利。"1947 年 3 月爱因斯坦对《新闻周刊杂志》表示，"当初如果知道德国造不出原子弹，我连一个指头都不会动"。晚年他和化学家鲍林谈话时更明确地说："我今生最重大的错误之一，是签署了给罗斯福总统的信，建议他制造原子弹。"

爱因斯坦成为"原子弹之父"有两个原因，其一是他的 $E=mc^2$ 质能转换公式为原子弹奠定了理论基础，其二是他启动了美国对原子弹的研究。作为一个终生的和平主义者，原子弹的光环和蘑菇云的桂冠，是很难让爱因斯坦引以为荣的。事实上，爱因斯坦对原子物理造诣不深，也没有参与原子弹的制造，但他在推动原子弹"立项"的游说中，确实发挥了关键和核心作用。

曼哈顿工程无疑是一项大科学工程，是集中全美国最优秀的科学家，应用最新科学原理和技术而取得的成功。它深刻改变了战争与和平的形态，影响了人类的前途和命运。至于在纳粹有可能领先的形势下，原子弹到底该不该制造；在日本发出"一亿玉碎"的叫嚣时，原子弹到底该不该使用，让历史学家继续辩论吧。目前全球的基本共识是，最终全面禁止和彻底销毁核武器。但"请神容易送神难"，何况这位"死神"当初是科学家以责任、理性和良知的名义，千方百计邀请来的呢？

### 4. "劝导技术"的设计

美国斯坦福大学教授福戈(B.J. Fogg)于 1996 年首次提出，劝导技术有助于人类身心健

康，促进道德行为。其主要是利用现代计算机技术，设计、研究和分析那些用来改变人们的态度和行为的一些交互式计算机产品，主要有七种类型：① "简化"技术，通过将复杂技术简化而使人们愿意去做；② "隧道"技术，预先设定好行动程序，以既定步骤进行；③ "量体裁衣"技术，在设计时注意个体需求的差异；④ "建议"技术，在恰当时机给出相应的参考建议，如限制超速行驶；⑤ "自我监测"技术，使人们及时调整自己的态度和行为，如体育锻炼时的"心率监测器"；⑥ "监控"技术，如监控摄像头；⑦ "调节"技术，通过对一种行为进行奖励来达到对该行为的强化。劝导技术有助于人类身心健康，促进道德行为。

### 小知识

Manicare Stop That 是一款苦味的指甲油，它可以帮助人们改掉啃指甲的坏习惯。福特 Fusion 轿车仪表盘上的生态叶子在开车时会建立一种反馈，来鼓励对生态环境更友好的驾驶行为。Ready For Zero 分发一种贴在信用卡上的贴纸来提醒不要乱花钱。想象一个用户的支付流程，当用户进入支付页面的时候，忽然有些后悔，犹豫要不要买，要不要支付，如果取消键放在右上角，用户习惯性地点击取消的概率就大大提高；而如果用户无法在第一眼发现取消的操作，取消的概率也会降低。

#### 5. 价值敏感性设计

1999 年美国华盛顿大学技术哲学家弗里德曼提出价值敏感性设计(Value-sensitive design)理念，要求在技术设计过程中敏锐地意识到其中的价值问题，将伦理价值融入技术产品之中。价值敏感性设计有以下特点：

(1) 积极地影响技术设计。将对于人类价值的批判性分析引入设计过程。

(2) 扩大对人类价值考虑的范围。不仅包括工作场所的价值，还致力于包含教育、家庭、商业、社区以及公众生活等方面的价值。

(3) 区分可用性与具有伦理意义的人类价值。并不是所有可用的技术都具有伦理价值。

(4) 区分利益相关者。既包括直接受影响的人群，也包括间接受影响的人群，对后者的认识需要发挥道德想象力的作用。

(5) 以互动理念为基础。技术设计总是使技术倾向于赞成某些价值而阻碍其他价值，而技术的真正使用取决于用户与技术之间的互动，其演化处于"设计—用户使用评价—重新设计—重新被用户采用—重新设计"的过程之中。这一过程将技术设计语境与使用语境联系在一起，建立了设计者、管理者、操作者和使用者之间的联系。

## 2.5.3　技术产品质量的伦理问题

技术产品质量的伦理问题，主要涉及技术产品制造过程中所出现的以假乱真、以次充好，同时伴随虚假宣传，即通常所说的"假冒伪劣"等问题。假冒伪劣产品使制造者和贩卖者获取暴利，同时损害了广大消费者的利益，会造成极大的社会负面影响，甚至造成安全隐患。

### 发现故事　西安地铁"问题电缆"

2017 年 3 月 17 日，有网友发帖质疑西安地铁三号线电缆相关问题。经西安市政府公布的抽检结果显示，送检随机取样的 5 份样品均为不合格产品。随后，西安市委市政府现场表态：在保证三号线安全运行的前提下，积极实施整改，争取用最短的时间对问题电缆全部更换。

3 月 21 日，陕西奥凯公司法定代表人王志伟面对镜头，对奥凯公司以次充好、供应不合格电缆的行为供认不讳，并表示对自己的行为非常后悔，愿意接受法律制裁，向全市人民忏悔、道歉。王志伟称，在地铁三号线招标过程中，他们采用低价竞标的方式获取订单，在生产过程中，为了获得一定的利润，降低了成本，导致了产品不合格。

问题电缆带来的危害细思极恐，电缆在使用过程中会发热、发烫，最后烧毁，引起火灾，最坏的结果是把整个地铁烧掉。西安地铁"问题电缆"被曝光后，引起轩然大波。成都地铁由于与陕西奥凯公司也有合作，承诺立即对所有成都地铁已使用、已安装奥凯电缆的项目无条件予以更换。

### 1. 技术产品出现质量问题的原因

从生产者角度分析，受"利益最大化"的驱使，生产者为了降低其生产成本，利用低质量或不符合标准的原料来制假造假。我国历史上的自然经济和计划经济时期，由于人际关系相对稳定，比较适合道德他律，技术产品质量问题比较容易解决。在经济转型时期，追求自身利益的最大化成为假冒伪劣产品泛滥的契机，每个生产者在进行生产之前都会计算成本以及未来的收益，而制造假冒伪劣商品，尤其是假冒国内外的奢侈品，能使生产者获得成倍乃至十几倍的非法利润。因此在利益面前许多生产者被蒙蔽了双眼，缺乏自律而忽视他律，重视"私德"而忽视"公德"，冒着巨大的风险去生产假冒伪劣产品。

从消费者角度分析，受"贪小便宜"的心理因素影响，许多消费者在选择同一类商品时通常会更注意产品的价格，而忽视其是否为假冒伪劣产品。在信息不透明的情况下，多数消费者会最终选择价格便宜的产品，这种行为间接促使了假冒伪劣产品的横行。

从法律角度分析，我国现行的法律法规在打击假冒伪劣产品方面制定了许多惩处办法，如《产品质量法》《侵权责任法》《消费者权益保护法》等。虽然相关的法律法规较多，但实际情况却不尽如人意，主要表现在如下方面：法律赋予行政执法部门的手段有限；法律、法规的实施需要有一个过程；法律、法规条文的具体规定还不够完善。

### 2. 技术产品质量问题的伦理后果

技术产品的质量问题主要体现在假冒产品和伪劣产品中，其带来的伦理后果集中体现在消费者利益、消费者健康以及互联网社会中严重的舆论压力。

### 3. 处理技术产品质量问题的道德规范

基于上文提出处理常规技术中伦理问题的原则，有必要将以下要求作为处理技术产品质量问题的道德规范：

(1) 技术产品质量的诚信要求。技术产品质量要符合技术标准，在性能上不做夸大和欺骗性宣传，要信守对消费者的承诺，不误导消费者。

(2) 技术产品质量的预防要求。在产品说明书中详细说明在使用中可能出现的问题，预防不当使用和意外情况造成的风险，尤其要预防儿童和不认识外文说明的消费者可能出现的问题。

(3) 技术产品质量的善后要求。一旦发现出厂的产品质量存在严重问题，要及时采取善后措施，包括产品召回、现场更换等。

> **发现故事**　　英特尔的"无奈"

1994 年夏季英特尔公司推出"奔腾"计算机芯片之后，一位数学家发现其中存在问题，有些计算结果错误，美国 CNN 随后播报了有关芯片问题的报道。英特尔公司开始只同意为从事高精度运算的用户更换芯片。但公众舆论压力逐渐加大，IBM 公司宣布停售安装问题芯片的计算机。1994 年底英特尔公司宣布为所有提出要求的用户更换芯片。

> **发现故事**　　"哭诉维权"事件

2019 年 2 月西安某女士与西安"利之星"汽车有限公司签订了分期付款购买全新进口奔驰 CLS300 汽车的购车合同，随后提车中因认为发动机存在问题与"利之星"4S 店自行协商退换车辆未果。此后，该女士多次与 4S 店沟通解决，却被告知无法退款也不能换车，只能按照"汽车三包政策"更换发动机，该女子被逼无奈，到店里维权，"坐机盖"一事随即发酵。4 月 11 日，"奔驰女车主哭诉维权"的视频在网络上流传后，迅速引发舆论关注。在舆论持续发酵与法院二审判决下，4 月 16 日晚，哭诉维权的女车主和西安"利之星"汽车有限公司达成换车补偿等和解协议。

5 月 27 日，市场监管部门通报有关涉嫌违法案件调查处理结果：西安"利之星"汽车有限公司存在销售不符合保障人身、财产安全要求的商品，夸大、隐瞒与消费者有重大利害关系的信息、误导消费者两项违法行为，被依法处以合计一百万元罚款。该产品质量问题导致的事件，也因为舆论之广，事后处理满足广大消费者的诉求，入选了 2019 "质量之光"年度质量记忆十大"年度质量事件"。

### 4. 制度层面的伦理约束

解决技术产品质量问题不仅需要有良知的技术工作者揭露假冒伪劣产品真相，还需要相应的制度保障和社会支持，包括：建立企业技术产品质量的信誉档案制度；建立技术工作者个人的质量信誉档案制度；新闻媒体对技术产品质量伦理问题持续关注；政府主管部门对揭露假冒伪劣产品行为进行保护和奖励；法律法规不断完善。目前存在的主要问题是"问责制"不够完善，效果不明显。违背技术伦理的行为如果得不到及时揭露、谴责和处理，符合技术伦理的行为就难以得到鼓励和弘扬。

## 2.5.4  技术安全性的伦理问题

技术安全性问题主要指技术操作者和使用者在不同程度上会造成身体损害和人身伤亡的问题。假冒伪劣产品在不同程度上会造成技术安全性问题，但也有些假冒伪劣产品本身并不带来安全隐患(如无害又无效的假药)，而很多时候并非假冒伪劣的技术产品或技术活动也会带来安全性问题。

### 1. 技术安全性问题的成因

在常规技术条件下，如果严格遵守技术标准，技术的安全性是不成问题的。出现安全性问题的主要原因是：

(1) 设备超标准(超负载、超载、超保质期)运行，没有及时检修。

(2) 私自篡改技术标准，减少其中有效成分或增加有害成分。比如，超量或违规放入食品添加剂。违规进行食品加工造成过多起事件，如用尿素和激素加工"毒豆芽"、用"瘦肉精"饲养生猪，还有地沟油、"苏丹红"等事件。

### 2. 技术安全性问题的伦理责任

根据"以人为本"原则和"负责任"原则，造成技术安全性问题的直接责任者需要承担主要的伦理责任，但管理者和合作者也要承担间接的伦理责任。技术安全性问题的伦理责任要大于直接的职业责任。对于可能造成重大安全事故的技术风险，如果无动于衷，不去制止和揭露，从道德良知角度看是不可原谅的行为。

### 3. 解决技术安全性问题的伦理途径

要从根本上解决技术安全性问题，除了制度建设和技术上的监管措施之外，还需要从技术伦理角度解决相应的思想观念和行为规范问题。技术安全性问题是多重主体、多种因素、多方面条件共同作用的结果，每个技术工作者都不能置之度外，都要勇于承担责任；甚至为了公众利益而揭露和消除技术安全性隐患，可能会牺牲个人利益。个人要树立道德良知，社会要给予相应保障；要充分发挥道德想象力，预见可能出现的风险，防止狭隘的功利主义造成负面影响。

---

**发现故事**    三鹿奶粉事件

2008 年 9 月 8 日，有媒体报道，甘肃省岷县 14 名婴儿同时患有肾结石病症，引起舆论高度关注。随后，被曝光的患病住院的婴幼儿数量不断上升。至 2008 年 9 月 11 日，甘肃省共发现 59 例肾结石患儿，部分患儿已发展为肾功能不全，且有 1 人死亡。初步调查显示，这些婴儿均食用了石家庄三鹿集团股份有限公司生产的一款"三鹿"牌婴幼儿配方奶粉。经调查，河北曲周县人张玉军将三聚氰胺和麦芽精混合制成"蛋白粉"，使得原奶在掺水后仍能被检测合格，这种黑心"发明"在不少奶农中流传成为"潜规则"，原三鹿集团收购时默认，最后酿成重大事故。而且不久爆出，两个月来，中国多省已相继有多起类似事件发生。三鹿品牌的婴幼儿配方奶粉可能受到三聚氰胺污染的消息迅速传开。

三聚氰胺是有毒的化工原料，但掺入牛奶或奶粉中，可以在检测中替代蛋白质，使得蛋白质含量不达标的产品也能被视为合格，这样可以牟取暴利。但三聚氰胺进入人体特别是婴幼儿体内，会造成肾结石。

2008 年 9 月 13 日，中国国务院启动国家安全事故 I 级响应机制处置三鹿奶粉污染事件，对患病婴幼儿实行免费救治，所需费用由财政承担。2009 年 1 月 22 日，河北省石家庄市中级人民法院一审宣判，三鹿前董事长田文华被判处无期徒刑，三鹿集团高层管理人员王玉良、杭志奇、吴聚生则分别被判有期徒刑 15 年、8 年、5 年。三鹿集团作为单位被告，犯了生产、销售伪劣产品罪，被判处罚金人民币 4937 余万元。涉嫌制造和销售含三聚氰胺的奶农张玉军、高俊杰及耿金平三人被判处死刑，判处薛建忠无期徒刑，张彦军有期徒刑 15 年，耿金珠有期徒刑 8 年，萧玉有期徒刑 5 年。

## 2.5.5 常规技术引发的环境伦理问题

与高新技术相比，常规技术引发的环境伦理问题具有明显的确定性，很多造成环境污染的行为属于明知故犯，因而与伦理道德观念有更直接的联系。

### 1. 常规技术引发的环境污染问题

常规技术引发的环境问题，包括常规技术活动中废物(废气、废水、废渣)排放造成的环境污染、技术活动后的废弃物造成的环境污染，以及人类生活和生存质量的急剧下降。由于常规技术带来的环境污染不仅具有累积效应，而且具有跨地域甚至跨国传播的性质，因而必然涉及不同的人群、地区、国家之间的环境公平、正义、责任等伦理问题。

> **发现故事** 一个偶然，一个改变——圆明园铺设防渗膜事件

2005 年 3 月 22 日，张正春教授到圆明园参观时发现圆明园湖底正在铺设防渗膜，他认为铺设防渗膜会致使圆明园整个湖水所处的生态环境恶化，不仅起不到保护的作用反而会破坏圆明园的生态环境。2005 年 3 月 31 日，北京市环保局调查圆明园工程，调查认定圆明园铺防渗膜违法，国家环保总局责令圆明园湖底防渗工程立即停建。3 月 31 日晚，圆明园管理处以书面形式，回复了人们关心的四大焦点问题。4 月 13 日上午，国家环保总局举行听证会，当事方圆明园管理处主任李景奇竟然中途离席，不辞而别。4 月 19 日，国家环保总局与圆明园管理处进行了正式沟通，督促其尽快报送环评报告书。8 月 15 日，圆明园的防渗整改工程正式开工，防渗膜被拆除。

### 2. 常规技术引发的环境正义问题

常规技术引发的环境正义问题,指对常规技术带来的环境问题的正当性的思考。比如:
① 常规技术不可避免要排放一定的废弃物(彻底的循环利用还只是理想状态),造成一定的环境污染。如何确定这种技术活动的正当性? ② 常规技术活动可能给企业和政府部门带来可观效益,但普通民众可能要承担环境污染的代价,如何协调两者之间的平衡? ③ 常规技术活动的发展,可能会不断导致人们生活环境的重新调整,需要重塑环境正义关系。坚持"以人为本"的原则,会不断面临新课题。

### 3. 常规技术引发的环境公平问题

常规技术引发的环境公平问题,是指对常规技术带来的环境治理公平性的思考。比如:① 由于环境污染物的传播,可能大气环流上风口的空气污染到了下风口国家,河流上游的水污染到了下游会加重。如果仅仅根据当地污染程度确定环境治理的责任和任务,显然是不公平的,而且难以根治环境污染。② 有些发达国家和地区可能将环境污染严重的企业转移到发展中国家和地区,甚至出现将"洋垃圾"出口到发展中国家和地区的事情。如果仅仅根据发展中国家和地区当地污染程度确定环境治理的责任和任务,也是不公平的。坚持技术利益关系的公平原则,有助于建立良好的环境治理秩序和社会秩序。

### 4. 常规技术引发的环境责任分配

常规技术引发的环境责任分配,主要指人类采取共同行动应对环境危机时的责任分配问题。常规技术活动是造成"温室气体"特别是二氧化碳增多的主要因素。在分配这方面的环境责任时,存在着发达国家和地区与发展中国家和地区的矛盾。发达国家和地区的常规技术活动自工业革命以来已经有几百年历史,应该承担更多的节能减排责任。而发展中国家应该承担与自己的经济发展和社会水平相适应的责任。在一个国家内,碳排放量较大和污染较严重的企业,需要承担更多的环境治理责任。环境治理不能成为单纯的市场行为,政府相关部门要代表公众利益,保证环境治理责任合理分配。

## 2.5.6  常规技术引发的新闻伦理问题

**发现故事**　央媒造谣袁老去世

2021 年 5 月 22 日 13 点 07 分,袁隆平院士逝世的消息震惊了整个世界,举国上下悲痛万分。民众们以各种各样的方式缅怀这位让中国人吃饱饭的伟大老人。在袁隆平院士去世前所在的湘雅医院,在明阳山殡仪馆,在农科院大门口,甚至在袁老母校西南大学的雕像前,吊唁的白菊已经延绵成一片花海。

但受民众举国哀悼的袁老,却于生前弥留之际在网络上经历了一场"死而复生再死去"的闹剧。5 月 22 日上午,主流央媒 CGTN(中国国际电视台)首发消息称,"杂交水稻之父"、中国工程院院士、"共和国勋章"获得者袁隆平因病医治无效,于北京时间 5 月 22

日上午在长沙逝世，享年 91 岁。随后中国电视报、新浪娱乐等多家官方蓝 V 火速转载，短时间内，"袁隆平院士逝世"的话题登上了微博热搜榜第一，"袁隆平"的百度百科也迅速变成黑白。但当网友还没从悲伤中缓过神来，袁隆平秘书的辟谣就带来了"好消息"——袁隆平院士仍在医院抢救，短时间内的新闻反转引起一片哗然……

这种假消息不仅是对袁老的极大不尊重，也严重消费了公众的信任与感情。但令人难以置信的是，这次"谣言"的罪魁祸首，居然是一直以权威严谨著称的国际央媒。新闻工作者在此次虚假新闻报道中起着推波助澜的作用，在没有核实该新闻真实性的情况下，不顾后果地抢发新闻，这是新闻工作者新闻专业主义的缺失，更是新闻伦理的淡漠。虚假新闻严重影响了公众正常的生活秩序，也使媒体的公信力下降，违背了新闻记者的职业道德。

常规技术引发的社会舆论问题主要表现为在人民生活中，某些技术直接或间接引起的社会舆论问题。大多数情况下，虚假新闻在直播报道中、互联网上病毒式传播，迅速引起民众关注并造成恐慌，引发一场舆情危机。

### 1. 虚假新闻的成因

清华大学刘建明教授认为："新闻伦理是研究新闻职业道德规范的理论，它揭示新闻道德的发生、发展及其作用的规律，为提高记者道德修养提供理论认识，以便形成社会主义的新闻道德意识。"新闻媒体要做到有道德、有良知，就必须具备新闻伦理方面的知识。真实是新闻的生命，这是所有新闻工作者都熟知的原则，但是虚假新闻仍然屡见不鲜，并且呈增多趋势。这些虚假新闻不仅没有正确引导舆论，反而导致了舆论危机，使媒体失去公信力，公众陷入慌乱。虚假新闻的成因有以下几点：

(1) 违背真实性原则。虚假新闻就是偏离客观事实的新闻，其严重违背真实性这一重要新闻传播规律。从新闻传播学的角度讲，只有真实的报道才能称得上是新闻。产生虚假新闻的原因多种多样，有的是记者本身缺乏求真务实的精神，有的是经济利益的驱使，也有媒体的激烈竞争等因素。

(2) 编辑把关不严。新闻在群体传播过程中存在着一些把关人，只有符合群体规范或把关人价值标准的信息内容才能进入传播阶段。因此编辑要有严格的把关意识，对新闻稿件进行仔细核对，可以有效避免假新闻的传播，否则编辑也会成为假新闻的"二传手"。尤其是网络媒体具有病毒式传播的特性，但网络媒体相较于传统媒体，在把关力度方面显得更为薄弱。

(3) 受众的盲从。在一条新闻发布后，部分民众，包括一些具有高流量的明星在没有自我判断或证实的前提下，盲目传播信息，使得新闻传播越来越广，同时伴随着明星效应使舆论一边倒，造成无法扭转的态势。受众在面对错综复杂的新闻，尤其是标题党新闻时，应理性分析，而不是盲目地相信和传播。

### 2. 虚假新闻中伦理问题应对的策略

媒体人在新闻实践活动中该如何把握新闻伦理？美国伦理学专家罗伯特·斯蒂尔在《媒体的职业道德准则》一书中对新闻记者提出了这样的告诫：第一，我们为什么会如此重视这条新闻？第二，所有信息是否准确、完整？第三，如果这则新闻报道与我或我的家人有关，我会有什么感受？当记者对新闻事件中的新闻伦理产生疑惑时，这三条准则会帮媒体人坚守新闻伦理底线。

新闻伦理的建设不仅仅需要媒体人的努力，也需要社会各方面的共同努力。可以从以下三个方面提升新闻伦理水平：

(1) 提高媒体人的自律意识。新闻自律是新闻伦理学的核心问题，主要指新闻界的自我约束，新闻从业者以新闻传播道德规范指导和约束自己的职业行为。在具体的新闻实践活动中，新闻记者完成采、写、编的一线工作，媒体人的新闻伦理意识应贯穿于每一步。所以提高媒体人的自律意识是构建新闻伦理的第一步。媒体人具体可通过以下几点提高自律意识：① 成为有道德的新闻人。媒体人的道德伦理水平直接决定他们如何使用媒介以及所产生的传播效果。在成为一名媒体人之前必须成为有道德的人，才能肩负起传播正能量的社会责任。② 对新闻报道负责。在媒体竞争激烈的环境下，有些标题是"语不惊人死不休"，有些对报道内容进行造假或为了追求时效性不加核实就将报道发表。如果媒体人能有高度的责任感和道德意识，虚假新闻一定会减少很多。③ 对社会负责，对受众负责。媒体人要肩负起社会责任，这也是公众对媒体人的要求。公众有知情权，媒体人就是公众的代言人，应维护好公众的利益，保障公众对真实信息的知情权。

(2) 建立健全相关法律法规。由于我国目前尚无新闻法，对一些违背职业道德的行为缺少相应的惩罚机制，导致虚假新闻、标题党等不符合新闻伦理的行为屡禁不止。加强对新闻活动相关法律法规的建设，以法律的形式保证新闻活动遵守道德伦理，才能在一定程度上根治虚假新闻。

(3) 提升受众的媒介素养。提高受众的媒介素养，就要求受众要保持自己理性的判断能力，不盲目跟风，不人云亦云，不在舆论漩涡中失去立场。媒介素养是公众必须具备的一种素质，主要包括三个层面的内容：一是接收来自媒介的信息；二是对所接收的信息进行解读、判断；三是通过媒介表达意见、传递信息。对于公众而言，最重要的环节是对于信息的解读和判断。新闻受众，尤其是有一定影响力的意见领袖必须具备一定的媒介素养，才不会盲目地全盘接受媒介传递的信息，反过来也会对媒体行为进行监督，做有立场有态度的受众，共同创建绿色媒介环境。

## 2.6　高新技术中的伦理问题

高新技术可以使人类和社会受益，同时也有可能带来巨大的风险，甚至会威胁到未来人类的健康以及人类的生存。此外，高新技术还具有不确定性、善恶双重用途特性，而且还会产生一些新的伦理挑战。

### 2.6.1　高新技术伦理问题的出现

#### 1. 高新技术的产生

高新技术(high & new technology)是高端技术与最新技术的统称，它并非指某一单项技术，而是指处于科技和工程前沿的技术群体，具有跨学科的性质。"高技术"一词最早源于 20 世纪 60 年代的美国，泛指大批新型技术产品及其引发的变革，也称为"新兴技术"，我国统称为"高新技术"。其特征是技术的研究与开发和科学前沿的探索紧密结合，研究与开发投入高，研究与开发人员比重大，产业发展快，对其他产业渗透力强。它具有智能水平、创新能力、战略价值等方面的明显优势。作为一个发展的概念，高新技术在不同阶段所包含的具体内容亦不相同。目前，我国的高新技术一级领域主要包括：电子信息、生物与新医药、航空航天、新材料技术、高技术服务、新能源与节能、资源与环境、先进制造与自动化八个领域。

高新技术具有哪些特点？英国萨塞克斯大学 Daniele Rotolo 等人指出：第一，高新技术在技术方法等层面具有革新性和创新性；第二，高新技术发展速度比常规技术快；第三，高新技术相互之间具有连贯性和凝聚力，它们之间相互促进、相互影响；第四，高新技术拥有十分突出的影响，有时可能起到颠覆性作用，可能会使社会大大受益，同时可能引起的风险或伤害也非常大，以至于有些人认为可能威胁人类的生存；第五，高新技术具有不确定性和歧义性，不确定性是指它们自身的发展及其对人类和社会的影响难以预测，而歧义性是指人们对高新技术做出决策时难以对其前景或产物取得一致的理解或评价。

### 2. 高新技术中伦理问题的特点

高新技术的伦理问题，即在有关高新技术的创新、研发和应用方面我们应该做什么和应该怎样做的规范性问题。我们如何在许多因素不确定的情况下对新兴技术的创新、研发和应用方面的风险收益比做出合适的评估，并且尊重利益相关者，维护他们作为人的权利和尊严，这是高新技术的两个基本伦理问题。从伦理学以及监管和治理角度看，高新技术有以下四个特点值得我们深思：

(1) 高新技术的主要特点之一，是它们有可能使人和社会受益，同时又有可能带来巨大风险，甚至威胁到人类未来世代的健康以及人类的生存。比如，人工智能使人类生活走向了智能化，但人工智能的发展一旦失控，可能对人类在地球的存在带来威胁。再比如，技术奇点或奇点是指未来的一个时间点，此时技术的增长已变得不可控制和不可逆转，人类文明将发生难以预测的变化。瑞典哲学家波斯特罗姆(Nick Bostrom)提出"存在风险"(existential risk)概念，意指人类不慎使用核技术、纳米技术、基因工程技术、人工智能技术等而导致永远毁灭起源于地球的智能生命，即人类永遭毁灭。

(2) 高新技术的特点之二是不确定性。任何技术在使用过程中都有其潜在风险，高新技术亦不例外。与风险不同，不确定性是我们对采取何种干预措施或不采取干预措施后的未来事态的决定因素缺乏认识，因而难以预测其可能的风险的一种状态。我们对所采取的干预措施可能引起的后果难以预测，影响后果的因素可能太多、太复杂，相互依赖性太强而不能把握。例如在基因生殖过程中，我们难以精确发现基因组编辑是否损害了正常基因，被敲掉的被认为致病的基因是否还有更强有力的免疫能力，通过基因修饰的胚胎在诞生之后是好是坏等。

(3) 高新技术的特点之三是具有双重用途，即一方面可被善意使用，为人类造福，另一方面也可被恶意使用，给人类带来祸害。最典型的便是核技术，核技术的本意是为了能够提供庞大能量维持和发展人类生活，但其最知名的用途却是用于战争。人工智能本意是为了更好地服务人类，却也被利用作为恶意软件、敲诈软件，从而使恶意使用者施行攻击的成本降低，攻击的成效提高，影响的规模增大。

(4) 高新技术特点之四是它们会产生出一些新的伦理问题。例如人工智能软件对于我们人类做出涉及未来的决策能够起很大的积极作用，可是人工智能的决策是根据大数据利用算法做出的，算法能在大数据中找出人们的行为模式，根据这种模式预测人群未来采取的行动，包括消费者购买何种商品、浏览何种网页，某案件在某地区发生的概率等，然后根据这种预测制定相应的干预策略。然而，根据人类过去的行为预测人类未来的行为往往会发生偏差。

### 3. 高新技术因何面临伦理问题

高新技术中伦理问题的成因如下：

(1) 高新技术伦理路径面临着技术的不确定性挑战。一方面，高新技术的不确定性会导致伦理决策的信息缺失，从而对技术的伦理评估产生影响。原因有二：一是高新技术自身的性质模糊、未来用途不明确，会导致社会影响的分析依据不够充分；二是评估对象的道德环境一般基于可能发生的场景，即基于预期的方法建立逻辑联系和作用的框架，此时，不确定的场景意味着不稳定的关系建构和不确定的价值作用，这两种情况都可能会漏掉高新技术应用产生的重要社会后果，并使我们对特定情况视而不见。另一方面，高新技术的不确定性会导致伦理评估的框架体系失衡，人们构建的伦理体系难以适应技术未来的应用场景。在当前的技术社会背景中，高新技术经常会改变已建立的道德观念，引起关于如何重新建立技术和道德之间的"契合"的问题。

(2) 技术创新的革命性与伦理发展的滞后性使技术越过传统伦理底线。科技从来不接受"绝对""权威"和"永恒"，它对一切事物秉持怀疑与批判的态度，不被偏见、常规所约束；而伦理则是一种相对稳定的规范，其进化与科技发展比较相对迟缓，这就易于使伦理与现代科技不相适应。技术所能产生的社会影响往往会超出预期，其应用的后果也让人类难以控制。当科技进程超过社会伦理的容忍度的时候，当技术被不合伦理地运用(包括滥用、恶用、误用)的时候，当人们对科技的伦理取向和社会价值判断出现双重标准的时候，易于发生技术与伦理的冲突。

(3) 技术进步的无限性与伦理进步的历史性是技术拓宽社会伦理的基本范畴。技术进步是新技术不断代替旧技术的创新发展过程。技术创新与伦理发展并不总是相互适应的，有时技术创新挑战社会伦理，有时社会伦理制约着技术实践，进而阻碍技术创新。从技术创新对现有伦理的冲击看，几乎每一种新技术的出现，在一定范围内造福人类的同时，也都有可能颠覆现有伦理。从核伦理到生物技术伦理，从生命伦理到信息技术伦理，与技术发展要求相对应的社会伦理内容不断被更新，伦理范畴不断被拓展，以适应科技发展的需要。

(4) 技术开发和应用结果的不确定性使得伴随而来的伦理问题往往具有滞后性。高新技术本身的发展远远超出相应的技术伦理的变化速度，很多伦理问题难以得到及时的反思和讨论，使得技术伦理难以发挥有效作用。高新技术所带来的伦理影响纷繁复杂，加之相关知识储备不充分，使得人们对高新技术可能引发的伦理冲击更加难以预测。

### 4. 处理高新技术中的伦理问题的原则

处理高新技术中的伦理问题有以下原则：

(1) 预防为主的原则。充分预见高新技术可能产生的负面影响，使责任伦理面向未来。德国哲学家尤纳斯和伦克倡导的"责任伦理"，强调充分考虑技术可能产生的后果、对可能受技术影响的人群的责任、对人类命运和社会进步的责任。

(2) 以人为本的原则。充分保障人的安全、健康和全面发展，避免狭隘的功利主义。要体现"人不是手段而是目的"的伦理思想，防止为了功利主义的商业需要损害人的安全、健康和全面发展，尤其要强调技术试验的人道主义和"知情同意"原则。这里引用康德的《道德形而上学原理》中的一句话："你的行动，要把你自己人身中的人性，和其他人身中的人性，在任何时候都同样看作是目的，永远不能只看作是手段。"

(3) 整体主义的原则。从整体上维护人类利益和生态环境，防止高新技术无序发展。高新技术的研究与发展具有个体性和局部性，而高新技术的影响具有群体性和整体性，两者的矛盾需随时解决。

(4) 制度约束的原则。主要依靠制度实现对高新技术的伦理约束，防止出现不可逆的严重后果。对高新技术的伦理约束不能仅靠科技工作者个人的道德良知，还必须依靠强有力的制度约束。

### 5. 如何超越技术与伦理困境

超越技术与伦理的困境，需要考虑从科技的人文关怀到技术理性的养成，从技术伦理教育到法治体系建设等各个方面，激活一系列与技术创新协同的社会参与因素，共同开拓一条科技和人文深度融合的新道路。

超越技术与伦理的困境，就是要将人文关怀融入科技，适度保持技术伦理的张力平衡。人文关怀主张坚持以人为本，尊重人、维护人、发展人，提升人的生命力和创造力，让技术与人文相互依存，同时保持适度张力。一方面，技术创新和成果转化需要"人文关怀"。科技不是社会唯一的权威，它和政治、经济、文化紧密关联。伦理在科技发展中的角色，不是被动的响应者，而是科技成果的塑造者之一，从科技活动一开始，就与其他行动者一起参与科技未来的建构。只有蕴含人文精神的技术才可能发展得越来越好。另一方面，技术伦理问题的解决还需要"科技动力"。科技与人文关怀是共生互动、相近互通、相异互补的。人文关怀需要科技成果的支持，人文精神应有科技的力量；科技应用需要人文关怀，科技理应内涵人文品质。

超越技术与伦理的困境，就是要引导公众参与科技，推动科技发展与伦理同向同行。公众是科技成果的最终消费者，公众有权参与科技政策的制定、科技体制的建立，评价科技的正面作用和负面影响，决定需要什么样的科技成果。然而公众特别是人文社会学者和普通民众参与科技成果应用的决策过程和调解方式很少，其参与行为的有效性受制于其科技素养状况。为引导公众有效参与，尤其需要加强科技知识的普及和传播；尤其需要公众参与技术伦理灾难的共同防范；尤其需要引导公众参与科技和理解科技。

超越技术与伦理的困境，就是要完善科技法治体系，保障科技伦理建设规范有序。依法治理是实现科技社会功能的重要途径。科技应用伦理已不再局限于道德层面，将科技伦理纳入法治体系，能有效防御技术研发和应用的负面效应。要加快新技术领域的法律规则研制，通过法律体系建设，引导和规范技术应用主体的科技行为，保证科技成果应用的监督管理，促进科技发展和人类最终价值目标相适应。通过体系化的法律法规建设，构建覆盖全面、导向明确、规范有序、协调一致的科技伦理治理体系，规范科技伦理行为，保证科技伦理工作有法可依。

超越技术与伦理的困境，就是要强化技术伦理教育，筑牢科技人才的道德根基。加强技术教育与伦理教育的融合，不应仅局限于社会一般伦理的传授，而忽视技术研发和技术应用的人文关怀。从工程技术教育来说，应更加重视技术的伦理维度，避免技术教育的伦理缺位。科技伦理教育要成为专业技术教育体系的重要内容。

## 2.6.2　网络技术中的伦理问题

### 1. 网络技术的特征

从技术伦理角度看，网络技术的特征主要有以下三点：

(1) 从技术角度直接影响人的思维、心理和行为方式。网络的虚拟性影响人的认知和体验，网络交往和游戏影响人的心理状态，网络环境影响人的现实生活方式。

(2) 缩短人际交往的时空距离，加快舆论传播速度。网络交流的便捷性，使人们的相互了解在广度和深度上都空前增长，共享的内容范围不断扩大。

(3) 网络技术设计可能造成用户选择的非理性化。网络界面设计具有强烈的感性吸引力，更新换代迅速，所提供的服务往往超出用户需要的范围。

### 2. 网络技术中的伦理问题的表现

网络技术中的伦理问题主要表现在以下方面：

(1) 网络内容规制的伦理问题。网络上传播的有些内容严重污染社会风气，腐蚀青少年心理健康，必须用过滤技术加以限制。网络自由的边界需要从伦理角度加以界定，传播不良内容应承担伦理责任，网络内容规制的道德标准要考虑可操作性。

(2) 网络知识产权的伦理问题。网络环境下对知识产权的侵犯越来越容易，而对知识产权的过度保护又可能影响知识的自由共享，从而降低互联网的功效。因此需要确定公平的伦理原则，正确协调两者之间的关系。

(3) 网络隐私的伦理问题。网络环境中的隐私权和知悉权相互矛盾，应合理划定两者的伦理界限。网络中个人信息的披露应该遵循"知情同意"原则。"人肉搜索"要符合道义，防止产生舆论暴力。

(4) 网络安全的伦理问题。网络"黑客"侵犯个人隐私，篡改个人信息，甚至跨越政策界限，造成公共服务瘫痪，是违背伦理道德的。网络中存在某些对"黑客"的崇拜和神化现象，不利于净化网络环境。

(5) 网络功能设计的伦理问题。网络的某些功能设计，对自主能力较差的人(特别是青少年)产生强烈诱惑，在带来经济效益的同时使很多人迷失自我，产生"网瘾"，影响正常的学习和生活。这种现象使网民成为运营商牟利的手段，造成人力资源的浪费，不利于社会的健康发展。

网络中的"虚拟自我"在缺乏反思和自制的条件下可能出现"异化"，需要上升到理性层次，用理性的自我来约束网上的行为。网络设计者和运营者也需要负起相应的伦理责任。

> **发现故事**　　"熊猫烧香"网络病毒肆虐
>
> 2007 年 1 月，一个叫作"熊猫烧香"的病毒在网络上如幽灵般肆虐，不断入侵个人电脑、感染门户网站、击溃数据系统，上千万台次的电脑遭到病毒攻击和破坏，造成巨大损失，被业界评为"毒王"。这个病毒的制作者叫李俊，年仅 25 岁，他因此受到了法律的制裁。出狱后，他悔过自新，想找一家公司工作，将自己的本领用在正道上，结果遭到众多公司的拒绝，偶尔有面试的公司，面试官问他"你要做个什么样的人？"这看似是一个非常简单的问题，实则是一个极其严肃的大问题，说明科技水平的进步如果不受法律、道德和伦理的约束，将会给人们的经济和生活造成毁灭性的灾难。

### 3. 网络技术中伦理问题的特点

网络技术对人们的心理、情感、社会生活有最直接的影响，其中的伦理问题很容易显性化并迅速放大，需要及时解决。网上活动具有私密性和匿名性，社会舆论监督很难发挥有效作用，更需要网民严格自律，自觉约束自己的网上活动。网络功能设计的伦理问题不能仅仅依靠网络设计者和运营商自行解决，还需要技术伦理学者和广大公民积极参与，但网络技术的复杂性又会限制这种参与。网络技术的伦理评估也需要阶段性评估和预测性评估，这种评估需要与对网络传播内容的伦理评估相结合，实现共同治理。

### 4. 如何规制网络中存在的伦理问题

随着互联网技术的快速发展，网络空间也产生了一些浊流，形成了一系列的社会问题和伦理冲突。目前存在的网络伦理问题主要是由于信息共享的天然本性所引发的，具体表现为网络自由言论、知识产权、数字身份和网络安全等方面的伦理失范。对于这些问题的有效规制有助于规范网络主体行为、协调网络秩序、加强网络内容建设、净化网络空间。

第一，网络自由言论与内容控制问题。对于遇到的一些垃圾信息，甚至是恶意伤人的网络谣言，网络技术的发明者和管理者要主动采取信息审核、信息滤除的方式对网络进行有效管控，找到一个既保障公民言论自由又限制恶意访问的平衡点，使网民能够在网上自由愉悦地获取知识、交流思想，开展相应的创构活动。

第二，网络资源共享与知识产权的独占性问题。所谓知识产权是指人们对其智力劳动成果依法享有的专有权利。尽管它是一种无形资产，但却具有使用价值，并在一定时期内受到国家法律的保护。在今天的网络世界中，信息的数字化既降低了智力成果本身的使用成本，也为剽窃、盗版、拷贝等侵权行为提供了技术便利。因此，知识产权问题上，既要保护成果所有者的利益，又要能为社会大众共享智力成果提供方便。

第三，防范数字身份或隐私的盗用问题。数字身份是网络使用主体区别于他人的身份。个人身份信息的数字化，有助于用户更便捷地与外界交流，同时对用户远离非法行为起到了保护作用。但在开放的网络环境中，随着网民数量的不断增长和对个人实时行为的记录，网络主体愈发关切个人信息的隐私保护情况。同时，数字身份和网络隐私也成为一些人获取收益的商品，出现了网络诈骗、身份盗用和出售数据等网络违法行为。在个人隐私问题上，"隐私与数据收集"的主体都是人，应当遵循"优先取舍"原则，在尊重个人隐私的前提下保障人们自由顺畅地在网络上进行交往。

第四，网络安全与营造清朗的网络空间问题。网络是亿万网民共同的精神家园，因此要通过各种技术手段和管理措施来保障网络系统的正常运行，从而确保数据的完整性和保密性。

## 2.6.3  生命技术中的伦理问题

**发现故事**　　贺建奎宣布基因编辑婴儿的诞生

2018年11月26日，南科大贺建奎在第二届国际人类基因组编辑峰会召开前一天宣布，一对名为露露和娜娜的基因编辑婴儿于11月在中国健康诞生。这对双胞胎的一个基因经过修改，她们出生后即能天然抵抗艾滋病。

26日17时，知识分子官方微博上发表了122位科学家的联合声明：强烈谴责首例免疫艾滋病基因编辑。声明中写道：这项所谓研究的生物医学伦理审查形同虚设。直接进行人体实验，只能用疯狂形容。这项技术早就可以做，没有任何创新。没有人能预知不确定性的可遗传的遗传物质改造将会带来什么样的影响。程序不正义和将来继续执行带来的对人类群体的潜在风险和危害是不可估量的。国家一定要迅速立法严格监管，潘多拉魔盒已经打开，我们可能还有一线机会在不可挽回前关上它。

### 1. 生命技术的由来

生命技术指的是在现代分子生物学最新研究成果的基础上，对人的生命活动施加影响的技术，包括人体基因技术、转基因技术、克隆技术、器官增强与移植技术、生殖技术(试管婴儿技术)、安乐死技术等。生命技术与生物技术、医疗技术有部分重合，其引发的伦理问题简称为"生命伦理"。

### 2. 生命技术中伦理问题的表现

生命伦理包含以下五个方面。

(1) 转基因技术中的伦理问题。转基因技术是将人工分离和修饰过的基因导入生物体基因组中，通过导入基因的表达，引起生物体性状可遗传的变化。转基因技术可以消除自然形成的某些不良基因的表达，发挥优良基因的作用，改良生物性状。但是，转基因技术带来的基因的重新组合,可能产生目前未知的风险,比如会造成其他基因的突变,产生自然选择无法适应的新疾病。转基因食品目前看来未发现明显副作用,但长期食用的后果现在还无法判断。因此,转基因技术的使用必须遵循"知情同意"原则,以安全性为前提,发现问题及时解决。

(2) 克隆技术中的伦理问题。克隆是英文"clone"的音译,是通过无性繁殖产生与原个体有完全相同基因组的后代的过程。现代克隆技术的原理是分子生物学。克隆技术分为治疗性克隆和生殖性克隆两大类。治疗性克隆是指从病人身上提取体细胞核,植入去核卵细胞内,形成重组胚,将重组胚在体外培养成胚囊,从胚囊中分离出具有定向分化功能的胚胎干细胞,培育成病人需要的各种组织、器官,用于治疗疾病。由于需要在胚胎中提取干细胞,涉及胚胎是否具有人的属性的问题。一般认为,为了挽救病人的生命,处理小于14 天的胚胎是可以接受的。生殖性克隆是指产生出重组胚后,植入妇女子宫,使无性生殖婴儿(克隆人)诞生。克隆人被认为剥夺了人的独特性(可以批量生产),亵渎和挑战人类尊严,造成人类社会正常活动的失控,在伦理道德上是不可接受的。2005 年第 59 届联大通过了反对和禁止克隆人的宣言。

---

**发现故事**　　克隆羊"多利"

1996 年克隆羊"多利"(如图 2.3 所示)诞生,它的诞生没有精子参与。研究人员先将一个绵羊卵细胞中的遗传物质吸出,然后从一只 6 岁母羊身上取出一个乳腺细胞,将其中的遗传物质注入卵细胞空壳中,得到一个含有新的遗传物质却没受过精的卵细胞。经过改造的卵细胞进一步分裂、增殖形成胚胎,再被植入另一只母羊子宫内成功分娩。

图 2.3　克隆羊"多利"

(3) 器官增强与器官移植技术中的伦理问题。器官增强技术是指运用现代生物技术使人的某些器官的功能得到增强的技术,包括通过基因修饰、药物治疗、植入芯片等手段,提高记忆、认知、体力、技巧、器官活性等方面生理状况的技术。器官增强技术有助于改善一些有缺陷的人的生活状况，但可能带来一些伦理风险：如某些器官的增强可能打破人的整体生理平衡。器官增强可能带来人际关系中新的不平等和不公正，加重贫富两极分化，也使通过某种技术操纵人成为可能。器官增强技术的滥用，可能造成对人的自主和尊严的损害。

器官移植是指将一个健康的器官植入机体代替病变器官，使得机体恢复正常功能的一种技术。器官移植可分为同种器官移植和异种器官移植，按照供体的生命状态可以分为活体器官移植和死体器官移植。器官移植技术中的伦理问题包括：同种死体器官移植中对死亡的判定和推定同意的可行性；同种活体器官移植中器官买卖的合法性和家庭交叉捐献器官的合法性；异种器官移植中，除了安全性和有效性的传统问题外，还有对手术接受者进行医学监测是否侵犯个人自由的问题。器官移植不能违背自愿无偿、知情同意、伦理审查、公平公正等原则。

(4) 生殖技术中的伦理问题。生殖技术是指使用人工授精的方式，将人的精子和卵子在体外进行结合，受精卵发育到一定阶段后将其植入子宫，再经过妊娠、分娩等生育婴儿的过程。"人类精子库"引出人类精子是否可以商品化的问题。如果允许精子商品化，可能带来精子质量难以保证，一人多次反复捐精等隐患，打破人类正常的遗传平衡，家庭的伦常也会受到冲击。有偿的代孕技术把人体器官作为商业获利的工具，有损人的尊严，且可能导致对代孕母亲的伤害和剥削，诱发婴儿买卖、性别选择等现象。

(5) 安乐死技术中的伦理问题。安乐死技术是指对无法救治的病人停止治疗或使用药物，让病人无痛苦地死去。它包含两层含义：一是无痛苦死亡，二是无痛致死技术。安乐死技术可能减轻病人临终的痛苦，也可能带来非法侵害或推卸责任的风险。实施安乐死可能导致轻易放弃对生命的挽救，这是不道德的。安乐死技术的使用要经过严格的伦理评估和审查，保证患者的生命尊严和正当权益。

### 3. 生命技术中人体基因技术的伦理问题

顾名思义，人体基因技术就是通过基因技术在人体上的表现，实现人体的治疗与增强。从伦理学角度看，人体基因技术主要面对以下五个方面的伦理问题：

(1) 人体基因技术中的隐私与安全问题。一个人的基因记录着他的全部信息，包括其行为特征和生理特征。从某种意义上来说，我们只是遗传基因的外在表现形式。因此，基因的隐私问题是最根本性的隐私问题。如果一个国家掌握了另一个国家人种的基因图谱，那么由此带来的风险也会急剧加大。

(2) 人体基因技术中的基因歧视问题。如果说人体基因技术的隐私与安全问题可以通过法律法规和制度去解决，那么由基因技术所导致的歧视问题就复杂得多。对人体基因技术的研究必然会导致每一个人的基因信息都被明确地标注，如高矮、胖瘦、智力、性格等，但这很容易导致一种新的歧视和不平等，甚至社会冲突的产生。

(3) 人体基因技术中的超级优生学问题。基因治疗技术、基因生殖技术以及克隆人技术已经展现在人类的面前，这给某些不孕不育或有遗传疾病的患者带来了福音。然而，把基因技术应用于生殖技术会产生如下问题：① 基因改造会损害物种之间的生殖特性和生态平衡，同时，基因改造带来的生态风险是不可逆和未知的。② 高昂的医疗费用会使不能承担基因干预成本的儿童在天赋上处于劣势，而这种劣势会让他们在以后的生活中获取更少的机会和财富，这会加剧社会贫富分化的恶性循环，最终导致人种的两极分化。③ 基因改造会消解对人性的定义。④ 掌控他人的生命形态是否被允许？谁能来判断哪些人可以进行基因改造，哪些基因改造是合理的？这样的判断标准通常都带有某种偏见和主观性。⑤ 疾病的治疗和预防与基因增强技术有时是难以区分的，即如何在"改造不想要的遗传基因"和"优化想要的基因"之间划一条严格的界限？

(4) 人体基因技术被滥用的风险问题。目前，基因增强和克隆人技术是被禁止临床应用的。如果这两种技术可以被人体临床应用，那么必将会发生滥用的危害。设想一下，在未来，少数人将掌握人们的命运和子孙后代的生存方式。与此同时，随着人体基因技术越来越成熟，其成本会越来越低，这会使获得个人的基因信息更为便捷，从而产生基因信息被贩卖和非法利用的风险。

(5) 人体基因技术中的正义问题。随着科学技术不断创新发展，在未来，无论接受与否，基因技术对人体生殖的干预都会发生。在基因技术普遍应用的社会中可能会导致三种最基本的不公正：医疗资源分配的问题、代际之间的问题和造物主权利的问题。如果不能处理好这些问题，就会直接影响社会与国家的繁荣与稳定。

**4. 生命技术中的伦理原则和评估途径**

生命技术中的伦理原则主要有以下四个。

(1) 不伤害原则：要尽最大努力避免和控制伤害，坚持安全标准，减少毒副作用，做好意外防范和补救。

(2) 有利原则：帮助他人实现合法权益，增进健康，提高生活质量。不得以大多数人的名义强迫受试者牺牲个人利益。

(3) 尊重原则：尊重人的生命权、健康权、自主权、知情同意权、隐私权及其他权益。

(4) 公正原则：公正分配科研和卫生资源，保证程序公正和回报公正。

生命技术中伦理问题的评估方法包括预防评估、过程评估和效果评估。生命技术的高度专业化，可能影响公众对相关伦理问题的准确了解，必须采取制度化措施，以保证公众的知情同意和有效参与。

## 2.6.4　航空航天技术中的伦理问题

**1. 航空航天技术**

航空航天科学技术是指兼有航空和航天特点的工程技术学。航空是指一切与天空有关的人类活动，如飞行，也包括飞机制造、飞机设计等。航天又称空间飞行或宇宙航行，泛指航天器在地球大气层以外(包括太阳系内)的航行活动。

**2. 航空航天技术的发展**

人类航空航天技术的历史，最早可以追溯到古代。近代航空史的开端是在 1783 年 11

月 21 日，孟格菲兄弟所设计的热气球进行了第一次载人飞行实验。1903 年 12 月 7 日莱特兄弟所制造并成功飞行的飞行器是现代飞机的先驱，不过他们的飞行器仍有许多问题。经过两次世界大战，飞机的发展愈发迅速，不少飞机用作商业或私人用途，大量退役战机和军机投入民航服务。时至今日，飞机变得更大更可靠，客机、货机、军用飞机仍在不断发展。

航天方面，1957 年 10 月，世界上第一颗人造地球卫星 Sputnik 1 在苏联发射成功，开创了人类航天新纪元，宇宙空间开始成为人类活动的新疆域，这一年被定为第一个国际空间年。1961 年 4 月 12 日，尤里·加加林成为首个飞上太空的人，1969 年 7 月 21 日，尼尔·阿姆斯特朗则成为首个登陆月球的人。近半个世纪以来，航天技术已经在世界范围内取得了巨大的进展，广泛应用于科学活动、军事活动、国民经济和社会生活的许多部门，产生了极其重大而深远的影响。

### 3. 航空航天技术发展中的伦理问题

飞机最初的诞生是为了满足人们对天空的向往以及对像鸟类一样飞翔的渴望，然而，与许多科学技术类似，飞机的最初用途也是在战争中体现的。

当前，国际航天领域掀起了探索热潮，各航天航空大国力争在太空探索中拔得头筹，赢得掌握太空"机密"和占据资源的先机。新兴的"太空经济"日益呈现出基础性、强关联性、高带动性和高增长性的特征。在新技术持续突破与日渐市场化的推动下，太空探索的目的，从探索太空奥秘、扩展人类知识疆域以及保障国家安全等，逐渐转向应用于社会经济发展领域。这一转变使太空探索成为世界经济和人类生活的重要组成部分，预示着全球即将进入新的太空时代。太空新时代的到来给人类带来新的发展机遇，但同时也带来了诸多伦理问题。在人类对太空的探索和开发不断深入的过程中，太空开发相关的伦理问题日渐凸显，主要表现在三个方面：① "公地悲剧"可能在太空开发中重演。太空中的很多资源与地球上的"公地"资源一样，其使用权同时被多个拥有者持有，而对于每一个使用权利持有者而言，都没有阻止他人使用的权利。这可能会导致即使人们知道公共资源由于过度使用必将造成资源的枯竭，但人们会抱着私心进行竞争性过度开发，从而导致资源枯竭。② 当前，太空不仅是科学探索的领域，还是一个关乎资源掌控及利益争夺的战场，对于太空技术较为落后的发展中国家而言，"先到先得"的分配方式的合理性以及是否应该受制于国际太空正义规范的问题值得探讨。③ 经历 60 余年的航天发展历程，先期太空开发者遗留下的"太空垃圾"有撞击其他航天器的风险，增大了后期其他国家太空探索的难度。太空污染问题如同地球生态问题一样，发达国家在自身发展后，可能将太空污染的不良后果均摊甚至直接转移到发展中国家。

随着各种飞行器的不断发展，当前航空技术中主要的伦理问题出现在民用无人机领域。主要表现为：① 无人机搭配摄像机等设备后，在某些别有用心的人手中可能变成监控设备，以此窃取他人的活动轨迹，更有甚者利用这项技术违法犯罪。② 当下无人机控制过程中可能会出现因操作不当或操作失灵导致无人机坠落的问题，一方面可能危害他人安全，另一方面有可能影响到环境。③ 无人机在公共场所的飞行过程中，其飞行的轨迹、噪声等问题会给他人身心带来一定程度的影响。个体的不可控导致了无人机飞行方面出现种种伦理问题，这就需要我们在日常使用无人机的过程中，自觉遵守相应的无人机飞行规章制度，并提高自我修养。

**发现故事　挑战者号的折戟**

1986 年 1 月 28 日，挑战者号航天飞机在飞行了 73 秒时发生爆炸，机上 7 名宇航员全部遇难。事故发生的技术原因是火箭助推器的两个部分之间的连接接头的 O 形密封环失效，从而为燃料爆炸创造了条件。

在挑战者号发射之前，美国宇航局(NASA)的一个团队与莫顿西科尔的工程师们举行了一次会议，讨论了发射的安全性。工程师 Thiokol 指出，在过去 24 次航天飞机发射中，有 7 次出现 O 形环问题，他们警告美国宇航员低温和 O 形环问题之间存在联系，并建议停止发射。但 NASA 官员没有接受工程师的意见，同意飞机发射，导致任务失败，并且建议发射的 NASA 管理人员并没有告知宇航员这一风险。这一事件充分揭示了 NASA 官员对伦理责任的漠视，其决策过程不符合 NASA 相关标准；航天器设计和实践过程存在缺陷；决策者不尊重宇航员的生命，为达到目的在行动中牺牲了伦理道德。

## 2.6.5　纳米技术中的伦理问题

### 1. 纳米技术的发展

纳米技术是"在大约 1～100 纳米范围内理解和控制物质，并使其独特现象获得新奇应用"的技术(美国国家纳米技术计划的定义)。美国物理学家费曼 1959 年谈到"将原子放置在化学家指定的位置上，就可以造出相应物质"。德雷克斯勒 1986 年首次使用"纳米技术"概念表示原子的分子定位过程。图 2.4 与图 2.5 都是纳米技术发展中的里程碑事件。

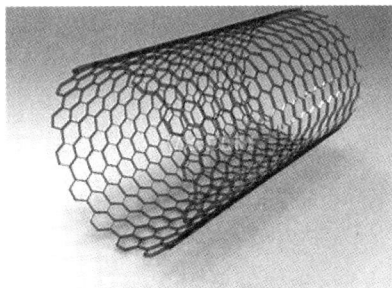

图 2.4　富勒烯组成的碳纳米管　　　　图 2.5　氙原子拼出的"IBM"字样

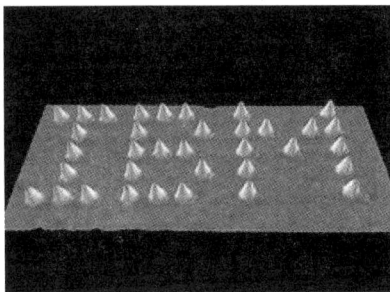

纳米粒子的特殊性使其应用广泛，如纳米感应器、纳米材料、纳米机器人、纳米芯片等。

### 2. 纳米技术中的伦理问题

纳米技术中的伦理问题包括以下方面：

(1) 纳米毒理学的伦理问题。纳米粒子在研制和生产过程中有可能进入人体，很难通过正常的新陈代谢途径排出，并会在身体内产生毒性。纳米毒理学要研究如何防范这种情况发生。如果为了企业利益，使操作员工身体受到不可逆的损害，是违背伦理道德的。

(2) 灰色黏稠物的伦理问题。由于在纳米装配器、复制器和计算机的共同作用下，纳米机器系统可能会出现自我复制功能。科学家认为，一旦脱离人的控制，纳米机器可能会无法控制地自我复制和使用，短时间内就会迅速出现大量纳米机器及由其污染物组成的"灰色黏稠物"。因此，必须运用责任伦理规避这种风险。

(3) 纳米机器人的伦理问题。如果纳米机器人被用于军事目的，可能出现传统军事对抗无法防范的情况(纳米机器人无孔不入)，从而极大地增强战争破坏力。从军事伦理和人类生存的角度，需要预防这种极端情况的发生。

(4) 纳米芯片的伦理问题。如果将纳米芯片植入人体，可能使人变成美国技术哲学家哈拉维所说的半机械人"赛博格"(Cyborg)，具有后人类或半人类特征。从社会伦理角度看，这可能带来严重问题，需要正确对待普通人类和这些人机杂合物之间的伦理关系。

### 3. 纳米技术中的伦理问题的特点

纳米技术中的伦理问题具有以下特点：

(1) 技术对象过于微小，其负面影响难以控制和防范，因而相应的伦理问题往往难以引起普遍和足够的重视。人们往往用常规技术条件下形成的经验、防范措施和伦理意识对待纳米技术可能产生的负面影响，特别是纳米毒理学方面的影响。

(2) 纳米技术研究成果向市场开放的速度很快，其技术风险难以预测和控制，相应的伦理规约难以及时发挥作用。纳米技术的高度专业化使得伦理反思往往滞后，技术工作者可能在没有做相应伦理思考的情况下迅速前行，这是很危险的，一旦出现问题往往为时已晚。

### 4. 纳米技术中伦理问题的评估

(1) 纳米技术的阶段性伦理评估。根据现有的纳米技术成果和发展状况对纳米技术中的伦理问题进行评估，主要涉及"纳米鸿沟"(加大发达国家和发展中国家的差距)、纳米技术的环境风险(由谁来承担，是否可持续)、纳米粒子的毒理效应、纳米技术发展的政策(由谁投入，哪些人受益)等方面。

(2) 纳米技术的预测性伦理评估。对纳米技术未来发展可能产生的问题进行评价，主要涉及灰色黏稠物、纳米机器人、纳米芯片等方面的伦理评估。

## 2.6.6　认知技术中的伦理问题

### 1. 认知技术

认知技术是在认知科学基础上形成和发展的技术。认知科学(cognitive science)是研究人脑或心智工作机制的前沿性、交叉性学科，涉及哲学、心理学、语言学、人类学、计算机科学和神经生理学。这一学科研究外界信息在人脑中如何被加工和传递，逐渐形成意识活动和观念，具体包括感觉、知觉、记忆、学习、计算、语言等方面的研究。一种研究路线是将人脑同计算机相类比，其前景是建立人工神经网络系统；另一种研究路线是分析人脑活动的物理和化学过程，其前景是用物理和化学手段影响人脑的生理过程。认知技术主要包括人工智能技术、大脑芯片技术和虚拟现实技术。

**2. 认知技术中的伦理问题的具体表现**

认知技术中的伦理问题主要表现在以下方面：

(1) 智能机器人技术中的伦理问题。阿西莫夫于 1942 年提出机器人三定律。第一定律：机器人不得伤害人类，或袖手旁观坐视人类受到伤害；第二定律：除非违背第一定律，机器人必须服从人类命令；第三定律：在不违背第一定律和第二定律的前提下，机器人必须保护自己。之后还有不少补充规定。

智能机器人技术中的伦理问题比较难以解决，因为人类并不是作为一个整体来研究和使用机器人的。要保证机器人不成为伤害人类的手段，使智能机器人技术得到公平、合理的应用，不仅要依靠相应的制度，还需要研制者和使用者承担相应的伦理责任。高度发达的机器人可能不服从人类命令，研究这类机器人时就需要事先有足够的防范措施。

(2) 大脑芯片技术中的伦理问题。大脑芯片技术目前基本还处于研究阶段，已有少量应用，其应用前景广阔。① 治疗性植入。大脑植入芯片之后，可以凭意念控制机械手臂，减少癫痫病和帕金森氏综合征的发作；② 增强性植入。植入芯片可能能够增强记忆效果、了解心理变化以至揭示思维过程(即读"心")。但如果植入的芯片被用来盗取病人隐私信息；由外部非法控制病人行动；给人的大脑大量植入芯片，使其成为"超级大脑"，可以凭借技术优势获得智力优势，这些都会对人类社会传统的公平、公正理念甚至文化传承产生强烈冲击。这些伦理风险需要防范。

(3) 虚拟现实技术中的伦理问题。利用虚拟现实(virtual reality)技术可以模拟现实世界的各种信息，构造出高度逼真的虚拟场景，甚至使人难以分辨"虚拟"与"现实"，其在技术试验、特殊技能(如航天、航空)培训等领域有广泛应用。虚拟现实技术使人的认知过程从根本上可以技术化，从接受信息和体验的环节开始就完全受技术控制，因此必须保证这种技术将人作为目的而不是作为手段。

---

**发现故事　　电影《2001 太空漫游》**

故事梗概：2000 年，为了调查地球上存在的神秘巨石，"发现一号"太空船向木星进发。除了飞行员大卫·鲍曼和弗朗西斯·普尔之外，飞船上还有三名处在冬眠状态的科学家和一台具有人工智能、掌控整个飞船的电脑"哈尔 9000"。飞行途中，哈尔突然向鲍曼报告控制通信装置的某个零件将在 72 小时内发生故障，可经过检测之后，鲍曼和普尔发现哈尔所说的故障零件一切正常，他们与地面控制中心取得联系，得出了哈尔做出了错误预测的结论，两人震惊不已，因为哈尔 9000 型电脑从未出过任何差错。

鲍曼和普尔开始质问哈尔，而哈尔建议将零件放回原处以观后效。为了避免让哈尔偷听到谈话内容，鲍曼和普尔躲进太空舱中交谈。普尔坦言感觉不妙，认为一旦证实哈尔出错，就必须将其关闭。两人没想到，虽然哈尔听不到他们的声音，却可以透过窗口读取唇语。哈尔决定先发制人，他用太空舱撞断了正在更换零件的普尔的氧气管，令其漂浮在太空中。鲍曼出舱营救，而冬眠的三位科学家随即因电脑失灵而悉数丧生。哈尔拒绝为返回的鲍曼打开舱门，万般无奈之下，鲍曼冒着患上减压病的危险通过紧急密封舱进入飞船，直奔哈尔的逻辑记忆中枢。当哈尔被彻底关闭时，鲍曼发现飞船已经飞抵木星。

### 3. 认知技术中伦理问题的特点

认知技术中的伦理问题大都是正在形成或可能发生的问题，需要及早采取防范性措施。认知技术的应用与人的思维和心理活动直接相关，其中的伦理问题直接触及人之所以为人的本质特征。如果人的意识活动本身也逐渐被技术化和可控化，将带来巨大的伦理风险。认知技术中的伦理问题需要从多学科协作视角加以解决，传统的伦理原则和道德规范将面临新的挑战。实践智慧可能在其中发挥更大的作用。

技术应用的目的是服务人类社会，为人们提供更好的生活条件，满足人们的精神需求，认知技术也不例外。认知技术如果得到合理的使用，便会给人类带来巨大的福利。若因出现的各种新问题而急忙否定新兴技术，那么技术领域的任何一点进步和发展都会成为幻影。技术是把双刃剑，技术的发展会为社会带来新的积极的变革，也会带来隐患与威胁。对于新技术，既不能粗暴地遏制，又不能任其自由泛滥。所以，人工智能不应当被一刀切式地禁止，现在需要做的是尽快研究出台相关法律、伦理规范等，以规制技术使用者和传播者。

## 2.6.7　核能工程中的伦理问题

### 1. 核能利用的优缺点

人类研究核伦理伴随核开发利用始自20世纪初。自从美国在日本使用核武器，特别是开始世界性的核军备竞争以来，与核毁灭相关的伦理问题就引起广泛关注。核能伦理的研究最初是围绕核武器、核威慑等军事问题开展的，随着核能发电、核技术开发等领域的迅猛发展，核电工程伦理研究成为当前研究热点。核能的广泛利用可以在一定程度上解决能源危机对人类生产生活的影响，但也存在负面作用。一方面，随着各国争相建设核电厂，将生产出更多的核废料；另一方面，核电站的安全运行存在隐患，这给核能的利用带来了新问题。

作为一种新能源，核能具有以下优点：

(1) 核能能够安全可靠地提供能源。与煤电燃料相比，核电燃料对公众健康的影响要小1~2个数量级，对工作人员的健康危害约小1个数量级。

(2) 高效的经济性。核能的利用直接和间接地推动着国民经济的发展。核能的利用可以直接产生巨大的经济效益。使用核电站可以节省电力生产成本，节省煤炭、石油等日益枯竭的化石燃料。据计算，只消耗1.5吨铀矿的核发电厂换成同样规模的煤电站时，要供应约300万吨煤炭资源。

(3) 改善全球气候。在目前所有的能源生产方式中，核电是唯一不受资源地域分布限制、可进行大规模电力生产且没有二氧化碳排放的发电形式。从环境方面考虑，发展核电能够有效地缓解温室效应、酸雨等环境问题以及全球气候变暖而引发的厄尔尼诺现象、持续暖冬等一系列的大范围气候异常现象。

弊端方面，核能产生了大量无法立即排入大自然中自动降解的核废料，对环境将造成长期的危害。另外，核事故危害极大，放射性风险是其安全风险的根源。核能开发过程中不可避免地要通过激活放射性物质进行化学反应，若控制不当，这些物质的放射性将成为有害元素，给人类带来巨大的安全威胁和生态危害。

### 发现故事　　切尔诺贝利核电站泄漏事故

1986 年 4 月 26 日，当地时间凌晨 1 点 23 分 47 秒，切尔诺贝利核电站的 4 号核反应堆功率大规模、灾难性地激增，导致蒸汽爆炸，撕裂反应堆的顶部，使核心暴露，并散发出大量的放射性微粒和气态残骸(铯 137 和锶 90)，使空气中的氧气与超高温核心中的 1700 吨可燃性石墨减速剂接触；燃烧的石墨减速剂加速了放射性粒子的泄漏。随后放射性粒子随风穿越了国界。爆炸发生后，4 号机厂房被炸掉一半，反应堆核心直接暴露在大气中，核心中央一道蓝白光线(切伦科夫辐射)射向夜空，辐射尘埃飘过了欧洲所有国家。

意外发生后，有 203 人立即被送往医院治疗，其中 31 人死亡，当中有 28 人死于过量的辐射。为了控制核电辐射尘的扩散，当局立刻派人将 135 000 人撤离家园，其中约有 50 000 人是居住在切尔诺贝利附近的普里皮亚特镇居民。事件过去 30 多年，现如今，切尔诺贝利仍然是一座无人居住的死城。

#### 2. 核能工程伦理的迫切性

核能及其相关项目的迅猛发展像一把双刃剑，在造福人类的同时，稍有不慎就会带来巨大的社会危害。由于社会安全和生态风险等方面的特殊性，核能工程更应承担相应的伦理审视与道德评价。

核能的开发利用给经济和社会生活带来巨大利益的同时，也给人类的生产生活及长远生存带来了巨大的威胁和诸多不确定因素。由此引发的复杂的多层次价值难题，给传统的道德观念和伦理原则带来了巨大冲击和挑战，对核能利用中涉及的伦理问题的讨论和分析成为必然。因此，从人类现在和未来的角度看，核技术自身的发展与伦理道德体系的制约所迸发出来的问题理应受到人类的密切关注，核技术发展中折射出的伦理道德问题必须得以妥善解决，并且刻不容缓。

#### 3. 核能中的伦理问题分析

巨大利益与风险共存的特性决定了核电项目决策伦理必然是一种责任伦理。核电开发与利用的各个决策环节都可能对决策客体造成重大影响，甚至产生不可逆转的毁灭性后果，对项目决策责任性的道德分析与评价不可避免。因此，激发与塑造决策者的核安全责任意识，确保安全、稳定、可持续的核能开发与利用，建立合理的核电工程决策责任性伦理原则，是帮助决策者走出伦理窘境的重要应对准则之一。

(1) 核能工程伦理具有时空跨度性。核能工程中，一个突发事件借助技术载体，其传播与影响范围将被迅速放大，传统短距离直接伦理观下的道德准则不足以适应核能工程伦理决策的需求。因此，与时俱进的责任伦理应当以全人类的长期可持续发展为其根本导向，是一种更社会化、协作化的跨时空伦理。它要求决策者做抉择的过程中，在时间层面，不但要考虑眼前的道德价值，更要考虑长远的道德价值；不仅将活着的人视为道德对象，还要将未出生的后代们视为道德对象。在空间层面，不应只对自己身边的人和物负道德责任，应该从整个人类乃至整体生物圈、大自然生态环境等更大视角来承担决策的道德义务。

(2) 核能工程伦理具有可反馈性。核电项目决策影响重大，不负责任的决策行为容易产生失误，造成社会经济损失和人员伤亡的极大"恶果"。虽然核电项目早已形成一系列操作标准，但由于机会主义和功利主义的存在，标准往往难以被严格实施。例如福岛核电站项目建设对抗自然灾害水平设计的决策失误，在地震、海啸的双重天灾冲击下，核站制冷系统失效，堆芯熔化，安全壳破裂，导致发生核泄漏、群众恐慌、交通混乱、社会动乱、生态污染等一系列次生衍生灾害，造成长期、严重、无可挽回的巨大损失。历史教训是惨痛的，又是极其宝贵的，人类无法预知所有的灾难情境，只能通过学习来不断认清自身责任，以确保决策的情境适应性。当然，核项目决策的主体通常是集体而不是个人，这意味着责任的监控、评估、分析和追溯过程更为复杂，集体决策的道德自律性显得尤为重要。因而，对于任何一项核项目决策，在进行事后责任评估的同时，还要从道德的视角展开详细、具体的责任分析，完善利益和责任分配机制、责任评估约束体系、责任监控与追溯机制，提高决策主体的责任意识，进而形成可反馈的自适应责任伦理观。

(3) 核能工程伦理具有系统性。西方传统的各种伦理论证与道德准则几乎都是围绕决策主体的个体行为与生活环境展开的。而由信息、交通、能源等技术支持的现代人类社会是一个具有紧密联系和交互的复杂巨系统，一个核电项目的建设与运营将影响这个复杂系统的方方面面，其决策问题的解决，往往也涉及核电、安全、地质、气象、交通、信息、生态等多个领域。传统个体性、局部性的伦理观难以把握和描述这种整体性、系统性的决策伦理问题，未来取而代之的将是以群体为伦理决策主体的高级协同责任伦理观。这种情况下的伦理责任和义务，是由项目所有主体成员(或代表)共同承担和履行的，构建集成化的协同伦理决策机制是核电项目伦理的关键内容。核电项目责任伦理是全社会达成伦理共识，通过系统性的道德准则来共同监控和评估核电项目的抉择过程，最终实现巨大社会利益与社会良知的平衡。

# 2.7    科学技术与工程伦理教育

科学技术与工程伦理教育的含义可以从狭义和广义两个角度理解。狭义的只涉及学校里的科学技术与工程伦理教育，主要是作为通识教育核心课程的教育。广义还包括通过职业培训、媒体宣传、科学普及和公众参与决策等活动进行的科学技术与工程伦理教育。

科学技术与工程伦理教育不同于科学技术与工程的知识教育。前者强调伦理意识和道德行为要"知行合一"，不断提高伦理素养和道德实践水平，从多渠道、以多种方式接受教育，注重了解历史和文化背景，了解科学技术和工程实践中出现的新情况、新问题。这些特点都是后者所不具备的。

在对科学伦理、高新技术伦理、常规技术伦理、工程伦理有了基本了解之后，需要从整体上了解科学技术与工程伦理的历史和教育现状，将这一教育活动置于社会文化的大背景下加以认识，从中了解科学技术与工程伦理教育的途径和方法，以提高科技工作者和理工科学生的伦理素养。

## 2.7.1  科学技术与工程伦理教育的历史

世界上不可能存在与伦理无关的工程。不同于知识教育，除了研究、解决工程实践中的新情况、新问题，工程伦理教育还关注人文素质和德性养成，强调伦理意识和实践行为的"知行合一"，指向工程的可持续发展、人与自然的和谐相处。

### 1. 前工程伦理教育时期

前工程伦理教育时期大致指 18 世纪末之前，那时候的工程伦理还处在基于经验和技能的阶段。在古希腊，尽管工商业较发达，但人们推崇思辨和理性，手工技艺的地位相对低下。苏格拉底、柏拉图等哲学家担心技术带来的富足和变化会带来奢侈和懒散，因而要根据道德来判断技艺，生产和技艺要服从于道德规范和审美。中世纪工匠的社会地位仍然不高，但基督教自然观肯定手工技术也是上帝造物的结果。罗吉尔·培根主张技术是为满足人类需要而使用的手段，要服从道德的指导。在技术与伦理的思想方面，中国古代强调"以道驭术"，包括用伦理道德制约技术的发展，崇尚节俭，反对奢侈浪费和"奇技淫巧"，主张工程技术要有利于社会稳定和国计民生。先秦时期注重技术活动与生态环境的关系。儒家主张"赞天下之化育""天地之大德曰生""小孝用力，中孝用劳，大孝不匮"，保护自然是一种德行。在对工匠的要求方面，古代倡导遵守度程，物勒工名，表彰"诚工""良工"。技术上要精益求精，"如切如磋，如琢如磨"。

16 世纪后期，近代科学被从神学的束缚中解放出来，工程师的地位随着军事活动的兴盛而逐渐提高，因此这一时期的工程活动也主要以军事工程为主，工程师的伦理责任就是忠诚于国家。

### 2. 基于实用主义的工程伦理教育时期

19 世纪初至 20 世纪 70 年代的工程活动开始转向民用工程，主要以实用为目的，因此技术知识的发现和传播就成为推动工程技术发展的重要动力，工程伦理的工具主义理念开始得到强化。第一次工业革命为工程活动提供了性能优越的合成材料和大型机械器具，大大提升了工程活动的规模和效率，同时工程实践对社会环境的影响进一步扩大。

西方近代工程技术兴起之后，普遍被认为是造福人类的手段，因而本身就是善的，不存在违背伦理道德的问题。技术的目的在于控制而后利用自然，以满足人类的发展需求。英国经验论者认为人类的最大优势就是可以利用各种技术，技术进步会促使人性更加完美。卢卡尔认为技术应当为所有人谋福利。斯宾诺莎主张技术对自然不能无限地利用。法国启蒙运动时期伏尔泰认为技术发明要以现实的人为目的。卢梭认为技术与奢侈并行，技术带来的欲望是不平等的起源，他担心技术进步会导致美德流失和灵魂败坏。马克思分析了科学技术在资本主义制度下的两面性。这一时期工程伦理教育的重点，由信奉自然命运、忠诚上帝雇主，转为征服自然、利用知识使工程发挥最大效用，教育内容受到科学和技术发展的两个指导原则的影响：一是凡是技术上能够做的事都应该做；二是追求最大的效率与产出。一方面，工程师要学好科学技术基本知识，为解决工程技术问题提供方案支持。这种实用主义的工程观把工程实践和工程结果一分为二，认为工程师的职责就是纯粹解决技术难题，工程伦理教育注重技术知识的普及，不涉及对环境、安全的考虑。另一方面，"效用最大化"理论占据着重要位置，功利主义思想促使投资者将利润最大化作为开展工程活动追求的首要目标，因而作为工程方案的提供者和实践者的工程师也理应将工程的效用最大化作为首要目标。

近代科学未能在中国诞生，而近代科学技术的引进使得西方科学技术与工程伦理观念在很大程度上取代了中国传统观念，科学技术带来的某些负面影响在中国现代化进程中"重演"。但仍有一批工程师，他们的伦理实践为近代的工程技术伦理发展奠定了基础。詹天佑制定的《京张张绥铁路酌定升转工程司品格程度章程》提出了"先品行而后学问"，要求技术人员"勿屈己而徇人，勿沽名而钓誉"。徐寿、徐建寅父子以国家利益为重，冒险试制无烟火药，严格管理进口设备，徐建寅著《兵学新书》，主张"欲图存须自强"。近代工匠行会制定了职业伦理规则，比如上海《土木工业所缘起碑》，提出了"过相规，善相劝；弊相除，利相兴；相师，相友，共求吾业精进而发达"。

### 3. 基于建制化的工程伦理教育时期

20 世纪 70 年代至今，有关新技术应用的伦理思考受到越来越多的关注，基于建制化的工程伦理教育逐渐开始发展，工程伦理教育进入建制化阶段。主要表现在四个方面：

(1) 工程师职业注册以法律制度形式实施。美国各州注册委员会执行工程伦理和职业标准，对违法的工程师吊销职业工程师执照。

(2) 制定工程技术专业认证鉴定政策。学生在获得注册工程师执照之前，必须进行ABET 认证学校的课程学习并获得学位，其课程知识就包含了工程伦理教育方面的内容。

(3) 完善工程社团伦理章程。现代社会观念的转变要求工程师无论在哪个国家、地区开展工程实践，都应考虑公众的安全、健康和福祉。

(4) 工程伦理学的形成和发展。20 世纪 70 年代后期开始，工程伦理学作为一个学科领域开始为高校教学提供课程素材。1997 年，美国排名前十的工程院校中有九所在本科教育中引入了工程伦理内容，为社会提供具备职业伦理素养的合格工程人才。

我国现代技术伦理的发展与工程技术的现代化进程密切相关，新中国成立之初的科学伦理注重爱国主义、集体主义精神与严格慎重的工作态度，特别是在"两弹一星"研制活动中体现得尤为明显。20 世纪 80 年代初邹承鲁等科学家首倡科研道德讨论。90 年代初开始对学术不端行为进行揭露和处理，对伪科学现象进行批判。2001 年中国科学院发布《院士科学道德自律准则》，此后有关学术道德的专著、译著大量出版。伴随着我国学者在网络伦理、纳米伦理、工程伦理等领域研究的逐步深入，21 世纪以来，关于技术伦理和工程伦理的研究进入学科建制化阶段。

建制化的工程伦理教育不再将工程看作是单一的行为，而是涉及多方利益的复杂系统。这种复杂性对工程师的伦理要求体现在：第一，不仅要对工程投资方负责，而且要对利益相关者负责，不仅要对工程的眼前利益负责，而且要对长远利益负责；第二，具备综合运用工程科学、法律、社会、经济、伦理、环境等多方面知识的能力，对一项工程实践活动能够进行全盘分析和把握；第三，具备有限理性选择能力，使工程利益相关者满意，满意的标准不是工程效用最大化或最优化，而是平衡社会效用与工程效用。

#### 4. 历史的经验和启示

西方近代以前以及近代初期的科学技术与工程伦理，注重功利主义伦理学，强调科学技术与工程为人类造福，但比较忽视对生态环境和社会文化的影响。"征服自然"的口号最初具有伦理意义，但后来却带来了未曾预料的副作用。

中国传统的工程技术伦理注重"以道驭术"，协调技术活动与自然、社会、人际关系和人的身心健康的关系，具有重要的伦理价值。这使得中国传统技术在手工业和工场手工业水平上达到相当完善的程度。但西方的近代伦理观念传入中国后对中国传统的观念造成很大冲击，其负面影响也在中国体现出来。

我国现代出现的科学伦理、技术伦理和工程伦理方面的现实问题，是社会转型时期难以完全避免的问题。由于原有的伦理制约机制部分失灵，新的伦理制约机制尚未完善，会出现某些"空档"现象。这些问题的存在，反映了开展科学技术与工程伦理教育的紧迫性和重要性。要开展有中国特色的科学技术与工程伦理教育，需要充分利用中国传统的思想文化资源，学习国外科学技术与工程伦理教育的先进经验，培养理工科大学生和科技工作者的科技伦理意识和社会责任感。

### 2.7.2　科学技术与工程伦理教育的现实困境

科学技术的创新促进工程伦理教育不断发展，随着工程与伦理的融合，工程伦理教育也引起了广泛关注。我国工程教育的转型历经"技术范式""科学范式"再到"工程范式"，其转型发展遵循国家现代化发展趋势，在新工科建设背景下的工程伦理教育理论研究亦会受到成熟的国际化经验的影响。我国最初开展这方面的研究始于 20 世纪末，从国外借鉴、中外比较、必要性等方面着手研究，吸收了国际上的一些经验，但还没有构建起与本国国情相适应的理论体系、实践架构，工程伦理教育的本土化还有较长的路要走。

#### 1. 工程伦理教育理论研究薄弱

目前对工程伦理教育的研究大多只处在哲学领域，具有工科教育背景且能够基于工程实践，融合社会学、经济学、管理学等多学科开展的深度研究、联合研究还不够深入，与工程伦理学的学科性质、现实需要还不够匹配。当前,工程伦理教育中多数研究较为注重工程开展与社会、经济、文化之间的联系,对工程实践本身问题的探讨不够,对工程伦理教育独有的研究领域如工程实践的伦理主体、工程伦理教育的实施途径和转化效果研究还不够,还存在较大的发展空间。与此同时,工程伦理的实践主体局限于工程师个人,无法回应现实工程活动中的多元利益主体需求,这就需要拓展研究视角,从更宽广的视角研究工程实践中多元主体的责任,通过多维度的思考提高对策的有效性。

### 2. 工程伦理教育理念模糊

中国工程伦理教育的诞生,以 1998 年肖平在西南交通大学开设工程伦理课程并出版《工程伦理学》教材作为重要标志。时至今日,学科建制化的工程伦理教育在中国仅走过 20 余年的发展历程,虽然人们已逐渐认识到工程伦理教育的重要性,但是教育理念尚不够明确。

首先,从学科定位来说,工程伦理学是一门科技教育和人文教育交叉的学科。围绕伦理意识的培养,此类改革还需持续铺开,我们在人文素养贯穿、融入工程教育方面做得还不够,注重知识传授、忽视道德渗透现象的存在,一定程度上影响了融合的彻底性和实效性。

其次,从工程伦理教育课程的目标来说,工程伦理教育指向具有较高人文素养和道德水平的优秀工程师,这些人需要具备有效思考、高效沟通思想的能力,具有辨别一般性价值、做出适当判断的能力。但事实上,目前高校工程伦理教育的开展,围绕如何面对复杂的工程伦理问题,缺乏清晰的教学目标和环节设计,只单纯靠学校里的思想道德修养课,并不能解决这方面的问题。

最后,从课程设置上说,作为落实"立德树人"根本任务的重要途径,工程伦理教育对于培养全面发展的工程科技人才、消除科学技术和工程应用中的不良现象、遏制工程事故频发的社会问题,具有极其重要的意义。然而,很多高校工程伦理教育课程开设的课时量较少,对于如何引导学生形成正确的工程价值观仍在探索阶段。

### 3. 工程伦理教育实践应用性不强

我国工程伦理教育目前已有一定规模,但还不够完善。就实践层面而言:第一,教育构建环节急需夯实。很多理工科大学虽然开设了学术道德、科研伦理、工程伦理方面的课程,但多以选修课为主,且缺少普遍使用的教材、音像资料和参考读物。在师资力量构建上,具有工程实践背景的教师人数比较缺乏,对教师专业发展路径过分看重科研经历和学历水平,工程实践能力在评价导向中的比重不够突出。在制度构建上,工程伦理的课程设置、实施途径、专业考核等方面没有明确的规章制度,在操作层面就会陷入力度不同、步调不一的混乱局面,不能从根本上建立起工程伦理教育的长效机制。在环境构建上,工程伦理教育的课程仅在全国少数高等院校开设,对于拥有众多理工院校的我国来说,工程伦理教育还处于起步阶段。第二,教育实施环节的过程亟需转变。在工程教育专业认证和各类人才培养计划中,都有关于科技人才伦理教育和社会责任感方面的要求,但规定得不够具体,还需要在制度上予以完善;在教学方式上,传统课堂的"满堂灌"不能考虑学生的接受度,教师对课堂的控制过多就会忽视学生的情绪与感受。第三,教育评价环节的结果急需检验。以西方国家的评价标准来评判我国工程伦理教育课程的实施效果,反映不出中国现代化进程中的课程实践效果，本土化的评价体系尚未建立，在科技人员职业社团章程中有关于科学技术与工程伦理的条目，在人才选拔的标准中也日益重视伦理方面的要求，但不够细致，实践效果有待加强。

### 2.7.3　科学技术与工程伦理教育的意义

#### 1. 作为通识教育的意义

通识教育的目的是培养完整的人，这种人需要具备有效思考的能力、高效沟通思想的能力、做出适当明确判断的能力、辨别一般性价值的能力。如果理工科学生缺乏科学技术与工程伦理意识和社会责任感，在未来的科学研究和工程技术实践中就会迷失方向，面对复杂的伦理问题不知所措，甚至采取违背伦理道德的举措。

#### 2. 对职业伦理教育的意义

科技人员的职业伦理教育，并不只是要求科技人员对所在企业和雇主负责，对上级负责，而是要将伦理意识和社会责任感作为职业素养的基本组成部分，作为职业认证的基本条件，作为合格的科技人才的基本要求。

#### 3. 对科学文化与人文文化建设的意义

20 世纪 50 年代，英国学者 C. P. 斯诺在"两种文化"的演讲中指出，科技与人文正被割裂为两种文化，科技工作者和人文知识分子正在分化为两个言语不同、社会关怀和价值判断迥异的群体，这必然会妨碍社会和个人进步和发展。科学技术与工程伦理教育，需要科技工作者、伦理学者和公众充分对话与合作，这是两种文化相互交融、相互促进的有效渠道。

#### 4. 对科学技术与工程发展的意义

科学研究与工程技术实践是由科技工作者来操作的。如果处理不好其中蕴藏的伦理道德问题，会给社会发展带来严重的消极影响，甚至损害科技工作者的身体健康，不仅科学研究和工程技术活动得不到应有的社会支持和财力投入，人力资源也会面临严重危机。所以，科学技术与工程伦理教育的素养是科研活动和工程技术实践高标准有序进行的必要条件。

#### 5. 对落实科学发展观的意义

科学发展观的核心是坚持以人为本，树立全面、协调、可持续的发展观，促进经济、社会和人的全面发展。科学技术与工程伦理教育是落实科学发展观的重要途径，强调以人为目的，以培养全面发展的科技人才为宗旨，避免急功近利的发展模式，努力消除科学技术和工程应用中的不公正现象，对于从根本上遏制学术腐败、假冒伪劣产品泛滥、工程事故频发的社会问题具有长久而深远的影响。

### 2.7.4　科学技术与工程伦理教育的途径

#### 1. 学校中的科学技术与工程伦理教育

学校中的科学技术与工程伦理教育，着眼于培养未来的科技工作者的伦理意识和社会责任感。除了在科学技术与工程伦理课程中接受教育外，还需要注意以下环节：教师的行为示范；将专业知识学习与接受伦理教育有机地结合起来；学生社团活动和校园文化建设。

### 2. 职业培训中的科学技术与工程伦理教育

科学技术与工程伦理教育要渗透到职业培训中去，使从业人员意识到自身的伦理素养和社会责任感关系到自己的职业前途和企业的社会形象，如果不能严格要求自己，在学术上有不端行为，或参与某些企业制造假冒伪劣产品的活动，造成重大工程技术事故，不仅危害社会，而且会使自己的职业生涯沾上难以抹去的污点。

### 3. 媒体中的科学技术与工程伦理教育

媒体中有关产品质量、工程事故、医疗纠纷等社会现实问题的报道和评论，要避免局限于现象和情节描述、就事论事的倾向，应深入挖掘其中的伦理问题，揭示其产生的思想根源。对于媒体中的虚假广告和伪科学宣传，应该及时从科学技术与工程伦理角度深入剖析，避免误导公众，产生消极影响。

---

**发现故事**    **匈牙利总统因抄博士论文"丢官"**

匈牙利总统很大程度上是象征性的国家首脑。施米特·帕尔在 2010 年当选匈牙利总统。在上世纪 90 年代，他曾赴国外出任大使，从 2009 年到 2010 年，他担任欧盟议会副主席。在被选为总统之前，帕尔曾短暂担任匈牙利国会发言人。在青年时代，帕尔是一名优秀的击剑运动员，曾在夏季奥运会上获得过两枚金牌。

就是这样一位曾是奥运冠军的总统，在 2012 年 1 月 11 日被匈牙利一家杂志爆出其在 1992 年撰写的博士学位论文并非原创，而是大段大段翻译自保加利亚学者尼古拉·乔治耶夫的文章。在 215 页的论文中，直接翻译"抄袭"的内容竟然达到 180 页之多。随后，又有媒体在 1 月 19 日披露帕尔论文剩下的部分还有 17 页内容抄袭德国体育社会学家克劳斯·海纳曼的作品。

此事曝光之后，帕尔的母校匈牙利塞梅尔魏斯大学组建了一个 5 人小组调查此事。之后的调查报告显示，在帕尔长达 215 页的博士论文中有 180 页与另一科研作品"部分一致"，同时另有 17 页的内容与另外一份研究报告"完全一致"。帕尔的论文有目录，但是没有援引资料出处，整篇论文没有脚注和尾注。不过，调查报告中没有出现"剽窃"一词。

3 月 29 日，塞梅尔魏斯大学取消了帕尔的博士学位。该校时任校长迪瓦达尔·图拉塞说："帕尔的论文没有达到科学研究工作的道德和专业要求。"4 月 1 日，图拉塞引咎辞职。此时，深陷"抄袭门"的帕尔仍然坚决不辞职。3 月 29 日，他在电视上公开表示，抄袭博士论文的丑闻与总统的职责毫无关联。但是，要求帕尔辞职的呼声已经不绝于耳。4 月 2 日，在公众的压力下，帕尔在国会表示辞职。2011 年，包括德国防长古滕贝格在内的两名德国官员同样因剽窃论文的丑闻下台。

#### 4. 科学普及中的科学技术与工程伦理教育

在科学普及过程中，应该使公众了解科学技术与工程方面必要的专业知识，具备从伦理角度分析问题和参与决策的能力，懂得如何保护自身的正当权益，与科技专家、政府主管部门和相关企业进行有效的对话。

在社会生活中，可能存在某些机构，打着"科学普及"的旗号，使公众在"似懂非懂"状态下受到欺骗的现象，如以"科学幻想"的名义宣扬迷信和神怪现象，宣传没有科学根据的"养生知识"和"灵丹妙药"。对这种现象，也需要从伦理角度加以揭露和剖析。

#### 5. 科学史中的科学技术与工程伦理教育

广义科学史(包括技术史和工程史)文献中，记载了许多科学技术和工程伦理的相关案例，可以成为工程伦理教育的思想资源。在科学思想史、科学社会史、科技伦理史文献以及科学家和工程技术专家的传记中，有很多关于科技人员伦理意识和道德行为的记载。这是科学技术和工程伦理教育的正面资料来源。在科技伦理史、科技教育史、学说争论史、工程技术重大项目的历史考察等文献中，也有对一些违背科学技术与工程伦理原则和道德规范的现象的案例分析，能够给工程伦理教育带来启示和借鉴。

### 2.7.5　提高科学技术与工程伦理素养的方法

#### 1. 学习科学技术与工程伦理课程

学习科学技术与工程伦理课程，是提高科学技术与工程伦理素养的基本途径。这门课程的学习要点是：学习一些伦理学的基本理论知识，对"善""公正""责任"等范畴有更深入的认识；了解科学技术与工程伦理问题形成的时代背景和现实表现；了解科学技术与工程伦理实践的路径和方法。

#### 2. 进行案例分析

案例(case)是人们对生产和生活中经历的典型事件的完整陈述。案例分析需要先选择合适的案例，然后根据一定的伦理知识提出问题，展开分析，给出解决问题的方法，做出评价和决策。案例分析不仅能考查学生了解知识的程度，还能考查其分析、评价能力和综合能力。

#### 3. 发挥道德模范的示范作用

科技人员的伦理素养和社会责任感与其科技成就有一定的内在联系，但不存在完全的对应关系。有些普通教师和科技人员在平凡的岗位上有着不平凡的伦理素养和道德行为，他们也值得尊重和学习。道德模范宣传要实事求是，不要过于追求理想化和尽善尽美，更不能造假，要注重道德模范的形象真实、感人、可亲可敬，真正发挥有效的引领作用。

#### 4. 养成科学技术与工程伦理意识

具有伦理意识，并不等于会把伦理意识应用到实践中，道德行为的养成需要道德主体逐渐将道德意识转化为道德情感，并且由道德情感指引道德实践。这就是中国古代讲的"知行合一"。

科学技术与工程伦理意识的养成，需要通过理论分析、典型引导、案例教学、媒体传播、社会评价等方法，构建具有时代特征和中国文化特色的养成模式，逐步解决当代科技工作者伦理意识和职业实践中存在的现实问题。要充分利用我国传统文化的思想资源，如"以道驭术"的技术伦理思想、"天人合一"的环境伦理思想、"经世致用"的技术与社会关系模式、"诚信治学"的学术伦理风尚，以及"致良知"的道德修养途径。还要充分利用国外的思想资源，包括国外科学技术与工程伦理教育的先进模式和经验，特别是结合案例教学培养"价值敏感性"和"道德想象力"等新思路。

### 5. 在公众参与中接受教育

近年来很多重大工程技术决策增加了公众参与的比重，目的之一是保证利益相关者之间关系的公平公正，在这个过程中各方都可以接受科学技术与工程伦理的相关教育。公众参与决策的关键是参与者具有伦理意识和决策能力，能发现其中的伦理问题，并参与解决问题。参与的决策者代表公众的利益，本身就有不断提高自己伦理素养的义务，要保证公众参与的有效性，需要主动咨询技术专家和伦理学工作者的意见，做好充分准备，同时要依靠充分的制度保障。

### 6. 发挥伦理委员会的功能

目前在国内外一些政府机构、科研单位、医院成立了各种类型的伦理委员会，参与学风问题审查、工程技术决策和医疗事故纠纷鉴定等方面工作，这是科学技术与工程伦理发挥作用的重要途径。发挥各类伦理委员会的作用，可以使当事人和相关人群受到教育和启发，增强伦理意识和社会责任感。各类伦理委员会发挥作用的关键是坚持公平正义的原则，对违背伦理道德的实践开展独立、客观的调查，给出经得起时间考验的结论。参与伦理委员会工作的相关人员也需要不断提高自己的理论素养，经受住利益博弈的考验，维护伦理原则，坚守道德底线。

## 参 考 案 例

### 案例 1：副教授论文被撤稿、质疑

2020 年 11 月，青岛大学副教授桂某有 4 篇论文同时被撤稿。根据 WOS 统计，这 4 篇被撤稿论文累计被引用次数已超过 150 次。

这 4 篇论文发表于 2013 年和 2014 年，彼时桂某在上海交通大学做博士后。除了这 4 篇论文被撤稿，两年前桂某还有 9 篇论文被撤稿，加起来共有 13 篇之多。除了这 13 篇被撤稿的论文外，桂某还有 1 篇论文被期刊标注了编辑关注，另有 14 篇论文在 Pubpeer 上被质疑。这些论文加起来共有 28 篇。

这些被撤稿和被质疑的论文，主要涉及的问题是一图多用、图片重复以及伪造作者等问题。对此，青岛大学向期刊表示，该论文的作者、所属单位以及致谢都不对，该论文是

桂某加入青岛大学以前完成的，论文中其余 7 位作者均未参与研究，在不知情的情况下被署名。此外，致谢中提到的科研基金也并未资助该研究项目。

### 案例 2：齐齐哈尔第二制药厂有毒注射液事件

2006 年 4 月底，广东中山三院传染病科先后发现多例急性肾功能衰竭，于是，院方立即组织多学科专家会诊。结果发现，所有出现不良反应的患者，都注射过同一种药物——齐齐哈尔第二制药有限公司生产的亮菌甲素注射液。这一信息报送到了广东省药品不良反应监测中心。省药监局稽查分局立即对该药品进行了控制，并且进行抽样，送药检所检验。省药检所的工作人员连夜对齐药二厂这一批次的样品进行检测分析。省药检所所长谢志洁说，在厂家提供的处方配比里，有两种辅料的用量最大，一个是丙二醇，另一个是聚乙二醇四百。丙二醇是注射剂里经常用的辅料，聚乙二醇四百则比较少用。因此集中排查聚乙二醇四百的毒性。可是，经过五天五夜排查，没有发现证明聚乙二醇四百有毒性的东西。

经过相关人员的持续努力，终于找到了聚乙二醇四百可能降解的产物里有二甘醇，二甘醇是能带来肾毒性的。聚乙二醇四百在降解过程中会产生微量的二甘醇，但是，二甘醇在注射液中的含量不应该高于聚乙二醇四百的含量。然而经检测，这批注射液二甘醇的含量却高于聚乙二醇四百，这一发现为最终找到原因打开了突破口。

通过进一步的红外光谱仪观测分析，广东药检所最终确定齐药二厂生产的亮菌甲素注射液里含有大量工业原料二甘醇，导致患者急性肾衰竭死亡。国家食品药品监督管理局发出紧急通知，封杀齐二药生产的所有药品。

## 思 考 与 讨 论

1. 结合本章对科学技术伦理的论述和相关的案例分析谈谈你对科学技术中伦理问题的理解。

2. 为什么要培养学生从事科研与学术的"底线意识"？

3. 什么是科学技术中的伦理道德？工程师应如何处理在常规技术以及高新技术中遇到的伦理道德问题？

4. 在日常学术交流和学习中，我们应该如何全面理解和培养学术伦理道德？

## 参 考 文 献

[1] 陈万求，林慧岳. 工程技术对社会伦理秩序的影响[J]. 科学技术与辩证法，2002，(6)：30-32.

[2] 朱海林. 技术伦理、利益伦理与责任伦理：工程伦理的三个基本维度[J]. 科学技术哲学研究，2010，27(6)：61-64.

[3]    LEE C H. An Integrated Study on Ethical Norms of Scientific Technology in Philosophical, Sociological and Theological Terms: Focusing on Critical Reflection of Jacques Ellul's Understanding of Technology and Application of the Norms to Transhumanism[J]. Mission and Theology, 2018, 45.

[4]    曹学军. 美国国家纳米技术计划[J]. 国外科技动态，2000，(6)：18-19.

[5]    远德玉. 技术是一个过程：略谈技术与技术史的研究[J]. 东北大学学报(社会科学版)，2008，(3)：189-194.

[6]    刘艳霞. 假新闻中的新闻伦理问题探析：以山东非法疫苗案为例[J]. 数字传媒研究，2016，33(7)：35-38.

[7]    ROTOLO D, HICK S D, MARTIN B R. What is an emerging technology? [J]. Research Policy, 2015, 44(10): 1827-1843.

[8]    王常柱，武杰，张守凤. 大数据时代网络伦理规制的复杂性研究[J]. 科学技术哲学研究，2020，37(2)：107-113.

[9]    柴琳. 人体基因技术存在的伦理问题评析[J]. 西部学刊，2022，(3)：119-122.

[10]   吴国平. 通识人才培养的四个理念[J]. 教育发展研究，2008，(7)：70-73.

[11]   曾永卫. 面向卓越工程师培养的工程伦理教育探析[J]. 湖南工程学院学报(社会科学版)，2015，25(1)：94-97.

[12]   王进，彭妤琪. 工程伦理教育的中国本土化诉求[J]. 现代大学教育，2018，(4)：85-93+113.

[13]   谢家建，梅雄杰. 工程伦理教育：历史探索、现实困境与行动方略[J]. 当代教育论坛，2021，(1)：75-81.

# 第 3 章　工程中的风险、安全与责任

　　本章讲述工程风险的来源及防范、工程风险的伦理评估、工程风险中的伦理责任。分析工程风险的成因以及管理措施，工程风险的伦理评估原则、途径和方法，对工程风险中的伦理责任的概念进行界定，区分工程师个人和工程师共同体两个层面的伦理责任主体，概括伦理责任的主要类型。

## 教学目标

(1) 获知防范工程风险的措施。
(2) 了解工程风险的可接受性。
(3) 了解工程中的安全与责任。
(4) 掌握工程风险的伦理评估原则。
(5) 了解工程伦理责任的内涵。

## 教学要求

| 知识要点 | 能力要求 | 相关知识 |
| --- | --- | --- |
| 工程风险的来源与防范 | (1) 了解工程风险的来源；<br>(2) 熟悉工程风险的可接受性；<br>(3) 掌握工程风险的管理 | 风险意识与防范 |
| 工程与伦理责任的关系 | (1) 了解工程技术与伦理的关系；<br>(2) 了解工程技术与责任的演变；<br>(3) 掌握工程责任的界定方法 | 伦理责任 |
| 工程风险的伦理评估 | (1) 了解工程伦理的责任冲突；<br>(2) 了解工程伦理的主观与客观；<br>(3) 掌握协商参与解决工程伦理问题的方法 | 伦理与道德 |

| 知识要点 | 能 力 要 求 | 相关知识 |
|---|---|---|
| 工程风险中的伦理责任 | (1) 了解伦理责任的内容;<br>(2) 了解伦理责任的主体;<br>(3) 了解伦理责任的类型;<br>(4) 了解伦理责任的困境 | 责任主体与伦理困境 |

**推荐阅读材料**

1. 苗雨晴. 论工程师的职业责任[D]. 沈阳师范大学,2019.
2. 何放勋. 工程师伦理责任教育研究[D]. 华中科技大学,2008.
3. 朱洲. 工程实践主体的伦理责任问题研究[D]. 云南师范大学,2014.

**引例:工程安全**

## 北京"3·28"重大地铁塌陷事件

2007 年 3 月 28 日上午 9 点 30 分左右,中铁十二局第二工程公司在承建的北京市地铁 10 号线 2 标段施工过程中,由于对复杂的地质情况不清楚,当施工断面发生局部塌方和导洞拱部产生环向裂缝的险情时,未制订并采取保护抢险人员的安全技术措施,就指挥作业人员实施抢险,发生二次塌方后,造成 6 人死亡。事故发生后,该局第二工程公司及项目部有关负责人隐瞒事故情况,未按规定向政府有关部门报告,性质恶劣。根据国务院公布的调查报告,导致此次重大事故的主要原因如下:

坍塌处地质及水文条件极差,抢险救援(见图 3.1)工作缓慢;坍塌处土质非常疏松,淤泥质土厚约 1 m,自稳性极差。在加固基坑抢险过程中,坍塌地点东侧约 4 m 处发现地表 0.4 m 以下,有一南北向长 4~5 m,东西向长约 4 m,体积约 24 m³ 的不规则空洞,周围土质非常疏松。在上述地质条件下进行浅埋暗挖隧道(见图 3.2)施工,其上方形成小量坍塌,并迅速发展至地面,形成大塌方。

图 3.1　日间抢修现场

图 3.2　地下隧道图

坍塌处集隧道爬坡、断面变化及转向、覆土层浅、环境和地质条件复杂等多种不利因素，且该暗挖结构本身处于复杂的空间受力状态，当开马头门时，由于地层压力作用导致拱脚失稳，引起已施工完成的导洞变形过大，从而造成导洞拱部产生环向裂缝，并在抢险过程中发生坍塌。

施工单位在已发现拱顶裂缝宽度由最初的 1 cm 发展为 10 cm，并有少量土方坍塌的情况下，没有制订并采取任何安全措施，就组织施工人员实施抢险救援，造成 6 名抢险施工人员在二次塌方时被埋。

经调查认证，这起事故反映出一些企业安全生产责任制未落实，安全生产规程、标准执行不严格，特别是抢险措施不当和有关管理人员法律意识淡薄等问题。同时，也反映出地铁施工安全监管工作存在一些薄弱环节。

工程始终关注安全，特别是当可能涉及伤害的责任时，工程师应该怎样处理安全与风险的问题？以引例来言，地铁深基坍塌事故调查分析结果显示，勘探单位未开通薄壁取土器取样来判断当地土壤特点以及土壤强度参数等，这也使得基坑设计参数无据可依。从设计单位角度来说，其未对当地软土特点进行综合判断，对基坑防护设计参数的选用缺乏合理性，选用的力学参数均偏高，未采用将基坑坑底以抽条加固的方式，而采用自流深井降水的方式无法达到土壤抗力要求，使基坑围护结构体系危险性增加。

这说明了一个重要的事理：工程必然涉及风险，并且随着技术的变化风险也会变化。仅仅采用经过检验的可靠的设计无法避免风险，而且新技术中可能也包含了工程师没能认识到的潜在风险，增加了损失甚至失败的概率。没有创新就没有进步，工程师们需要用新材料或新设计来建造桥梁、地铁或新机器，制造出来的新事物对人类或环境的长期影响总是没有被充分了解；甚至在曾经被认为是安全的产品、生产过程和化学品中也会发现新的危险，因此工程风险是内在的和动态变化的。

## 3.1　工程风险的来源及管理

"工程风险"顾名思义，是在实际工程项目中会给工程带来损失，导致工程无法达到预期效果的所有人类无法完全消除的因素的总和。工程风险项目施工过程是一个高风险作业的过程，施工环境复杂，临时性作业人员需求量大，作业人员流动性也大，同时项目施工过程中涉及的公司多，各类常见的施工危险对项目施工的平稳进行产生着潜在的影响，因此，必须考虑防范风险或将风险降到最低的手段和措施，确保项目施工能平稳进行。项目施工过程相关方必须履行安全生产职责，确保安全生产。安全生产不仅仅是保障生产、生活顺利进行的必然要求，更是促进生产、发展经济的必要条件。从加强安全生产基础工作入手，从根本上杜绝事故发生。通过项目施工过程中相关方的经营决策和有效管理，减少和控制风险和危险的发生。

### 3.1.1　工程风险的来源

由于工程的种类不同，所以引发工程风险的因素多种多样。由于认知水平的局限性，人们对于将来的活动或事件缺乏充分的了解，不能确知信息，从而不能做出准确的判断，形成一种困境，进而在未来可能造成人的利益的损失或灭失的不确定性，就成为风险。任何工程都面临着相应的风险，但每个工程所面临的风险不尽相同，且工程中的风险不能被彻底消除，即使可以通过某些手段在一定范围内改变某一风险的形成和发展的条件，消除此风险，但在这一风险被消灭的同时，新的风险也会随之产生。

工程风险存在于整个工程生命周期的始终，从不同的角度出发可把引发工程风险的因素分为不同的类型。由于工程系统内部和外部各种不确定因素的存在，无论工程规范制定得多么完善和严格，仍然不能把风险的概率降为零，也就是说，总会存在一些所谓的"正常事故"。因此，在对待工程风险的问题上，我们不能奢求绝对的安全，只能把风险控制在相对可以接受的范围内。

#### 1. 勘察、设计单位的风险

在当前建筑市场规则尚不规范的情况下，部分勘察设计单位盲从业主要求，勘察项目不全面，力度不够，致使所提供原始勘察依据不全给后续工作带来很大风险。有些设计单位在图纸设计前未能准确、全面地实测现场，而其设计的图纸照搬性强，适用性降低，变更因素增加。这些情况在一定程度上影响了项目管理的规范性，使管理工作受到很大影响，从源头上留下了诸多隐患。并且在项目实施中会引发诸多变更，不仅增大了项目管理责任风险，还增加了项目资金投入。

#### 2. 建设单位的风险

来自建设单位的风险有以下情况：

(1) 建设单位不能客观对待工程项目，急于求成，盲目地制订、变更工期，有些业主急于追求投产后的经济效益而盲目压缩工期，导致多工种交叉作业，不分冬雨季昼夜施工，造成不合理工期；有些项目为了迎接上级检查制造形象进度，甚至违背施工工艺规范要求突击抢工期。这些情况使工作很难按照正常秩序展开，留下许多安全和质量隐患，客观上将风险转嫁给了项目管理机构。

(2) 建设项目资金不到位，项目工程款不能按期拨付，或刻意拖欠工程款，致使施工单位抵触情绪增加，人心涣散，项目无法按照正常秩序进行，工作难以正常开展。

(3) 建设单位不执行监理委托合同，不按照项目工期给付监理费用，致使监理企业入不敷出，工作受到很大影响。现今建筑市场为买方市场，有些业主项目上马仓促，缺乏严肃性，干干停停且不追加监理费用，甚至压低、拖欠监理费用，使监理方常常陷入财务困境。

(4) 建设单位不规范介入、盲目干预过多。建设单位以买方自居，随意干涉监理工程师工作，虽然在监理委托合同中已明确监理的责任、权利和义务，但在实施过程中业主常常随意作出决定，对监理工作干预过多，尤其涉及设备、原材料等敏感问题，业主往往绕过监理工程师，单方面指令放行，留下安全隐患。在涉及工程地质问题或其他不可抗拒的情况时，建设单位又往往延迟签证或拒绝签证，给监理工作顺利进行带来很多障碍。同时，业主不规范介入还表现在其建设单位现场项目管理机构庞大，影响监理方应有权限的发挥，降低了项目监理机构的效率。

(5) 对施工队伍的选择不透明。很多业主选择施工单位主观性较强，加之不良风气影响，其连带亲属较多，致使有些业主安排的承建单位很难或根本不能胜任其所承揽的工程，客观上将风险转嫁给项目管理机构。

### 3. 施工单位的风险

来自施工单位的风险有以下情况：

(1) 大型施工企业分包或转包现象普遍。很多大型施工企业拿到工程项目后，常常进行分包或转包，甚至层层转包，收取管理费用。最后到包工队伍手中，利润已降至很低；而包工队伍本身素质不高，为追求利润，常常偷工减料、弄虚作假，材料以次充好，工作内容上能少干就少干，降低质量标准。

(2) 施工单位挂靠现象普遍，现场施工人员素质差。纵观建筑市场，这样的施工单位几乎覆盖了大部分土建工程项目，这些施工队伍打着大施工企业的牌子，根本不具备资质，连最起码的机具和技术人员都是临时拼凑的，这些问题事实上成了工程建设项目市场上最大的风险来源。

(3) 承包方整体素质不高。主要表现在承包方投标报价低，而一旦中标则施工中变更索赔不断，缺乏质量意识，常常工序尚未自检即要求监理工程师检查。受不良风气影响，常搞一些"感情计量""感情结算"，利用各种手段腐蚀监理工程师，产生责任风险。

**发现故事　工程事故**

1998 年 2 月，在湖北巴东县焦家湾，在建的大桥发生坍塌，11 人当场死亡；2003 年 3 月，广东省茂名市信宜市的石岗嘴大桥主工程刚竣工，还未及使用，突然坍塌；2010 年初，昆明机场配套的引桥工程在混凝浇筑施工过程中突然发生坍塌，造成 7 人死亡，34 人受伤。

### 4. 监理企业的风险

1) 项目建设监理市场不规范

(1) 监理业务承揽主体不具备资质，虚假挂靠的监理单位鱼目混珠。有些监理企业并非真正的法人，实体尚处在母体的副业状态；有些挂靠监理单位拼凑证件，临时雇人来承揽监理业务；有些系统搞同体监理，致使监理作用无法正常发挥。

(2) 监理承揽方式、收费方式严重不合理。现实情况中，在项目监理招投标运作中监理服务费范围不明确，将施工招标费率与监理服务费率混为一谈；在项目管理招投标运作中交易透明度不高，规避招标、暗箱操作现象时有发生；一些投标人低价竞争，压低监理费；一些业主恶意克扣、拖延监理费用，致使监理企业无法正常运作。这些都严重影响其监理服务质量。

2) 监理单位人员本身素质良莠不齐

由于监理企业整体待遇偏低，又有很大的责任风险，致使现阶段既懂专业，又懂经济、法律、管理的综合素质人才极少，高学历、高学位人才也为数不多，监理公司只能适应常规监理业务。企业内部中坚力量严重不足，年龄结构严重不合理，年富力强、精力充沛、经验丰富、知识面广、技术成熟的群体所占比例过小，临时聘用人员比例过大，现有监理企业人员流动率相当高，有的一年流动率占全部员工的 30%以上，很多监理人员素质不满足要求。

## 3.1.2　工程风险的特点

随着科技的飞速发展和社会环境的不断变化，工程项目所涉及的不确定因素日益增多，面临的风险也越来越多，风险所致损失规模也越来越大，这些都促使科研人员和实际管理人员从理论上和实践上更加重视工程项目的风险管理。

工程项目从成立到完成后运行的整个生命周期内都必须重视对风险的管理，工程项目的风险具有如下特点。

### 1. 风险存在的客观性和普遍性

作为损失发生的不确定性，风险是不以人的意志为转移并超越人们主观意识的客观存在，而且在项目的全生命周期内，风险是无处不在、无时不有的。这也说明为什么虽然人类一直希望认识和控制风险，但直到现在也只能在有限的空间和时间内改变风险存在和发生的条件，降低其发生的频率，减少损失程度，而不能也不可能完全消除风险。

### 2. 偶然性和必然性

任何一种具体风险的发生都是诸多风险因素和其他因素共同作用的结果，是一种随机现象。个别风险事故的发生是偶然的、杂乱无章的，但对大量风险事故资料的观察和统计分析，发现其呈现出明显的运动规律，这就使人们有可能用概率统计方法及其他现代风险分析方法去计算风险发生的概率和损失程度，同时也推动着风险管理的迅猛发展。

### 3. 风险的可变性

风险的可变性是指在项目的整个过程中各种风险在质和量上的变化。随着工程项目的进行，有些风险将得到控制，有些风险会发生并得到处理，同时在项目的每一个阶段都可能产生新的风险。

### 4. 风险的多样性和多层次性

建筑工程项目周期长、规模大、涉及范围广、风险因素数量多，且种类繁杂，致使其在全生命周期内面临的风险多种多样，而且大量风险因素之间的内在关系错综复杂，各风险因素与外界交叉影响又使风险显示出多层次性。这是建筑工程项目中风险的主要特点之一。

## 3.1.3　工程风险的可接受性

工程系统内部和外部存在着各种不确定因素，无论工程规范制定得多么完善和严格，仍然不能把风险的概率降为零，也就是说，总会存在一些所谓的"正常事故"，即可接受风险值(acceptable risk value)。在确定的经济技术条件下，经过长期积累或反复验证并被相关人群或组织接受的风险值，亦可以称为安全指标。

### 1. 风险准则

对于风险分析评估的结果，人们往往认为风险越小越好，实际上这是一个错误的认识。减小风险是要付出代价的，无论减少危险发生的概率，还是采取防范措施使发生危险造成的损失降到最小，都要投入资金、技术和劳务。通常的做法是将风险限定在一个合理的、可接受的水平上，根据风险影响因素，经过优化，寻求出最佳方案。"风险与利益间要取得平衡""接受合理的风险"——这些都是风险接受的原则。风险可接受程度对于不同行业、不同系统、不同事物有着不同的准则。

制定可接受准则，除了考虑人员伤亡、财产损失外，环境污染和对人体健康潜在的影响也是一个重要因素，并且制定的准则必须是科学的、实用的，即在技术上是可行的，在应用中有较强的可操作性。首先，准则的制定要反映公众的价值观、灾害承受能力。不同地域、人群，由于受价值取向、文化素质、道德观念、心理状态、宗教习俗等诸多因素影响，灾难承受能力差异很大。其次，准则必须考虑社会的经济能力。标准过严，社会经济能力无法承担，就会阻碍经济发展。

在风险评价过程中，由于可以采用定性、相对和概率这些不同的评价方法，所以可接受风险的内容表现形式也不相同。如定性评价方法的可接受风险直接表现为法规或经验要求。在相对评价方法中，常采用加权系数的办法，并通过一定的数理关系将它们整合在一起，最终算出总的风险评分。可接受风险分值的确定是通过对一个行业内的若干企业进行试评，然后对不同企业的风险评分进行分析总结，就可以得出在一定时期内适用于该行业的可以接受的风险分值。概率评价方法使用周期死亡概率作为可接受风险量化值。

根据 GB/T 28001—2009 标准的可接受风险定义，一个具体的组织确定可接受风险依据的最低准则是组织适用的法律法规要求。在此基础上，组织可依据其方针体现的管理意图，提出高于法律法规要求的可接受风险界定准则。

### 2. 确定可接受性风险的方法

风险的可接受性水平的确定是一个很困难的课题，这主要体现在研究方法上。国外大概从 20 世纪 60 年代末就已经开始了有关研究，后来经历了三个不同的阶段。第一阶段，认为风险的可接受性是受技术手段决定的；第二阶段，认为风险的可接受性是一个多维的变量，它的水平确定应由专家与公众共同参与；最后，把可接受性风险看成是一个社会—政治事件，健康风险和环境风险仅仅是包括在内的因子。

1) 技术决定的可接受性风险

风险的研究最初源于自然灾害的预报以及工程的技术安全分析，通过例行的风险分析技术得出的结论指导着政府的决策。Start(1969)最早用"显示偏好法"得出了不同风险的社会可接受性度量，他认为足够充分的历史资料可以揭示人们在一定时期相对稳定的生活方式与观念。一般认为，风险可接受性的水平与自身利益的驱动呈相关关系，并且人们倾向于接受由于自愿行为带来的风险，而不乐意接受因非自愿行为带来的风险；但 Start 的方法不能成功地预测风险的社会接受度。

风险比较分析是一种最直接的方法，也应用最广。它通过比较估算各种危害的年度死亡，得到各种危害的死亡风险(Cohen&Lee，1979)。别的比较方法是估算每年一百万人中死亡机会增加的风险(Wilson，1979)，或是通过对一定年份的致死率进行比较分析得出了风险的可接受水平与不可接受水平的列表，致死率小于 1/10 的被认为是可接受的，大于 1/10 的被认为是不可接受的，介于二者之间的风险需要发出警告或采取其他相应措施(The Royal Commission Environmental Pollution 1987)。但只采用致死性数据给风险排序同样存在问题：① 计算的精度可疑；② 建立个人或社会优先权时，并非所有死亡的相关性都相等；③ 死亡可能性只是风险可接受性包含的其中一个因素；④ 减少了"公认的风险"和"可接受风险"间的区别；⑤ 提出个人期望的风险接受的累积性影响(Allen，1987)，"在比较时用了四个不同的风险概念：癌症发生率、非癌症健康风险、生态影响和财富影响。"

2) 公众参与确定风险水平

随着信息方法的发展，人们开始从多维定性角度研究风险可接受性，确定研究焦点是专家和外行公众对不确定后果作综合决定的认识过程，引入了个人的心理研究。风险的可接受性带有很大的主观因素，专家通过经验判定或者模型模拟(如启发性模型)等数学方法得出的风险水平的排序虽然比较客观，但由于专家与公众对风险的理解方式不同而使排序结果有所不同。一般情况下，专家倾向于对年死亡率的考虑，而公众则更加倾向于日常生活的各个方面，且只有在关系到个人切身利益时公众才关心风险的发生及其造成的各种可能后果。

3) 政治因素的可接受性风险

随着 20 世纪 80 年代可接受性风险的研究不断深入，原有技术风险的概念逐渐扩大，风险概念的重心开始向政治或社会问题倾斜。进行风险管理时，人们也开始把社会、政治以及经济因素统统考虑到风险分析技术中去。在第二阶段的基础上，加上信任、公道、公平去定义可接受性风险。

Thompson(1980)强调要考虑到实际社会背景的多样性来理解风险的可接受性。Douglas 和 Wildavsky(1982)主张不同群体中个人对风险的认识基于特殊的文化背景。对风险除了进行技术评估以外，还要对其进行社会科学领域的研究。这一观念的改变丰富了风险理论与风险技术，同时也为政府职能部门进行科学的风险管理提出了一种新思路。但在大多数情况下政府决策者面临这样一个难题：受影响公众并不总能分享国家或地方的利益，以及在政策选择时如何平衡国家利益和当地所付出的代价。冲突本身至少包括了三方面利益：受影响公众、控制或负责任的团体、当地政府，因此不能不充分考虑。

## 3.1.4　工程风险的管理

项目风险管理是贯穿在项目开发过程中的一系列管理步骤，即风险识别、风险分析、风险监控、风险防范等。有效的项目风险管理可以降低风险和规避风险。我国风险管理研究始于 20 世纪 80 年代中后期。随着社会经济的飞速发展，工程建设项目迅速增加，风险管理在工程项目建设领域被广泛重视。项目建设过程中，项目管理机构是风险管理的责任主体。我国实行项目管理制度比较晚，管理制度不规范，承受风险的能力差，而项目管理工作又要承担很大的责任。因此，如何在项目管理中进行有效的风险管理已成为当前工程项目管理机构所面临的重要课题。

### 1. 加强合同的风险管理

工程合同既是项目管理的法律文件，也是项目全面风险管理的主要依据。合同风险是一切风险的源头，如果合同"先天不足"势必会给工程实施造成被动。制订合同人员必须具有强烈的风险意识，增强法律意识、履约意识。首先要从风险分析与风险管理的角度拟订合同的每一项条款；其次要在措施上规避容易产生的风险，避免因风险给项目带来损失。

工程项目实际造价突破计划造价的可能性不大，其风险量较小，可以采用自留加风险控制策略，用总价合同的报价方式。对于工程量变化的可能性较大及变化幅度较大的工程项目，其风险量较大，应采用风险转移策略，用单价合同报价方式，将工程量变化的风险全部转移给甲方。对于无法测算成本状况的工程，贸然估价将导致极大风险，只能用成本加酬金合同，将工程风险全部转移给建设方。对施工企业而言，不善于工期索赔必然导致工期延误的风险；不善于费用索赔必然导致巨大的经济损失，甚至亏本。实践证明：如果善于进行施工索赔，其索赔金额往往大于投标报价中的利润部分。因此树立合同意识、风险意识和索赔意识，重视风险管理对降低工程风险是非常重要的。

### 2. 回避或减少风险

企业根据自身实力有选择性地实施项目，权衡利弊后，宜选择风险小或风险适中的项目，回避风险大的项目。对于实施项目需要采取必要措施降低风险发生的可能性或减少后果的不利影响。为了能够直接控制风险，可以把这些风险从将来"移"到现在。例如，通过精心设计、精心施工减少项目使用阶段维护方面的风险。通过建立完善的物资(原材料除外)供应体系以及预算阶段预留出项目的涨价预备金以减少项目社会风险。采用先进的技术设备进行施工，同时制订风险管理的应急计划以及加强对项目的质量管理以减少项目自然风险。根据帕累托二八原理可知，项目所有风险中有一小部分风险对项目威胁最大，要集中技术力量专攻威胁最大的风险。由于风险具有耦合性，有时减轻一个风险同时可以减少一系列风险。

### 3. 转移风险

转移风险又叫合伙分担风险，其目的是借用合同或协议，一旦发生风险事故，可将一部分损失转移到项目以外的第三者身上。事实上转移风险不能降低风险发生的概率和不利后果的大小，只能减少对本企业的影响。实行这种策略要遵循两个原则：第一，对于具体风险，谁最有能力管理就让谁分担；第二，必须让承担风险者得到相应的回报。一般转移风险主要有四种方式：开脱责任合同、保险与担保以及出售和发包。

**4. 风险控制**

风险控制就是在风险事件发生时实施风险管理计划中预定的规避措施。风险控制的手段不仅包括预定的规避措施，还有根据实际情况确定的权变措施。当风险管理计划中预定的规避措施不足以解决未曾预料到而实际又发生的风险事件，或实际后果比预期的严重的风险事件时，必须重新制订风险规避措施。

风险控制措施包括：进行事前技术模拟试验，选择抗风险能力强的、有弹性的技术方案；采取有效的管理组织形式，选派得力的技术和管理人员，按质量体系要素将分部、分项工程分解落实到岗，责任到人；在实施的过程中实行严密的控制，加强计划工作，抓紧阶段控制和中间决策等。实施风险控制措施必须在技术负责人的统一领导下，明确各级管理人员质量职能，以确保全面质量管理目标的实现。

工程风险无处不在，贯穿于工程建设的全过程之中，特别是难度高、风险大的建设工程项目。工程风险防范与控制关键在于不断地捕捉风险的前奏信号，分析各种潜在风险信息及其动态，凭借专业工程经验识别，提出具体的防范措施以及控制对策。建立和完善风险管理体系，增强风险意识，积极应对工程风险，才能有效降低工程风险，确保工程建设顺利完成，实现经济效益和社会效益最大化。

# 3.2　工程技术与伦理责任的关系

## 3.2.1　工程技术与伦理的关系

工程是人们改造自然的实践活动，是将科学成果转化为生产力的生产实践活动。工程活动会对社会产生巨大的影响，包括政治、文化、经济以及社会道德方面。工程实践活动对伦理的影响有以下三个方面：一是伦理行为，二是伦理规范，三是伦理观念。

工程实践活动对伦理行为产生影响时，人们的行为选择就发生了改变。工程技术的发展使人们在生活中对于自己的行为有了多种选择，比如人工生殖，人们可以选择人工授精、体外受精。工程活动作用于伦理规范时，新的伦理规范通过人们的行为方式的改变来重建。比如避孕工具和手段的应用使得人类可以控制人口的增长，婚前同居的行为慢慢被社会接受。工程活动作用于伦理行为、伦理规范时必然伴随着伦理观念的变迁，伦理观念又反过来作用于工程活动，影响工程活动的实施。所以，工程与伦理是同一客观世界中的事物与现象，但是两者间有着相互作用、相互影响的关系。

## 3.2.2　工程技术与责任的演变

在 18 世纪 60 年代工业革命以前，人类的知识和力量还是很有限的，人们的行为动机都很简单，行为目的与行为结果直接联系，于是人们通常认为，目的只要是符合道德良知的，那么这种行为就可以说是符合道德标准的。伴随着科学技术的发展进步与知识信息的迅速增长，人类的能力越来越强，人类行为中的目的到结果之间的联系变得越来越复杂。可以归结为以下几种情况：首先是技术的使用者本身就抱着恶的目的使用技术，核武器就是这方面的典型例子。其次是技术的使用者本身抱着善的目的使用技术，但是带来了恶的影响，比如工业技术的发展本来是为了提高人类的生活水平与质量，但是却带来了环境的污染。最后是技术的使用者本身使用技术的目的是善的，也带来善的结果，但潜伏着不利的影响因素，氟利昂的开发就是典型的例子。技术的使用只有益处而没有弊端的情况基本上是不存在的。所以，如果只看技术使用者使用技术的动机和使用者的良知而不看技术所带来的影响和结果的伦理学，是不符合现实中的工程实践的。此外，因为现代科学技术力量越来越强大，如果工程师、政府官员、工程雇主等工程责任主体缺乏一定的责任意识，对自己的行为不加以约束，就很有可能给自然和社会带来很大的损害，这种损害甚至是毁灭性的。

但是，如今的伦理学普遍忽视当代技术的特殊作用，还没有意识到新技术赋予人们更大力量的同时也带来了新的风险和责任。当然，已经有学者开始关注、研究新技术对伦理学的影响了。来自德国的技术哲学家伦克就指出，技术不再是简单的工具，技术的进步使人类掌握了巨大的力量和能量，技术已经成为改造世界的重要手段。所以，应该对技术进行一定的伦理反思，并且责任问题是技术伦理学的核心问题。伦克指出了使责任伦理问题凸显出来的技术领域的六个变化趋势：① 技术措施及其副作用影响到的人数剧增；② 自然系统开始受到人类技术活动的干扰甚至支配；③ 人本身也受到技术的控制，不仅通过药理作用，通过大众传媒对潜意识的影响，而且潜在地受到基因工程的影响；④ 信息技术领域里技术统治趋势加强；⑤ "能够意味着应当"的"技术命令"大行其道；⑥ 技术对人类以及自然系统的未来具有重大的影响力。可以说，工程伦理的核心问题就在于探寻工程主体是否以及在何种程度上涉及责任伦理问题。

## 3.2.3　工程伦理责任与界定

伦理责任与法律责任是明显不同的。法律责任是指某一件事的主要责任人对自己的行为承担的法律责任。伦理责任不同于法律责任，它有两种维度，即前瞻性和后视性，前者是预测某件事可能的结果，而不是从事情本身来看待的。当然，前瞻性必须建立在当事人具备较高的判断能力，能够正确识别与预测事情可能带来的后果的基础上。所以前瞻性责任是与一个人的专业知识状况及道德水准密切相关的。由于无法预见和控制后果，因而要更加注重对后果的自觉。而且对后果的控制必须是集体参与的，对活动的目的、手段、结果等各个因素做出整体评价。集体中如何明确各个行动者的责任是个难题。比如某件工程事故发生了，在进行后视性评价时要观察具体的情况：事故发生时责任人是否疏忽大意，责任人是否知道事故原因，是否因为不可抗力造成的事故。同时责任的后视性还包括责任人是否在工程事故发生以后尽力减少损失，并且最大限度地保护公众的生命财产安全，或者恰恰相反，责任人在推卸责任并且掩盖事实的真相。如果是前者就是善，后者那就是恶。大多数人认为，工程师和科学家在工作中求精、求真就可以了，伦理责任跟他们没有任何的关系，伦理责任应该是政府的事情。其实，伦理责任就是人们对自己的所作所为负责，是一种以正义与非正义、善与恶作为评判标准的社会责任。当代科学技术的发展已经向人们昭示，科学家、工程师对工程负有伦理责任，如果毫无限制、毫无节制地去发展科技，会使人类自己陷入危险的境地。

工程师、科学家、政府、企业的决策者等必须考虑工程的社会后果和自己的伦理责任。工程主体对工程的伦理责任要从四个方面来考虑。第一，工程的质量水平与责任。质量是保证工程造福于民的关键要素，如果工程质量不高，达不到要求，会祸及人们的生命安全甚至国家的利益。工程主体在任何情况下都不能以牺牲质量为代价获取个人利益。第二，工程的生态效应与责任。人类正面临着生态失衡、酸雨、生物多样性丧失、全球气候变暖等环境问题，而这些问题使我们不得不对我们的行为进行反思。工程活动是对地球影响最大的人类活动之一，因此工程建设必须体现良好的生态意识。我们以前的开山毁林、围湖造田工程带来了严重的生态灾难。如今尚有一些地区不顾环境的污染，过度追求经济产值，唯GDP是从，甚至大量引入国外淘汰的产业，从而造成了环境的极度恶化。第三，工程的人文水平与责任。工程活动中人文水平低下的一个表现是劳动条件和安全生产设施落后，导致工程事故频频发生。造成这种状况的原因一是经济上的，二是技术上的，本质的原因是没有正确地看待安全事故的重要性，没有意识到他人生命的重要性，缺乏人本意识，过度追求金钱与利益。第四，工程的廉洁水平与责任。一项腐败的工程不仅见不到经济效益，甚至还会带来复杂的社会问题和严重的环境问题。当前在我国的法律制度中，有关工程领域的法律法规还不够完善，工程主体的法治意识还很淡薄，并且工程腐败是我国最严重的腐败之一。因为工程涉及的资金额大，涉及的工程程序多，有人为了争夺工程项目而不惜动用一切手段、一切资源，导致工程的建设已经偏离了为国民经济的发展服务的目的，而变成以实现个人利益为目的，损害了公众及社会的利益。

## 3.3　工程风险的伦理评估

关注工程风险，维护工程安全是工程师的首要义务和基本责任。但工程师关注工程风险常遭遇伦理困境。伦理困境的凸显是由主客观两方面原因造成的，而伦理困境的解决则不仅需要加强工程风险管理、促进工程师与管理者等工程共同体的合作与协商，更需要促进公众参与，加强工程安全文化建设。

现代社会已经是一个风险社会，风险似乎已经成为现代社会的特性之一。德国社会学家 U. 贝克(Ulrich Beck)在其著作《风险社会》(Risk Society)中指出，他深深地被作为"人类史上的灾难"(anthropological shock)的切尔诺贝利核灾难所震惊，并认为人类常常仅当一个重大事故——如切尔诺贝利或三里岛核灾难发生时，才认识到我们处于一个危险的世界中。而其中，工程类风险更为严重和突出，已经给人们的生命安全和健康带来了极大的危害。据统计，2007 年我国全年生产安全事故死亡高达 101480 人，2008 年全国安全事故总量和伤亡人数略有下降，也造成 91172 人死亡。其中，2007 年 4 月 18 日，辽宁省铁岭市清河特殊钢有限公司发生钢水包倾覆特别重大事故，造成 32 人死亡、6 人重伤，直接经济损失 866.2 万元。2007 年 8 月 17 日，山东华源矿业有限公司发生溃水淹井事故灾难，造成 172 人死亡。2008 年山西襄汾 9·8 尾矿库溃坝事故遇难达 277 人，直接经济损失近千万元。美国著名工程伦理学专家 M. W. 马丁(Mike W. Martin)曾指出："工程是社会实验，是涉及人类主体在社会范围内的一个实验。"而在此实验过程中，从实验之初的可行性论证，到工程设计和施工建造，再到工程维护与保养等全过程都可能存在着各种风险，工程风险伴随着工程过程的始终，并对人类的生存安全构成了威胁。所以，关注工程风险，维护工程安全，就成为工程师工程活动中的基本目标和要求。美国工程师职业协会(the National Society of Professional Engineers，NSPE)伦理规范第一原则规定，"工程师在工程活动中应该把公众的安全、健康和福祉放到至高无上的地位"。可见，保障安全已是工程师在工程活动中的基本义务和责任，但工程师却经常在工程安全方面遭遇伦理困境。

### 3.3.1　伦理困境之思：责任冲突

现代工程活动日益复杂化，涉及更多的利益主体，相应的工程事故和风险的责任承担问题也显得更为复杂。这些责任只应由工程师来承担吗？工程师自身能够承担得起吗？邦格提出过这样的技术律令："你应该只设计和帮助完成不会危害公众幸福的工程，应该警告公众反对任何不能满足这些条件的工程。"这一律令似乎也适合于工程技术管理者(投资者)和政治决策者(政府官员)，只需将其中的"设计"变通为"执行"和"批准"。公众在这里也负有责任，如他们对科技的可能结果是否关注、对危险的科技活动是否形成了足够的压力，以及以消费者及用户的身份对科技产品形成什么消费指向。工程活动中的各类工程共同体都应该对工程活动(包括过程、影响与后果)负有责任，而且这些责任也交织在一起(Intertwined responsibilities)，使得责任承担更加复杂。

关注工程风险，维护工程安全，作为工程活动主体的工程师，在工程设计、工程建造和生产、工程维护和保养阶段都扮演着重要角色。同样，其他工程共同体也都扮演着不可替代的角色，承担着无可推卸的责任，他们与工程师一起共同维护并促进工程安全，这是他们责任相一致的一面。然而，工程师与其他工程共同体在对风险的关注上，也存在着不一致或相互冲突的一面。

在工程设计阶段，工程师作为工程设计的主要承担者和执行者，设计符合工程规范、建设指标和法律规定的图纸或样图，既是其职业规范的要求也是雇主利益的要求。然而，工程师与雇主(包括管理者)在关于设计的许多问题上存在着冲突。

首先，在设计标准的选择上，可能存在多种设计方案。工程师可能偏好于选择风险较小、安全系数更高的设计方案;而雇主则偏向于安全系数稍低,但能够降低成本,带来更多经济效益的设计方案,而在许多情况下,这两种甚至多种方案是矛盾的。

其次,在设计后果的关注上。由于许多设计产品的影响是潜在的、未定的,而且可能是长期的。工程师可能更关注产生安全问题的可能性,在态度上更为保守,在技术设计时更强调遵从设计标准和工程规范要求;而雇主则更关注获得更多经济效益,在态度上更为开放,在技术设计的选择上可能要求工程师采取违反或者间接违反工程规范或标准的设计方案。这就造成工程师在工程设计活动中存在风险关注时,面临的是遵守职业伦理规范和工程标准,还是服从于、忠诚于雇主的冲突。

再次,在工程建造和生产阶段,工程师着眼于工程材料的选取、技术方案的选择、对施工的进展进行监督以保证工程的安全质量。然而,在此活动中,工程师一方面需要对雇主负责并履行职业义务,监督工程实施过程,检查工程是否按照工程标准施行,保证工程施工的质量;另一方面,雇主或管理者可能要求工程师漠视或忽视工程标准的执行,可能降低工程施工标准或者偷工减料。同时,为了赶工程进度,雇主可能要求工程师修改工程施工标准和进度计划,以保证工程按期完成。这时,工程师面临着是服从雇主的命令和要求,还是忠诚于职业规范和工程标准的冲突。服从前者,可能得到晋升或加薪,而同时却可能违反了职业准则;服从后者,当然会得到职业认可或认同,但却可能有被解雇或失业的危险。

最后,在工程维护和保养阶段,工程师的任务包括继续关注工程产品对社会或环境造成的影响,发现报告可能的风险,包括可能带来的公共安全、健康和环境等问题。在这一阶段,工程师有义务和责任对于工程产品的缺陷和问题加以改进,并向管理者汇报可能的风险,要求管理者召回或回收产品。但是管理者(或者雇主)可能由于资金、收益等方面的考虑,忽视或压制工程师的想法和建议,甚至要求工程师保守秘密。这时,工程师就面临着最为尖锐的冲突,一方面,认识到工程产品造成的可能危害,需要通过一定的渠道和手段汇报或报告风险给管理者,从而降低风险,减小危害,同时尽可能回收产品;另一方面,也认识到这种举措极可能遭到雇主或管理者的反对和质疑,违背了雇主的利益。因此,工程师需要在遵守职业规范、保护公众安全与遵从雇主要求之间再一次做出选择。

### 发现故事    "先驱者"号沉船事件

1987年3月5日,"先驱者"号游船离开港口的时候,由于船员疏忽未关上舱门导致游船在 Zeebugge 港口发生倾斜,水涌进船舱致船沉没,150 名乘客和 38 名船员遇难。此次事件表面看来是疏忽所致,但实际上,如果决策者在决策时能够坚持生命至上的理念,他就能防止这一切的发生。因为在事故后有专家发现,"先驱者"号上没有安装警报灯,甲板上没有建造防御装置——防水壁(防水壁会占据甲板空间且会使靠岸时间延长,花费较多成本)。正因为没有安装警报灯和建造防御设备,造成不能及时逃离灾难,导致 188 人丧生。

### 3.3.2　伦理困境之因：主观客观

　　工程师在工程风险关注上遭遇到伦理困境既有客观方面的原因，如工程安全方面(工程风险的潜在性、不确定性、长远性)的固有特性以及工程活动本身的复杂性、长期性和变化性等特征；也有主观方面的原因，如工程师与管理者角色和身份的差异，造成他们对工程风险认识存在差异(甚至与普通公众对于风险的认识存在差异)，而由于工程师自身知识的有限性，也造成在评估和降低风险方面困难重重。这些因素一方面可能造成工程安全问题，另一方面也使工程师在风险关注上遭遇伦理困境。

　　正如贝克在《风险社会》中指出的，我们已经进入了风险社会，这样一个社会无时、无地不充满着风险。在现代社会中，工程的实施范围广、单项规模大、涉及领域多，造成的工程风险也更为复杂、长期。例如，一项工程项目的实施从"内部构成"来看，它包括了立项、设计、实施和运行等多个阶段，每个阶段都涉及许多科学原理的运用和众多技术的集成。从"外部关联"看，工程不仅与科学、技术密切相关，而且与社会、经济、环境、生态和伦理的关系也很紧密。所以无论从"内部构成"还是"外部关联"来看，涉及的工程风险因素都很多。与此同时，工程风险的产生，包括从隐患的出现到安全事故的爆发可能有一个过程，而消除工程安全事故的影响更需要一个较长的时间。例如"切尔贝利核灾难"，对于承受风险的人和地区所产生的危害难以计算，而且这种影响不仅包括受害者本人，还可能遗传给下一代或几代人。所以，工程风险的这种长期性、潜在性特征，不仅使得工程风险难以评估，而且也促使工程师与管理者对于风险的认识产生重大的差异，造成在风险责任的承担上责任模糊。

> **发现故事**　　挑战者号航天飞船的悲剧
>
> 　　1986 年 1 月 28 日清晨，在美国佛罗里达州的肯尼迪航天中心，矗立在发射架上的美国"挑战者"号航天飞机即将起飞。当地时间中午 11 时 38 分，"挑战者"号点火，以每小时约 3300 公里的速度逐渐上升，沿着预定方向冲入云霄。就在大家为此欢呼雀跃时，一声闷雷似的爆炸声从高空传来，只见"挑战者"号瞬间被一团橘红色的火焰包围，顷刻之间支离破碎，落入大海。而此时，距离发射升空才 1 分 12 秒。成千上万的观众被眼前这一幕惊呆了……这就是震惊世界的航天工程史上最大悲剧——挑战者号飞机失事事故。在这场事故中，耗资 12 亿元的"挑战者"毁于一旦，七名宇航员全部遇难。

　　工程师与管理者对于风险认识的差异，在工程项目中是非常明显和深刻的。例如，在挑战者号灾难发生之后，科学家 R. 费曼(Richard Feynman)会见了一些 NASA 的官员、工程师和管理者，调查他们对于失事原因 O 型环风险的认识。在调查过程中，费曼受罗杰斯审查委员会(Rogers Commissions Heanings)的委托做了一个试验，他把 O 型环放到冰水瓶中，发现调压器失败的概率预测是从十分之一到十万分之一。根据费曼的解释，在亨茨维尔(Huntsville：美国得克萨斯州中部偏东的城市，位于休斯顿市以北)的 NASA 工程师主张火箭发射失败的概率是三百分之一，而火箭设计者和建造者认为是万分之一，一个独立的顾问公司认为是百分之一或百分之二，而肯尼迪发射中心 NASA 的安装人员认为失败的概率是十万分之一。所以，最终在 NASA 中，众多管理者预测了一个非常小的失败概率——十万分之一。每次成功的发射就说明下次发射的风险降低并且在 24 次发射成功后，对于失败的预测概率会变得更小。我们发现，如同对于发射失败的这些冲突性的统计，每种职业者处理同一或相似数据的方法是不同的。这些冲突性分析或认识，部分是由于对如何解释统计的可预言性的理解不同，同时也是由于角色责任不同或者最起码管理者和工程师对角色责任的不同认识造成的。

一般认为工程师是从微观的观点(microscopicvision)，即从技术观点来认识风险的，考虑不同风险之间取得平衡；而管理者则常被描述为从"宏观"(big picture)的观点，考察总体上的条件、事实和利益，考虑收益与风险、成本与风险的平衡。所以对于风险认识的这种差异，造成了工程师与管理者在风险态度上的冲突，直接促使了伦理困境的产生，即是服从和忠诚于管理者的规定和命令，还是遵从职业操守，谨慎行事。同时，由于自身知识的有限性，工程师对于工程风险认识的狭隘性和偏好性，都有可能加大工程风险和伦理困境。知识的有限性一方面是工程师自身的专业背景所决定的，另一方面也是由整个社会的科学进展和认识水平决定的。同时，工程还涉及许多项目和环节，更涉及许多技术的集成和创新，这些都可能产生不可预测的影响和关联，从而产生多种风险，使风险系数加大。工程师仅作为某个专业甚至是专业方向上的研究专家，对于这些风险的认识无疑也是有限的。此外，由于工程师的生活习惯、个体秉性和家庭背景的不同以及研究爱好的影响，对于风险也会产生认识上的偏向，这种偏向在许多情况下是不可避免的。这种偏向有时会有助于降低风险，有时候则可能加大风险。这种对于风险认识的缺陷与偏向对于直接受到风险影响的公众来说是不公平的，因为公众对于工程风险也有知情同意的权利。所以，工程师需要了解和明确公众对于风险的认识以及他们对于风险的可接受程度(工程师有义务保护公众的安全和健康)，同时工程师也需要了解管理者对于风险的认识(工程师有义务服从管理者的规定，忠诚于雇主)；但是工程师对于风险认识的这种偏好与狭隘，极有可能加大协调公众风险与管理者风险之间冲突关系的难度，从而使他们面临着更大的认识困境和伦理困境。

无论工程师与管理者对风险的认识存在何种差异，他们都在一定条件上受到组织文化的影响。而这种组织或者制度文化在伦理问题的争论中扮演着非常重要、有时甚至是决定性的角色。在一定程度上，工程师伦理困境产生的根源来自于组织文化。一个明显的事例是在讨论航天飞机"挑战者"号的 O 型环问题时，莫顿聚硫橡胶(Morton Thiokol)公司的J. 莫森(Jeny Mason)对于寒冷天气作出的回应，由于害怕他的工程副主席 R. 兰德(RobertLund)的"摘掉你工程师的帽子，戴上你管理者的帽子"这简单的一句话，莫森按照其组织的基本文化标准，履行了公司规范，忽视了天气条件，同时也就造成了这场灾难。所以，这种组织文化会造成管理者或者雇主对于工程安全或风险关注的漠视或忽视，也在一定程度上使工程师在关注安全问题上受到压制；同时也可能造成工程师与管理者对风险问题的认识产生冲突和分歧，使工程师处于一种艰难的地位。过于关注安全问题，有可能遭到管理者的反对，还可能受到组织文化的抵制和不认同，甚至会因此而被解雇；而不关注安全问题，则违反职业规范，可能使自己的良心不安，更可能承担安全责任。

### 3.3.3　摆脱困境之策：协商参与

工程师在关注风险上伦理困境的消除，不仅需要提高工程师自身处理风险的能力，还需要提高其道德敏感性和处理伦理问题的技巧；同时，也需要加强管理者对于风险问题的认识，重视工程安全的制度和组织文化，促进工程安全文化的发展，更需要尊重公众对风险的知情同意的权利，促使公众参与到对工程安全的关注中来。

> **发现故事**　　九江大堤工程事故

九江大堤(见图 3.3)是 1998 年新建完工的防洪工程，本应是固若金汤、造福一方的工程，没想到却在建成后几天内发生坍塌。九江大堤的坍塌给当地的人们带来了巨大的灾难，被斥为"豆腐渣"工程。事故发生后，承包方、设计方和监察方各执一词。项目承包方本应对工程质量负全责，因为整个项目从设计到监察再到实施都是由他们负责，但是他们却说："我们在承包项目之前，水利厅就已经把设计和监察单位找好了，我们不过是按章执行。"施工单位和监察单位江西建光土木工程监理公司则说："我们是完全按设计图纸施工，但我们也注意到了一点，就是在设计阶段没有考虑对基础进行处理。"设计单位江西省水利规划设计院叫屈："我们面对的是一把双刃剑：主要地质勘探数据有差，其次我们一般完成设计方案需要三年时间，而这个项目却只给了我们半年时间。所以我们只能尽量从最重要的地方着手处理，否则进度就跟不上。现在质量出了问题又岂能全归于我们。"多方各执一词，那么究竟谁应该对这起事故负责呢？事故发生后，有相关专家指出："在这样的基础上建堤，简直是天方夜谭。"

图 3.3　九江大堤图

　　总结九江大堤参与各方的说法，事故之所以发生，全在于一点：没有经过多方参与的风险评估及精诚合作。九江大堤坍塌事故，使得投入的数百万的工程款付诸东流，数百人员受到伤害。在决策之初决策主体没有明确，在立项时没有经过科学的论证和分析，在立项后才请专家来分析，亡羊补牢，但为时已晚。此外，设计者明知数据有误，仍然在错误信息的基础上设计。本需三年完成的工程方案，在速度的要求下，被缩至半年，怎能不出问题？而监察方监督乏力，明知道存在问题，但也视而不见、置之不理。待到出了事故，对大众造成伤害后才一个个争相推脱责任。总之，各方主体在决策的过程中，都没有关注生命风险，没有团结、统一地处理问题，忽视工程决策内在的科学规律，导致工程质量事故的发生。这种因为决策主体缺乏合作导致工程失败的案例众多，九江大堤坍塌只是其中一例。其他如三边工程、献礼工程和许多烂尾工程等都可以说是在决策团队中缺乏风险责任的结果，或是忽视科学的调研，或是无视科学的规律，结果或造成无法预估的经济损失，或对人们的生命安全造成伤害。因此，为了避免这些问题，保障人们基本权利不受侵害，在决策过程中应始终明确责任主体。

　　首先，加强风险管理，促使管理者和工程师对风险认识趋于协调一致。在风险管理上，不仅要完善风险管理的制度化建设，而且需要加强风险管理的法治化建设。前者使管理者重视风险问题，增强安全意识，并且制定规范化、可操作化的管理程序；后者则需要加强安全法规的制定和实施。例如我国已经制定的《中华人民共和国安全生产法》《中华人民共和国建筑法》《建设工程安全生产管理条例》《安全生产许可证条例》等法律法规以及2007年底出台的《安全生产领域违纪行为适用〈中国共产党纪律处分条例〉若干问题的解释》都能够促使风险管理更加具有权威性和可操作性。因此，工程师在处理风险问题时不仅能够依据职业规范，更能够依据相关的安全法律法规。在风险管理方法上，需要管理者不仅能够从成本、收益和风险方法进行分析，不仅依据工程进度、工程成本进行考虑，而且更需要考虑到可能造成的技术风险以及安全隐患、工程危害等；与此同时也需要工程师提高工程技术水平，不仅关注可能造成的风险，也需要关注和衡量所需的成本与收益，努力使这种风险规避与收益达到一种相对平衡的状态。更为关键的问题是，工程师与管理者需要经常地协调对于风险问题的认识和安全关注上的差异，争取能够达成共识，减小工程师在工程安全问题上的压力和阻力，尽可能地消除因与管理者冲突而造成的伦理困境。

　　其次，提高工程师的工程设计能力，降低并消除工程风险。工程师在设计产品时必须考虑到安全出口(safety exit)，也就是：① 产品可以安全地失效；② 产品能够被安全地终止；③ 最起码使用者可以安全地脱离产品。而这样一种安全出口的设计，在一般的工程设计中，必须符合四个方面的设计原则：

　　(1) 固有的安全设计(Inherently safe design)。即在设计过程中尽可能地降低内在的危险。例如，高风险的物品要被较低风险的物品所取代；或者使用危险的物品时，需要有防护性的措施；用防火材料来取代易燃物品；或者在使用易燃物品时要保持低温。

　　(2) 安全系数(Safety factors)。结构应该坚硬到足够抵抗住超出预想的一定负载量和干扰量。例如，在修建一座桥时，如果安全系数是 2，那么桥就要被设计成可以承受住它实际最大承载量的2倍。

（3）负反馈(Negative feedback)。引入负反馈系统的作用是在设置失败或当操作者操作失控的情况下，系统会自动关闭。例如，在蒸汽锅炉中，当压力过高时，安全阀就放出蒸气；当火车司机打盹时，自动抱死把手(the dead man's handle)就会停火刹车。

（4）多重独立安全屏障(Multiple independent safety barriers)。安装一系列的安全屏障，并且使每个屏障独立发生效用，当第一个屏障失效时，第二个屏障依然不受影响等。例如第一个屏障是用来预防事故，下一个屏障就是限制事故的结果并且把最终挽救设置作为最后的求助手段。

工程安全设计是多方面的，以上四个原则只是核心原则，同时还需要加强操作者的培训、保养设备和装置，及时报告事故也是安全实践中重要的手段。这些降低工程风险的安全设计，在一定程度上会自动地消除工程师与管理者在风险问题上的冲突。

再次，促进公众参与，保护公众对于风险的知情权。由于工程风险的潜在性、长远性，以及工程师对于风险的认识和把握的有限性，必须保证承受风险的普通公众有知情同意的权利。正如马丁所指出，工程师的一个基本义务是保护人类主体的安全和尊重他们同意的权利。这就要求工程师在工程活动中，一方面必须告知受到风险影响的公众所需要的信息，让他们获得能够作出合理决定所需要的所有信息；另一方面，承受工程风险的公众应当是自愿的，而不是服从于外力、欺诈或欺骗。例如，北州电力公司(隶属明尼苏达州 Minnesota)计划建立一个新的电厂，在它把大量的资金投入到预制设计研究之前，首先与当地居民和环境组织联系，提供充分的证据来表明需要建立一个新的电厂，并建议了几个可选择的地点，由当地居民群体对他们建议的地点作出回应，最后公司再协调并选择多方都可接受的计划。这种建立在受项目影响的群体的知情同意的基础上的方案避免了众多的潜在冲突。通过促使公众参与，不仅是尊重公众的知情同意权利的体现，也能弥补工程师在风险认识上的不足和知识有限的缺陷。同时，工程师能够把关注风险的信息和要求通过公众传递给管理者或公司，工程师的安全关注通过公众来表达，减小了工程师与管理者在风险关注上的直接冲突。

最后，塑造工程安全文化，促使管理者更加关注和重视工程安全。"安全文化"(safety culture)作为提高安全性的关键要素，一方面为职业资格和现有的标准提供了支持，另一方面也促使工程师能够关注风险，承担道德责任。同时，"安全文化"作为公司文化中的一种，与其他文化一起共同形成了公司的文化传统。然而，就组织文化的复杂本质而言，必须关注组织文化是如何建立并且运行的。其实，对于公司文化最强有力的影响，通常都来自于执行者、领导者和管理者的愿景，而在小公司里则往往都是所有者的愿景。

因此，一般来说，公司文化主要受到管理者、领导者和执行者的强大制约和影响。而这种管理者主导文化的特征(或者说是一种独裁文化)，在一定程度上可能压制和限制工程师对于风险的关注，促使工程师或其他雇员完全服从于公司的利益和效益需要，而忽视对工程风险的降低和消除。所以，一方面需要促使管理者认识工程风险的危害性和郑重性，重视并强调评估和降低工程风险；另一方面更需要建立一种开放和善于沟通的公司文化，形成一种有效且及时的沟通和交流系统，使工程师关于风险认识的意见和观点，能够通过组织程序汇报给管理者，促使两者对彼此的分歧和差异进行有效的交流。

# 3.4  工程风险中的伦理责任

面对生产安全事故，究其直接原因和间接原因不难发现，事故发生企业和安全工程师的伦理责任问题尤其突出，藏匿在事故后的这一现象引发了人们的密切关注和深入思考。众所周知，当代安全工程师具备专业的能力，他们负责监管项目、风险识别、安全评价以及为业主提供相关决策所需的信息等。这些特殊的工作要求决定了安全工程师这一群体肩负着重大的伦理责任。

## 3.4.1  工程伦理责任的含义

"伦理"是处理人与人之间关系的准则，而用来指导工程技术与社会之间关系的准则是工程伦理准则。工程伦理准则是工程建设领域必须遵守的职业规范，是对工程活动及工程师行为的一个指导与要求，包括工程师具有正确的目标价值追求以及各类规范准则。工程伦理学的基础是工程以及工程师对于人类进步的追求，对于提高人类福祉的保障，规范和规则用以约束工程从业者的处事及决策方式。工程伦理的主要责任体就是工程建设单位及从业者。在工程伦理的相关研究中，工程师作为工程从业领域的主体人员，拥有着专业的技术能力并且直接管理着工程一线的建设，他们的伦理问题一直受到社会的广泛关注。

工程师在工程实践中涉及许多的伦理责任问题。比如，在工程产品设计时，考虑产品的有用性了吗？从事工程技术研究时，是否侵犯了他人的知识产权仿造产品？在对实验的数据处理过程中是否修改、篡改真实的实验数据？在论文的撰写过程中是否抄袭他人的科研成果？在对科研成果进行验收时，是否对研究成果的缺陷以及对后期的用户可能产生的不利影响进行隐瞒？为了自身的利益，是否夸大样品的使用性能？产品的规格符合已经颁布的标准和准则吗？有回收产品的承诺吗？美国学者马丁等人通过研究发现，在一个产品的生命周期循环中，从产品设计、生产、制造、成品、使用，一直到产品报废，整个过程都蕴涵着道德问题和伦理问题，工程师的伦理责任贯穿于一个产品生命周期的各个环节。

工程伦理问题对于工程师来讲，是关于工程从业人员在工程建设领域内的道德层面的准则和行为规范模式的规范。工程师在工程建设中的作用越来越重要，经常需要与业主、监理、建设方及各种分包单位进行工作联络。各个单位为了自身利益，必然会对工程师提出各种各样的要求。同时，工程师受雇于企业建设工程项目，必然会受到企业、监理、甲方的限制，甚至可以说在这种情况下，工程师是处于整个管理链的最底端，这就使得工程师的地位变得十分尴尬。从工程师的角度来看，本身职业道德问题基础的内容便是对公司的忠诚以及其对自身职业的忠诚，然而通常由于企业利益及其他问题的存在，这两者往往会出现一些矛盾，由此就会陷入个人角色精神选择的困难中。对于工程师来讲，若不具有工程伦理以及职业道德精神，通常会导致不同程度的后果。

工程师作为工程建设项目的直接的技术控制人员，项目的质量、成本以及工期等各个要素工程师都要参与，技术方面更是由工程师负责。在这种形势下，各分包方有关人员可能通过各种手段贿赂、拉拢工程师以图降低工程质量、谋取利益。甲方、监理也可能通过各种手段逼迫工程师选用指定的材料厂家、施工队伍等。在这种情况下，工程师能否在工作中始终坚守自己的社会伦理责任感就成为关键点。工程师既是工程决策工作中的主要人员，同时又是工程建设实践中的灵魂人物，所以工程项目建设后对社会带来的影响是好是坏，直接由工程师本身的职业道德素养和社会责任感的高低所决定。

## 3.4.2　工程伦理责任的主体

伦理责任是工程伦理学中的一个重要的话题，它涉及一系列复杂的伦理问题。我们主要关注工程主体的伦理责任问题。关于此话题，业界一直争论不断。有人认为，工程的伦理责任问题是指工程师的问题，把工程师等同于工程主体；也有人认为工程共同体就是工程主体。对于这两种观点，该如何来评判？要对此作出回答，必须要弄清楚这几个问题：工程主体是如何界定的？工程主体的伦理责任是如何产生的？在履行责任时会遇到哪些伦理困境？通过对工程主体进行词源学的考察，可知工程主体属于工程社会学的一个子群体，它的主要功能是将天然存在物变为人工物，它的特点是具有集体性和社会性。同时该主体是由有结构的、多角色的人组成，主要包括工程投资主体、工程决策主体、工程共同体(包括工程师、管理者、技术师、工人等)等利益相关者，这在某种程度上说明了工程中存在广泛的社会维度。那么，伦理责任为什么会发生呢？通过考察，我们发现这与工程主体具体的工程实践操作活动有关。

工程实践活动具体包括决策行动、设计行动、实施操作行动和评价行动等几个阶段。在每一个阶段中，相关的工程主体除了考虑自身的利益还要考虑到人类的整体利益。但有时这两者之间是相互冲突的，例如工程决策主体在进行决策时，不仅要考虑到经济效益，还要考虑到对人类社会、自然环境产生的影响，甚至有时为了公众利益和减少对自然环境的危害，要求决策主体要让渡自身的利益，还可能要牺牲自身的利益。这时伦理责任就产生了，相应的困境也会随之产生。不仅是在决策行为上会遇到伦理责任，在其他阶段也会遇到同样的情况，最明显的就是在实施操作阶段，工程师身负的双重使命，一方面要求他们对雇主负责，另一方面要求他们把公众的健康和福祉放在首位，这就造成了工程师的两难。对于此，我们必须了解各个主体的伦理责任内容以及履行伦理责任时遇到的困境，通过对伦理困境的考察，提出走出困境的出路。为此，我们提出了这样几点建议：健全现有的经济机制、法律机制和管理机制；建立完善的工程决策伦理机制；建立专业伦理咨询委员会；建立健全的舆论监督机制；切实加强工程伦理教育。

### 1. 当代工程主体的鉴定

在现代社会中，工程活动与人类的关系越来越密切。工程不仅推动了社会的发展，改变了现代社会的面貌，而且深刻地影响到人类生活的各个方面，它们已经被人们赋予了独特的内容和形式。从传统意义上看，"工程主体"的问题是不存在的，长期以来，人们一向都把"木匠、工程师"看作工程活动的主体。然而随着工程活动的复杂化，在研究工程主体的伦理责任时，人们发现有必要重新考虑这个似乎是不言而喻的观点。随着社会的分工和角色分化，工程活动表现出需要不同的社会角色共同参与的特点，人们发现工程主体不再是"个人主体"，而是"群体主体"，甚至是组织机构。因此，在研究工程伦理责任时，我们就必须承认人们在进行伦理分析和伦理评价时所面对的主体不再是"个人主体"，而是"群体主体及相应的组织机构"。责任伦理大师尤纳斯认为："我们每个人所做的，与整个社会的行为整体相比，可以说是零，谁也无法对事物的变化发展起本质性的作用。事实上，当代世界出现的问题，是个体伦理无法把握的，'我'将被'我们整体以及作为整体的高级行为主体'所取代，决策与行为将成为集体政治的事情。"由此，对工程主体的界定必须有更深一步的认识，不能简单地把工程师等同于工程主体。

工程主体隶属于工程社会学的一个子群体，它的主要功能是将天然存在物变为人工物，它的特点是具有集体性和社会性。此外，该主体不仅是有结构的，而且是由多角色的人组成的，主要包括投资者、决策者、工程师、工人等利益相关者，这表明了工程主体在工程活动中存在着广泛的社会维度。正如工程师路易斯·布恰雷利所说，工程设计由不同领域的人参与，不同的人又会以不同的方式看待设计目标。他指出：在同一个设计方案中会有众多的参与者，其中包括投资者、决策者、工程师、工人等利益相关者。尽管他们的目的一致，但他们眼中的设计却不尽相同，甚至可以说，他们处于不同的"世界"中，这就犹如"藻类的世界不同于菌类的世界，昆虫的世界又是全然不同的"。所有这些生物生活在同一个世界中，也必须允许他们看和经历这个世界，这个普遍大世界是不相同的，甚至可以认为他们生活在不可通约的世界中。如前述，工程主体作为造物行为的实施者、行动者，并不仅仅只是工程师，它有着复杂的社会结构。目前工程哲学界关于工程主体的界定主要有两种看法。其一，把工程主体等同于工程共同体。不少学者认为工程共同体包括：决策者、投资人、企业家、管理者、设计师、工程师、经济师、会计师、工人等。由此可以看出，他们把工程主体的概念等同于工程共同体的概念。其二，有学者认为工程主体是有别于工程共同体的。如邓波教授等人认为：从社会组织的层面看，它包括企业、社会团体、军事团体、政府等；从个体人员的层面看，它包括决策者、投资人、企业家、管理者、设计师、工程师、经济师、会计师、工人等。其中直接参与到某项工程行动结构中来的人员总体，我们称之为工程共同体，许多工程投资者(如股东、风险投资人、银行家等)、决策者(如公司高层决策人，特别重大工程决策者往往是政府人员、机构人员或领导人，甚至是国家领导人等)并不直接参与具体的工程活动，不能把他们当作工程共同体成员，工程主体不能简单地等同于工程共同体。对于上述两种看法，笔者的观点更倾向于后者，故此我们可以把工程主体简化为工程投资者、工程决策者和工程共同体。

## 2. 工程投资主体

在经济活动及经济学中，"投资"是一个经济术语，它的目的是满足人们日益增长的物质文化需要。投资是把固定资产或无形的资产投入到相关的工程活动中，用以换取经济、社会收益的活动。特别是在现代社会，无论是一个国家还是一个地区，又或是全球的经济发展，都要通过投资这一途径来实现。由于投资直接影响经济的发展，而经济的发展与人民的物质文化生活水平又是直接联系在一起的，因此，可以说人类的物质文化生活水平和投资息息相关。项目是工程活动的细胞，工程项目的启动和施行需要一定数量的资金作为支持，再完美的工程如果缺乏资金的投入，都只能是纸上谈兵，停留在空想的阶段。因此，投资主体在工程活动中是不可或缺的基本组成部分。工程投资活动与一般的投资活动不同，它有特殊性。首先，工程投资活动必须要在较短的时间内，聚集到大量的资金作为工程项目启动的前提和保障；其次，工程投资活动需要投资主体明确自己的投资目标，这样才能保证工程项目不是盲目地进行；第三，工程投资活动需要投资主体明确投资计划执行的具体步骤，这样才能做到有条不紊。故此，我们可以认为工程投资主体隶属于投资主体的范畴。一般而言，工程投资主体可以在一定的时间里，根据现行的投资方式，参与到特定的工程项目投资中。在一定程度上，该项目在时空上、目标上是唯一的，因此，一旦项目结束(无论工程的原有计划是否如期完成)，工程投资主体原有的投资行为不论是获得回报还是遭受损失，都会随其结束。此外，工程项目由于其本身的特殊性，会直接或间接地受到科学文化、经济政治和生态环境等因素的影响。故此，相对于一般的投资者而言，工程投资主体会更关注技术的更新或改革、社会经济发展的现状、当前政治局势的稳定状况及工程对自然环境造成的影响等因素。毕竟，上述因素在某种意义上会对投资的期望值造成极大的正负效应。

目前，根据人们对投资者的认识，工程投资主体的社会功能主要包括两个方面：一方面，提升人们的物质生活水平，满足人们精神文化的需要，在实现巨大的经济效益的同时，繁荣社会，促使人们的生活水平向更高的层次发展；另一方面，工程投资者扮演着双重的角色。他们在企业中担任"所有者"的角色，而作为社会中的一分子，他们又担任着"社会人"这一角色。因此，他们有责任并且有义务承担工程项目带来的不良后果。

### 3. 工程决策主体

"决策"一词的意思就是为了达到一定目标，采用一定的科学方法和手段，从两个以上的方案中选择一个满意方案的分析判断过程；而"决策主体"则是指在决策中具有决策权力和决策能力的个人和群体。通常人们都认为工程项目是由作为工程技术专家的工程师决定，但现实的情况要比想象的复杂得多。工程师出身的法国社会学家和哲学家莫莱斯在论及《今天的工程师和发明家》时深有体会地指出：工程师是依据那些不是由他本人制定的规则进行制造的。在他看来，工程师事实上是根据"招标细则"的规定，接受和完成别人给他布置的任务的人。例如，他们不能决定是否建造这样一座大坝或那样一座核电站，而只能根据自己是否有能力完成这个方面的任务接受或拒绝别人的建议；从"招标细则"到最后工程的完成，无一不是由多个相关利益群体进行磋商和协作的结果，充满了要挟和博弈。同时，长期以来我们进行制度设计的思路是想找出一个代理人，由他集中来进行全部的衡量并做出最终决策。中华人民共和国成立以来，我们主要采取官员进行决策的机制。改革开放以来，出于对过去失败工程的反思，在工程决策中开始逐步实行官员和专家协商制。随着市场经济的推行，一个新的角色进入到工程决策中，那就是企业的高层领导人。

目前，在许多地方的工程决策中，事实上是政府官员、专家和企业高层领导人集体决策制。有关工程的立项、评估、决策、监督的政策法规，都是围绕着这个机制而出台的。例如，将三门峡工程决策的失误仅仅归结到工程技术人员的头上，这种认识显然是片面和不合理的，也是有失公允的。因为"工程之罪并非工程师之罪，毕竟政治家、企业家而非工程师才是重大工程的决策主体"。因此，在工程活动中，决策主体经常是指公司高层领导人，特别重大工程的决策者往往是政府人员、机构人员、领导人，甚至是国家领导人等。他们的功能在于工程目标的确定。在决策伦理学中，决策主体所要求的人格要素主要包括如下三点：一是富有理智；二是情感高尚；三是远见卓识。

决策主体因其担当职能的特殊性故而要承担相应责任：首先，对党和国家负责。正确理解、深刻领悟党和国家的路线、方针和政策，使决策的内容符合党和国家的根本利益要求。其次，对组织和人民群众负责。充分考虑组织和人民群众的根本利益，充分尊重人民群众的民主权利。再次，对决策行为负责。决策行为包括一级工程目标确定、方案择优和决策实施等。最后，对决策后果负责。针对决策的后果，在进行决策时具有三大伦理倾向：第一，决策行为首先是一种自觉意识的行为；第二，决策行为是一种选择行为；第三，决策行为是一种价值行为。决策行为所涉及的道德包括自由与责任、目的与手段、动机与效果等。

### 4. 工程共同体

"共同体"一词从词源上看，它具有三层意思：一是公社、村社，社会、集体、乡镇、村落以及生物学的群落、群社；二是共有、共用，共同体、共同组织联营(机构)；三是共通性、一致性、类似性。这里主要说明人类共同体作为一个团体所表现出来的形式，而且他们具有固定的特质，也就是类似性。这些特质可能是由人类的远祖遗留下来的共同特性，并且保留到现在。在社会学家那里，共同体一般被理解为"社群"和"社区"。

英国社会学家齐格蒙特·鲍曼认为，共同体是指社会中存在的、基于主观上的理想的共同体或客观上的现实共同体以及拥有种族、观念、地位、遭遇、任务、身份等共同特征或相似性而组成的各种层次的团体、组织，既包括小规模的社区自发组织，也包括较高层次上的政治组织，而且还可以指民族国家共同体。本书倾向于齐格蒙特·鲍曼对共同体所做出的"社群""社区"之上的广义的解读，主要考察共同创造新的存在物的活动共同体，即是工程共同体。工程共同体，是指直接参与到某项工程行动结构中来的人员总体。工程共同体的功能是采取具体的实际行动来完成工程目标，同时工程共同体内部的分工与合作除了结构分层的同质特征之外，也具有大量角色分化的异质特征。工程实践的功能或任务包括从一般的研究开发、设计和建设发展到包括实施、操作、监管和完成等各个方面，这种多重工程任务意味着工程共同体的多样职业角色。由此可知，工程共同体一般包括工程师、技术师、工人等利益相关者。

张秀华在《工程共同体的本性》中谈到工程共同体的特征，主要包括如下几个方面：
(1) 在组织性质上，工程共同体隶属于社会的亚文化群。

(2) 在动力机制上，工程共同体从事活动的动力主要来源于人们的生存和社会生活的需要，即不断满足人们日益增长的物质文化需要。此外，工程共同体行动的动力来自于工程共同体内部的认同、奖励和共同体外部的认同(即社会的奖励)，主要表现为工程共同体的工程活动成果获得较好的社会实现。

(3) 在结构分层上，工程共同体的结构分层纷繁复杂。例如在一个企业或公司中，不仅有纵向的职位等级分层还有横向的职能分层。

(4) 在主体构成上，工程共同体在主体构成上是多元的，属于"异质结构"共同体，主要包括工程师、管理者、工人及其他相关利益群体。

(5) 在承认路径上，工程共同体获得承认的路径有多条，一方面在工程共同体内部，不管是工程活动共同体，还是工程职业共同体，都需通过相应的制度规范和评价体系或奖励的形式，使其成员的工作获得承认，进而获得工程共同体内部的认同感；另一方面在工程共同体外部，工程共同体成员还需要通过相应的工程活动成果来获得社会的肯定，主要表现为工程建设者的集体荣誉感及自我价值实现的满足感。

(6) 在制度性目标上，工程共同体的制度性目标在于赢得市场，寻求社会实现，即应用科学与技术创造满足人类日益增长的物质文化需要和精神需要，并将"自我之物"变为"为我之物"。主要表现在两个方面：其一，构建人工世界，拓展人类的生存空间，提升人类的生活质量，增进人类的幸福；其二，丰富人们以自己的劳动调控自然并与自然发展物质能量变换的工程知识。

一般来说，工程活动包括决策行动、设计行动、实施操作行动、评价行动四个阶段。人们认为：工程设计行动是工程共同体为实现工程目标而搜索、研制、集成、创造可行的、可操作的工程知识与方案的活动过程。其关键问题是，在满足相应的场景与情境约束条件下，选择什么样的方式与方法、方案与手段能使目标优化？通过设计行动设计出来的方案，是否能够实现工程目标的要求？是否能够实现技术上、经济上、组织实施上以及工程日后运行上的优化？这些都必须通过评价行动来进行评判，若有问题，必须对设计方案进行修正，直至问题消除为止。否则，设计的错误可能给工程带来"灾害"性的种种后果。同时，工程共同体在实施工程项目时，要严格遵循工程实施方案的程序。首先，要具备充足的人力资源及相关的原材料。从人力资源的角度来看，各种专业人才都应该具备，如各类技术人员、咨询专员、工程师及专业的工人等。从原材料的供应上看，各类工艺设备、机械设备都不能缺少，正所谓"巧妇难为无米之炊"。故此，在工程项目具体操作时，无论是从人力资源上还是从原材料的供应上，都应该有周全的计划。其次，要合理安排工程师、工人及各类专业人员的具体工作，做到有条不紊。最后，在时间安排上，要有合理的工作周期，不能长时间作业，必须严格按照国家劳动法的时间长度来操作。

### 3.4.3　工程伦理责任的类型

工程伦理责任的类型分为利益相关方的伦理责任、工程技术研发的伦理责任、生态环境的伦理责任。作为工程技术研发和应用主体的工程师，在复杂的工程管理实践过程中，能否充分地履行相应的伦理责任，关乎到各种道德冲突、利益冲突、伦理悖论等问题的有效解决，进而对工程实践中各种资源的合理、有效配置，管理效益的提高，各部门之间的协调配合以及工程预定目标的实现产生深刻影响。有鉴于此，工程师将自身知识和经验应用于工程管理实践的同时，必须以道德上负责任的方式行动，对科学技术的社会后果承担相应的伦理责任。

### 1. 利益相关方的伦理责任

工程实践是多种要素的集成体，而工程师在这个集成体中起到了承上启下的桥梁作用。因此，工程师在复杂的工程管理实践中，一方面，始终要把公众的安全、健康、福祉放在第一位，不仅要对当前的行为负责，而且要对实践的后果负责。另一方面，只有具备识别各种伦理问题以及协调工程共同体利益关系的能力，才能在集体的智慧力量和其他工程共同体的配合协作下推进工程实践的顺利进行。

工程师的职业宗旨是为雇主、客户以及公众提供专业服务，合理地规避利益冲突。因此，工程师在协调各种利益冲突时，必须把工程活动的社会责任放在首位。由于工程师以及其他工程共同体在工程实践中都有自身的双重追求，一是履行自身的社会责任，二是获得利益回报，这两种"追求"本身是一种平衡体，如果工程师或者其他工程共同体成员在面对各种利益承诺时放弃自身所承担的责任，对工程实践中各种违背伦理的行为视而不见，很可能为了一己私利而损害社会利益，而这种平衡一旦被打破，必将对工程质量、公众安全、社会稳定、自然资源产生严重的损害。

### 2. 工程技术研发的伦理责任

工程师在整个技术活动中要严格遵守技术规范的科学性和适用性，防范技术风险的发生。技术产品的质量、安全与技术研发的整个过程密切相关，而技术研发的整个过程是由多要素构成的复杂试验活动，其中也必然隐含着不确定的风险因素。所以工程师在工程管理实践的全过程应严格地遵守各种技术规范和技术标准，并对其加以伦理规约，只有这样才能在一定程度上降低技术风险，促使技术风险最小化。工程行为事关人类的健康、安全、福祉以及自然的健康发展，挖掘其中的伦理问题，体现出工程师自身的诚实品质在技术实验中的重要作用。

近年来，先进科学技术在工程实践中的应用，一方面促进了重大工程的顺利开展，另一方面又对人、社会、自然环境产生了一些难以预见的负面影响，即不能合理地利用和分配自然资源、不利于后代人与自然的可持续发展；新技术在促进经济发展的同时，对自然环境产生了严重的污染，破坏了生态平衡。毋庸置疑，工程师在工程管理实践中对人与人、人与自然的可持续发展起到了重要的助推器作用。如果工程师在新技术开发、应用前就对技术可能产生的经济效益和社会作用做出预测和评估，将会在一定程度上减少新技术对社会和环境产生的负面影响。

### 3. 生态环境的伦理责任

生态伦理责任作为崭新的责任形式，工程师们要积极认识并自觉履行，发展出具有预防性和关怀性的责任意识。同时社会也为工程师增强环境伦理责任意识提供有利的条件。对于工程师的环境伦理责任，传统的工程师伦理认为，忠诚于雇主和权威机构是工程师首要的和基本的义务。

工程实践的开展离不开自然环境，工程师正确的伦理行为必然要顺应自然规律，维护自然的"权益"。在那些对环境产生正面或负面影响的活动中，工程师们是起决定性作用的。环境伦理的实现不仅需要工程师具备生态化素质，而且还需要工程师对自然规律的了解和遵守。因此，工程师在工程管理实践中必须遵循可持续发展的原则，实现人与自然关系中权利与义务的统一。

工程师正确履行其承担的生态责任在推进工程与环境的良性互动中能够起到"桥梁"作用。在一个稳定运行的人类社会中，工程师有义务维护环境不受到工程活动的破坏，保护濒危的物种，减少森林的砍伐。人类不能为了追求自己的发展而侵略动植物的生存空间，也不能为了实现利润最大化而不约束自己的行为，而是要为了提高动植物生存质量，优化动植物的生存环境，使工程活动美化人类社会，推动社会有序地前进。

综上，工程师在履行伦理责任方面确实受到诸多因素的制约。因此，不能因为工程师的工作导致了工程负效应的产生而一味地指责工程师。但是同样坚信，那些赞同工程蕴含风险的工程师们很难在心理上摆脱个人应该承担的伦理责任。而这样的态度将有助于工程师们时刻保持警醒，运用个人专业知识致力于工程目标的实现。

## 3.4.4　工程伦理责任的困境

问答逻辑是哲学的原初形态，而且随着历史的发展常用常新。问题是时代的声音，时代之间必然引发哲学之思。先哲们常常在一问一答之间，揭示事物的本质和世界本源。无论哪方面的研究，最基础及最重要的是怎么寻找问题，就是我们经常说的要有问题意识。具体问题具体分析，对工程活动的伦理研究，首先就是要去了解和分析其中存在的伦理问题。本小节从"长水机场"事件和"安居房"事件这两个案例出发，分析和探讨工程实践中的责任伦理问题。

> **发现故事**　　昆明长水飞机场事故频发

2010 年 1 月 3 日，昆明长水国际机场配套的引桥支架垮塌，造成死亡 7 人，重伤 8 人，轻伤 26 人。2011 年 6 月 28 日，昆明长水国际机场飞行区货运汽车通道东延长段顶板在混凝土浇筑过程中支撑失稳，发生坍塌，造成 11 人受伤。2012 年 9 月 12 日，昆明长水机场大厅内出现了漏水的现象。2013 年 1 月 3 日，一场大雾(见图 3.4)令昆明长水国际机场整个瘫痪，大量航班延误导致旅客大量滞留(见图 3.5)，旅客在机场中滞留了整整一天，没有人疏导也没有热水，旅客只能在冰冷的地面上休息。2013 年 12 月 27 日又忽然袭来大雾，让昆明长水国际机场再次遭遇大面积航班延误，甚至一度没有办法起降航班。受此影响，各航空公司飞机大部分不能返回机场，只能取消航班 131 架次，后续航班也受到了影响。

图 3.4　室外浓雾天气

图 3.5　滞留人员室内活动

**发现故事**　　村民"安居房"难安居

2013 年 4 月 8 日，云南省永善县黄华镇朝阳坝几户村民向记者反映，因为金沙江水电开发溪洛渡电站库区移民工程，他们被要求搬迁。但是政府为他们盖的"安居房"却被风吹倒了(见图 3.6)。他们找了项目负责人，但项目负责人推三阻四不予解决，竟然说是正常状况，并且还强制要求村民入住。这次的移民工程涉及 1171 户、4900 多人。2013 年 2 月 3 日，其中一户村民家的房子第一层修建完后第二天一阵大风就把其中的一面墙壁给吹倒了。而且，当初工人砌砖时就发现混凝土存在问题。于是工人们几次找项目负责人和政府相关人员反映，但都没有得到答复，并以各种理由推脱责任。政府相关工作人员一直坚称没有墙被风吹倒的事，直到村民提供了视频录像后又改口说这些村民不是干建筑这行的，他们根本不懂，喜欢闹事，都是刁民。

图 3.6　被"风"吹倒的房子

**1. 由案例引出的工程责任问题**

我们来分析一下昆明长水国际机场事件。这座投资约 380 亿元人民币，号称全国第四大的机场，自建设伊始，就工程事故不断。机场运行后，配套设施不完善、屋顶漏水、停车场多地塌陷等问题层出不穷。两次大面积航班延误事件更是暴露出机场管理的严重缺位以及机场选址是否科学等问题。从表面上来看是因为经常性的大雾造成航班滞留，但实际上所涉及的责任主体包括投资方(企业)、政府(气象局、航天部门)、技术专家等。昆明之所以要舍弃巫家坝机场另造长水机场，主要是因为巫家坝机场离城区太近，没有进一步拓展的空间。长水国际机场占地超过 20 平方公里，而且距主城区 24.5 公里，不仅拓展空间更大，而且噪声污染也得以减小。但是，长水国际机场海拔约 2100 米，高于昆明城区 200 多米，再加上多面环山，是个洼地，不利于空气的流动，冷空气过境时，更容易形成大雾。据当地居民反映，在距长水国际机场两三公里左右的大板桥镇，由于海拔比机场低 130 米左右，虽然在冬天 12 月份到 1 月份时，天气渐寒容易起雾，但大雾天气也只是偶尔出现，一般也就持续三四个小时，中午前能够散去。

　　长水国际机场的选址是否存在漏洞，至今无法得到权威评论。可以看出，一方面，长水国际机场在选址问题上暴露出了技术缺陷问题；另一方面，就是机场的承建方在风险与利益的协调上暴露出来的问题。在国外，一般大型公共设施的选址都要经过利益集团的听证会，各大利益方博弈后通过听证会来最终确定。在听证过程中，政府、社区和气象等相关部门都需要给出意见，而且最重要的是民间的声音占很大比重。假如有一方反对，那么选址就可能需要重新评估。在国内，大型公共设施的建设并没有听证会，一般是环评公示和各方协调，程序简单得多。

　　在"安居房"事件中，暴露出来的问题是各级责任主体盲目和过分地追逐利益。地方政府瞒报的目的是粉饰太平，追求政治利益；施工方偷工减料、装聋作哑是为了经济利益。在利益的驱动下，他们置公众的生命安全于不顾，千方百计地寻找各种方法与借口推脱。

　　从以上两个案例不难看出，一个是技术问题，一个是利益问题。但是，当我们追究工程责任主体时，却并不是那么简单。从整个工程实践的过程来看，工程责任的产生是一个复杂的过程，引发的工程责任主体问题也很复杂，是各种内在和外在的因素交织在一起共同作用的结果。

### 2. 工程责任主体问题的特点

　　首先，工程责任主体面临的风险越来越大。现代工程已经不是古代工程、近代工程那样是经验、技艺的产物，而是现代科学、现代技术等知识物化的结晶。现代工程中，从技术原理的形成到工程系统的集成与发展，科学知识的因素大大增加了，科学知识对技术和工程的先导作用明显增强了。特别要注意的是，在现代科学学科分化和综合集成的影响下，工程学科在高度分化的同时，综合集成的趋向也在明显增强，并且产生了一批新兴的工程领域。例如生物工程、信息工程、环境工程等。随着计算机系统、信息系统等在各类工程领域的发展和深入，使得现代工程在更高层次得到新的发展。但是，与之相伴的是工程活动中的不确定因素也越来越多。比如机场选址，是多方验证、审查的结果，但仍然存在着问题。因此，人的责任范围和责任限度是与人类的自由选择能力紧密相连的。在科技迅猛发展的今天，人类的工程实践活动有了重大飞跃，人们的自由度也越来越大，人的自由选择能力也不断提高，其后果就是工程责任主体面临着越来越大的风险。

其次，工程责任主体所涉及的范围越来越广。工程乃是一项集体的以至全社会的活动过程，尤其是现代高技术条件下的工程更是如此。这里不仅有科学家和工程师的分工和协作，还有决策委员会、管理者、监理、使用者乃至投资者等的参与。每个参与者都试图在工程安排中实现自己的目的和需求，因此现代工程责任的主体就不仅限于工程师，而是涉及所有包括法人、决策者乃至作为使用者和消费者的广大公众。那么各种不同主体的伦理责任也是多层次的，也就是说，工程活动中工程主体的多元导致了主体责任的多元。那么在一个大的工程事故中，在特殊情况下，会因为责任主体多元导致没有谁肯负责任。因为总责任被参加者的数量除尽了，变得小到可忽略不计的程度；或者个人虽然也是在一个专门委员会中一同参与了决定，但作为个体自然不会与此委员会完全一致。如何按照每个人所能起到的积极或消极的作用来分配相应的责任，则成为困扰工程伦理实践的一个问题。

最后，工程主体责任的追究越来越困难。工程是创造和建构新的社会存在物的人类实践活动。一个完整的工程应当由工程活动的全过程和工程活动的成果组成，工程过程和工程结果是不可分离的，最后的成果或者是产物只是工程过程的组成部分。我们可以把工程的结构特征想象为一个立体圈层结构，它的内层结构是纯技术要素的集成与组合，它的外圈是资源、知识、社会、文化、环境、政治、经济等相关要素，内圈和外圈在工程活动中呈现为一种互动的机制。一方面，技术要素本身的状况和水平也改善和规定着与外圈结构要素之间的协调方式；另一方面，当外圈结构发生变化时，技术要素的继承方式也会变化。比如"长水机场"事件涉及众多的专业工程师、投资方(企业)和各级政府，"安居房"事件中也牵扯了包括官员、承建方、中间商、施工方等很大范围的责任人，具体的责任认定工作十分复杂。因此，工程责任问题以及由此带来的工程责任主体问题也是伴随工程发展而出现的特有社会现象。

### 3. 工程实践主体伦理责任困境的成因

通过以上的案例分析可以看出，现代工程活动中主体多元化带来了主体责任的多元化，因而使得工程的责任追究越来越困难。工程责任主体问题的后果是一方面妨碍了工程目的的实现，从而在物质层面上使得人类遭受重大损失；另一方面使得作为人类道德核心价值之一的"责任意识"遭到否定和抛弃。出现这个问题的原因是多方面的，既有工程共同体内部的原因，也有外部社会对工程活动的期望与理解的原因；既有现代科技活动的运动规律对工程活动的影响，也有工程活动的组织形式、管理方式对工程活动的影响。尽管我们可以感知到工程责任主体的客观存在，但却很难找寻到造成工程责任的真实主体，他们往往为其他社会关系所遮蔽，从而形成工程责任主体问题。这也指在工程社会中，工程的责任者"不在场"或者即使"在场"也可能呈现出难以追究的状态的一种社会现象。政府、企业、工程师责任的缺失是导致这一问题的主要原因。

#### 1) 政府责任的缺失

政府在行政管理过程中的责任缺失是有其现实原因的，进一步探究就可以对这些现象和原因作出深层次的解释。其中比较具有解释力和说服力的是公共权力的委托-代理理论和公共选择理论。这些理论分析了政府责任缺失的根源。人们给予了政府公共的权力，因此政府应该为人民的利益负责任，并且应该正当地行使权利，尽最大努力做到责任行政。政府应该对公共资源进行有效的管理，同时要不断提高公共资源的使用效率，满足公众的需求。

政府与公众这种被授权与授权的关系其实就是委托与代理的关系。正是由于这样一种基本的关系，也就是说政府的权力是因为人民相信政府而给予政府的，所以，作为代理人的政府在行政过程中行使人民赋予的权力时必须对人民负责。公共选择理论的基本行为假设是："人是自利的、理性的效用最大化者。"这种假设的意思是指作为个体的我们不管是处于政治活动中还是经济活动中，在任何位置上作为个体的我们都是以个人的利益最大化作为最初的动机和目的。所谓官僚的经济人，他们不会因为是政府官僚而变得无私，他们仍然是以个人的最大效用为目标，而不是公共的利益及机构的效率。一部分官员在现实的政治生活中的政治行为是为了个人利益的最大化。他们同样扮演着经济人的角色，以自身的利益最大化为基本动机来选择个人的行为。所以，我们必须明白，政府的行政人员同样是人，同样具备人性的弱点。他们要是不顾公众的利益而只追求个人的利益，满足自身的需求，那么必然会导致各种不负责任的行为发生。所以就必须要加以制止和限制，督促政府行政人员做到责任行政。对于政府责任的缺失和政府失灵，公众选择理论进行了深入的分析，主要为以下几个方面：首先是公共决策的失误。制定和实施公共政策是政府对社会和国家经济进行管理的基本手段。然而政府决策与市场决策不同，市场决策是以私人物品为对象通过竞争的经济市场和个人的决策来实现的，而政府决策有自身的特性。

政府决策是以公共物品为对象，通过一定秩序的政治市场和集体决策来实现的。首先在我们的现实社会中，政治决策的过程非常繁杂，通常决策过程存在不确定性，包含着众多制约因素，为政府实施合理的公共政策带来了更大的难度，往往导致公共决策的失误。其次是政府机关工作效率低下。如果政府工作的效率低下，将会影响政策执行的效果，甚至出现好政策产生坏结果的现象，从而就出现了政府的责任缺失等现象。最后是政府的寻租活动。寻租活动一般表示在社会中人们非生产性地追求经济利益的活动，也可以说是人们对既得利益进行再分配的一种非生产性活动。寻租活动往往导致社会资源无效配置和浪费。政府在出台经济决策时是出于公共利益的需求，然而现实中却往往是为一些特定利益集团服务，而这些利益集团进行各种"寻租活动"的目的，就是规避市场竞争，寻求政府庇佑以期获得垄断利润。经济学家布堪楠把社会浪费的寻租支出划分为这样三种类型：① 这种垄断权的潜在获得者的努力和支出；② 政府官员为获得潜在垄断者的支出或对这种支出作出反应的努力；③ 作为寻租活动的一种结果，垄断本身或政府所引发的第三方资源配置的扭曲。社会资源无效配置的根源正是寻租行为的存在。经过经济学分析，寻租仅仅改变了生产要素的产权关系，并不能增加任何新产品或新财富，反而使相当一部分国家所有、集体所有的财富流向了利益集团、私人的荷包。从人性判断理论来分析，人性本恶即每个人都有避免伤害和希望获得利益的本性，要是对个人追求私人利益的行为不进行限制和约束，将必然导致整个社会的混乱和无序竞争。

在一些官员眼中，"民为贵、社稷次之、君为轻"的古训是要倒过来念的。"群众利益无小事"在他们心里是读成"群众利益无大事"的。

2) 企业责任的功利性

人们对企业社会责任的关注度越来越高，但是关于企业到底应该担负什么社会责任以及在哪种程度上履行社会责任等，尚未有统一的意见。把这些观点概括起来，有古典企业责任观和现代社会责任观两种。

亚当·斯密的利润最大化理论中的古典企业责任观认为，单一地向社会提供产品跟劳务，并使企业利润最大化就是企业的责任。美国经济学家弗里德曼也同意这种观点。他认为，利润先于伦理，企业应该承担的责任就是增加利润。

古典企业责任观主要强调企业对社会的经济责任，但是忽视甚至否认企业对社会以及他人的伦理责任。其主要有以下论点：首先，公司的股本由全体公司股东拥有，股东委托企业经营，所以企业没有权力把企业的利润和资金用在其他地方。其次，假如强迫企业承担大量的社会责任，那么将导致企业经营成本增加，从而使企业的竞争力下降，甚至导致企业最终被社会所淘汰。虽然这样对企业来说是不公平的，但如果把这些费用转嫁到消费者身上同样也是不公平的。

古典企业责任观最明显的缺陷就是对企业的本质没有全面的了解，只是掌握了某一方面。企业作为一个经济实体，同时还是一个伦理实体，不管是什么企业，只要进行生产与经营活动，都要处理国家、社会、职工、服务对象等人群之间的关系。如果能够调整和处理好这些复杂的关系，企业将受益匪浅，这对于企业自身的生存和发展至关重要。正是基于这一点，没有企业是脱离社会之外而孤立存在的个体。任何企业都是一种"社会的公有物"，同时还具有"社会人"的属性。所以说，承担经济责任以外的社会责任是每个企业的义务，这也是关乎企业未来能否良性发展、生死存亡的重要一环。企业应当建立强烈的社会责任感，这将为企业带来巨大的无形资产和财富。

还有一种观念是现代社会责任观，与古典企业责任观相对立，以美国的经济学家 P. 弗里奇为代表。弗里奇认为，伦理先于利润，也就是说企业在作为独立法人的同时，具有独立的道德人格。企业应该且必须肩负起其经济责任以外的其他社会责任。现代社会责任观有一种典型观点，即认为企业利润最大化不是企业的第一目标，而是企业的第二目标。随着社会的高速发展，社会对企业的预期也在发生变化，企业也逐渐变得日益依赖于社会。企业，不仅是需对股东们负责的独立经济实体，还是经济机构，现代企业必须承担更重的社会责任。这主要是基于以下几个方面：首先是公众的期望。企业的运营应当符合公众要求，满足公众的要求是企业最基本的目标，市场表明，不能满足顾客需求的企业是无法在激烈的市场竞争中生存下去的。其次是基于长远利益。从长远看，承担一定的社会责任对于促进企业发展壮大是有必要的，企业的赢利活动只有在良性的企业环境中才能有序进行。再次是道德义务。目前存在的社会问题中，有相当一部分是因为企业运转造成的，例如频频出现的环境污染问题，对于这类企业自身引发的社会问题，企业必须予以解决，无论其是无意为之还是有意造成。企业只有担负起这些责任，才能在公众中树立正面形象，传播正能量。最后是资源占有。企业拥有的能力和资源可以解决一些社会问题，所以企业应当履行相应的社会责任。

在我国，大部分企业遵循企业责任本位观，即立足于企业自身利益去处理企业与社会的关系、解决企业与社会的矛盾。持有企业责任本位观念的企业领导者，在作出涉及企业与社会关系的相关决策时，其考虑的首要因素必然是企业的利益而不是公众的利益，利润最大化和价值最大化是这种企业追求的终极目标。企业责任本位观的企业表现有以下几种类型：第一，为了本企业的利润最大化，只要能赚钱什么事情都可以干，对于社会效益如何则漠不关心。这种企业缺乏服务社会的精神，更不用说企业伦理道德。第二，主动是从企业出发，被动才是为全社会。为企业自身是自觉自发、积极主动的；为社会服务则是另一面，既不自觉更不自愿，常常是带有被强迫性质的。第三，把履行社会责任当作一种为本企业牟利的策略和手段。与第一、第二类企业相比，第三类企业能够比较主动自觉地把企业利益统一到服务社会的目标中，相对来说具有略高一些的社会责任感；然而需要指出的是，这类企业"为社会服务"的终极目标依然是"为企业服务"，本质并没有发生变化，只是表现形式有所不同。

3) 工程师责任的有限性

一般来说，科学家们主要通过探索大自然，发现事物的一般性原理和规律，然后工程师们遵循科学家发现的原理和规律，将其应用于工程项目中。笼统地说，就是科学家研究事物，工程师建造事物；科学家通过探索世界探求事物的普遍规律，工程师利用普遍规律设计和制造生产生活所需的物品。目前在我们国家，"工程师"是授予特定人群，证明其通过某类职业水平评审确定的职称，技术员、助理工程师等也属于这类职称，但低于工程师；在工程师之上的有高级工程师等高级职称。这主要是用于对从事工程建设或管理人员技术水平的一种认定，是对其资历、工作技能的一种认可。相比较而言，在欧洲的部分国家，其法律对工程师称谓的使用作出了限制，比如，工程师称谓只能用于持有学位的技术人员，如果某人使用工程师称谓又不具有相关学位，则可判定该行为是一种违法行为。

在我国，工程师在工程项目运转中的主要作用表现在以下方面：一是确保工程项目建设的工期和质量达标。在项目建设过程中，工程师在为项目提供技术支持的同时，还需要整体把控该项目的建设质量是否达标、工期是否按时，负责监督整个工程是否按照合同书与设计书的既定要求完成。二是确保工程项目建设的安全生产。在工程项目建设的过程中，工程师需要制定完善并严格执行关于工程建设安全生产方面的相关规章制度和操作程序，确保工程建设过程中不发生危险事故，保证整个项目顺利安全实施。三是确保工程项目获得预期效益。通常情况下，工程项目建设的最终目的都是为了取得相应的经济价值或者社会价值。四是在工程建设过程中，工程师必须坚守职业道德和职业操守，承担其必须承担的社会职责。是否能够坚持职业操守、坚持严谨科学的工作态度，是一名具有专业技术职称的工程人员的首要衡量标准，这也直接关系着工程项目的成败。与此同时，工程师作为工程项目的设计者、参与者、实施者、亲历者，有必要承担相当大一部分工程项目的社会责任，这是与工程项目的性质和工程师工作的特殊性直接相关的。

对这几年我国工程领域发生的重大安全事故的梳理分析得出，造成事故的直接原因大多可归结为相关工作人员违规操作、安全意识淡薄、社会责任感不强等主观因素。因此，我们的工程施工人员，无论是为己还是为人都必须要在承担工程施工任务的同时，牢记自身承担的社会责任。然而目前的状况是，我国的工程相关人员普遍职业素质较低，严重缺乏社会责任感，各类安全事故层出不穷。任何一项工程项目都不是独立于社会之外存在的，都是与社会唇齿相依的。工程师既要对雇佣方负责，更要对社会、对公众负责。对于具有基本职业道德的工程师来说，这也是应当履行的义务。但是从现状来看，任用工程师的考核标准主要是实际操作技能和工作经验，涉及工程师职业道德的部分是比较缺乏的。以上种种就造成了工程师职业道德先天的不足，为工程项目的安全埋下了隐患。

作为一名称职的工程人员，不仅需要具备良好的职业道德素质，还要具备精湛的专业知识。安全、质量和成本等各个方面的因素都影响着一个工程项目的实施，但决定工程项目的最重要的是工程师的专业技术水平。现实却往往不尽如人意，我国大部分工程施工人员的专业技术水平都不高。工程师作为工程技术的掌控者，不仅要和投资方、承包方打交道，还要和监理方、工程项目使用者打交道。各相关方都无限制地追求自身的利益最大化，因此，对工程师的要求就很多。所以，工程师所面临压力也越来越大，同时各方对工程师的诱惑也越来越多，工程项目的各个利益方都有可能拉拢工程师一起谋取不正当利益。还有就是工程师可能在工程相关决策者的权力的淫威下无法给出正确的判断。当工程师面对这些压力和诱惑时，工程师的选择就关系到整个工程的好坏。工程项目的质量能否达标就看工程师能否坚守自己的职业精神和职业道德。

# 参 考 案 例

## 案例 1：内蒙古银漫矿业公司"2·23"事故

2019 年 2 月 23 日 8 时 15 分，内蒙古银漫矿业有限责任公司外包施工单位使用非法改装车，承载 50 人违规经过措施斜坡道向井下运送作业人员。8 时 20 分左右车辆刹车制动突然失灵，车辆失控，撞在距井口 570 m 处的四车场巷道帮上。事故导致 15 人当场死亡，7 人经救治无效死亡。事故调查组初步调查结果为：该企业在网上非法购置运输车辆，且该车辆没有国家规定的安全标志，没有经过相关机构的检测检验。企业将运输地面人员的车辆用于井下运输也存在严重违规。同时，企业还严重违反了安全设施设计规定，把措施斜坡道用于井下人员输送。此外事故车辆的核载人数不超过 30 人，但事发时实载 50 人，属严重超载。

调查组还发现，发生事故的企业把安全生产责任全部转嫁给了外包施工队伍，并违反了停产复工安全监督管理的有关规定。该企业此前向有关部门报告其春节期间不停产，但实际上 1 月 15 日就进行了停产。2 月 13 日，企业擅自复工，但没有进行安全监管报备，严重违反了停产复工安全管理的有关规定。同时基层安全监管人员监督管理的针对性不强，特别是在特殊节点的安全管理、春季停产复工的过程中，没有全部掌握实情。

企业注重短期经济效益，忽视职工生命安全，安全发展理念只放在口头上却没有实践在行动中，这条路到底能走多远？市场已经给出了最有力的答案。根据银漫公司的业绩承诺，2017—2019 年将分别完成 365 亿元、463 亿元、463 亿元。2 月 24 日银漫公司已收到西乌珠穆沁旗应急管理局下发的现场处理措施决定书，责令银漫公司停产停业整顿。由于涉及重大生产安全事故，将严重影响银漫公司的业绩承诺，该公司业绩面临大幅下行的风险。根据《国家安全监管总局关于印发(对安全生产领域失信行为开展联合惩戒的实施办法)的通知》的规定，发生较大及以上生产安全责任事故、存在严重违法违规行为、发生重特大生产安全责任事故的银漫公司将被纳入联合惩戒对象和安全生产不良记录"黑名单"管理。这就意味着兴业矿业的"主力矿山"将面临 18 个部门 29 条惩戒措施的实施。

## 案例 2："7·12"四川宜宾恒达科技有限公司重大爆炸着火事故

2018 年 7 月 12 日 18 时 42 分 33 秒，位于宜宾市江安县阳春工业园区内的宜宾恒达科技有限公司发生重大爆炸着火事故，造成 19 人死亡、12 人受伤，直接经济损失 4142 万余元。事故发生后国务院安全生产委员会对该起事故查处实行挂牌督办。调查认定，宜宾恒达科技有限公司"7·12"重大爆炸着火事故是一起生产安全责任事故。事故直接原因为操作人员将无包装标识的氯酸钠当作丁酰胺，补充投入到二车间 2R301 釜中进行脱水操作，从而引发爆炸着火。宜宾恒达科技有限公司未批先建、违法建设、非法生产、未严格落实企业安全生产主体责任，是事故发生的主要间接原因，对事故的发生负主要责任。引发事故的间接原因还包括：相关合作企业违法违规，未落实安全生产主体责任；设计、施工、监理、评价、设备安装等技术服务单位违法违规进行设计、施工、监理、评价、设备安装和竣工验收；氯酸钠产供销相关单位违法违规生产、经营、储存和运输；江安县工业园区管委会和江安县委县政府对安全生产工作重视不够，属地监管责任落实不力；负有安全生产监管、建设项目管理、易爆危险化学品监管和招商引资职能的相关部门审批把关不严，监督检查不到位。

在调查过程中，发现宜宾恒达科技有限公司现场工艺、设备、原料、产品与原项目设计、备案、安全条件审查均不一致。由于该公司自动化控制系统、消防水泵及管线等尚未安装，在不具备安全生产条件的情况下，就进行试生产；且一车间设备设施等仍在安装中，施工人员与企业员工混杂，各种作业交叉进行，进一步增大了现场安全风险。试生产的产品来源不明，无操作规程，生产过程和工艺参数还处于自我摸索中，现场人员对相关技术的安全风险一无所知。由于装置没有自动化控制系统，每个班次均有十余人在现场操作，且事发时正处于交接班时间，导致事故造成重大人员伤亡。事实证明，事故的发生总是由点滴的不安全因素积累而成的。

## 思 考 与 讨 论

1. 工程师需要承担哪些伦理责任？
2. 工程风险都有什么？
3. 工程责任主体都有哪些？
4. 简述工程中的伦理责任。

## 参 考 文 献

[1]  苗雨晴. 论工程师的职业责任[D]. 沈阳师范大学，2019.

[2]  谭帅，郑永安. 当代工程师的社会伦理责任研究[J]. 价值工程，2015，34(5)：327-329.

[3]  郭锐. 工程师的伦理责任问题研究[D]. 华中科技大学，2006.

[4]  曹南燕. 科学家和工程师的伦理责任[J]. 哲学研究，2000，(1)：45-51.

[5]  杜然珂. 当代我国工程师的伦理责任问题研究[J]. 科技和产业，2020，20(12)：214-218.

# 04

# 第 4 章　工程中的价值、利益与公正

本章讲述工程的价值及其特点，包括工程的价值导向性、工程价值的多元性、工程价值的综合性；工程所服务的对象与可及性；工程实践中的相关方与社会成本承担，包括邻避效应、工程活动的社会成本、利益相关方；公正原则在工程中的实现，包括基本公正原则、利益补偿原则与机制、利益协调机制(公众参与)。

## 教学目标

(1) 拓宽学生视野，让学生意识到工程可以在许多方面发挥重要的作用，防止学生将眼光局限于经济等单一领域。

(2) 学会从工程服务的普及范围来审视公正问题。

(3) 关注国内外针对工程项目的邻避活动，对利益相关方的合法权益给予应有的关注。

(4) 熟悉工程实践中的基本公正原则以及实现工程公正的机制和途径。

## 教学要求

| 知 识 要 点 | 能 力 要 求 | 相关知识 |
|---|---|---|
| 工程的价值及特点 | (1) 掌握工程价值的导向性；<br>(2) 了解工程价值的多维性；<br>(3) 掌握工程价值的多种含义 | 工程的经济价值 |
| 工程的服务对象与可及性 | (1) 了解工程活动中的服务对象；<br>(2) 了解工程活动中的受益方与受损方 | 工程与公众的关联 |
| 工程实践中的利益相关者与<br>相关社会成本 | (1) 了解工程实践中各方的利益；<br>(2) 掌握工程中的相关社会成本；<br>(3) 掌握工程实践中的社会运行机制 | 工程与社会机制 |
| 工程中的公正原则 | (1) 了解处理工程伦理问题的基本原则；<br>(2) 了解工程实践中公正机制的形成 | 公正原则 |

**推荐阅读材料**

查尔斯·E. 哈里斯. 工程伦理：概念和案例[M]. 5 版. 杭州：浙江大学出版社，2018，7.

**基本概念**

价值：泛指客体对于主体表现出来的积极意义和有用性，可视为能够公正且适当反映商品、服务或金钱等值的总额。在经济学中，价值是商品的一个重要性质，它代表该商品能够交换得到其他商品的多少。价值通常通过货币来衡量，称为价格。这种观点中的价值，其实是交换价值的表现。

利益相关方：在组织的决策或活动中有重要利益的个人或团体，一定是与组织的业绩或成绩有关。这种利益关系只能是组织影响相关方，是单向影响，而不是双向的。

公正：伦理学的基本范畴，意为公平正直，没有偏私。没有偏私是指依据一定的标准而言没有偏私，因而，公正是一种价值判断，含有一定的价值标准，在常规情况下，这一标准便是当时的法律。公正在英文中写为 justice，英语中 jus 有法的意思，公正以 jus 为词根演变而来，也说明了这一点。任何一个社会都有自己的公正标准，所以，公正并不必然意味着"同样""平等"。

## 引例：港珠澳大桥的生态价值——中华白海豚保护

世界上最长的跨海大桥——港珠澳大桥(见图 4.1)于 2018 年 10 月 24 日上午正式通车。作为举世瞩目的超级工程，港珠澳大桥的意义深远，它不仅仅是中国由桥梁大国迈向桥梁强国的里程碑，也是一座代表人类与海洋和谐相处的丰碑。港珠澳大桥主体工程自建设以来，直接投入白海豚生态补偿费用 8000 万元，施工中相关监测的费用 4137 万元，环保顾问费用 900 万元，渔业资源生态损失补偿约 1.88 亿元，有关环保课题研究约 1000 万元，其他约 800 万元，共计约 3.4 亿元。

图 4.1　港珠澳大桥

港珠澳大桥建设以来，中华白海豚得到了较好的保护。海天之间，人与自然和谐共处，超级工程与中华白海豚相互守望。这是港珠澳大桥在创下了世界最长跨海大桥、世界综合难度最大跨海大桥等纪录之外，创下的另一个令人瞩目的纪录和标杆。

重大基础设施项目(以下简称"重大项目")的环境责任是指重大项目管理主体在项目的整个生命周期内对其决策和活动对环境的影响所承担的责任。这是提高重大项目可持续性的关键影响因素。港珠澳大桥保护中华白海豚的决定，从正式成立到最终计划的形成，花了四年的时间。在此期间，经过多次推演和反复演示，它面临着许多挑战，这足以证明决策的复杂性。

第一，中华白海豚自然保护区生态环境相对封闭，具有生态稳定性，对水质、水温、盐度以及生物多样性都有很高的要求；且中华白海豚种群繁殖率和生存率低，有濒危绝迹的危险。若保护不当，港珠澳大桥的建设和运营极有可能对中华白海豚种群的生存造成致命的影响。该问题的决策关系到中华白海豚的生死存亡，具有极高的生态敏感性。

第二，港珠澳大桥对中华白海豚的空间影响范围覆盖了保护区的核心区、缓冲区及实验区，辐射范围广，保护难度大。且工程建设及运营对中华白海豚的影响并非一朝一夕，而是以上百年计，因此对中华白海豚的保护和对生存环境的修复要长久、持续地进行。此外，大时间尺度意义下该问题具有开放性，工程所处区域与外部环境之间存在着物质、信息与能量的交换，因此该问题并非是静止的、固化的，而是处于动态的发展变化之中，要根据外界情景要素的变化进行动态调整和不断完善。

第三，港珠澳大桥的设计使用寿命为120年，在大时间尺度下，工程情景不断发生变动与演化，工程建设运营对中华白海豚生存环境的破坏程度是未知的，对中华白海豚面对生存环境破坏及个体伤害的承受能力的判断也是不确定的。而中华白海豚的保护决策要在一个相对较短的时间内，针对工程完整情景形成一个在长时间内具有鲁棒性的决策方案，使白海豚在工程全生命周期范围内均得到有效保护。情景变动的不确定性与决策主体认知能力的局限性使该问题的决策具有极高的复杂性。

第四，港珠澳大桥的中华白海豚保护策略受到外界法律、生态、经济和技术等多方面因素的影响，错综复杂，问题决策要充分考虑经济可行性、技术可行性、法律可行性等。且该问题属于对海洋中动物保护区的保护，具有非常规性，决策时缺乏可供借鉴的经验，要在不断摸索中前进。

从港珠澳大桥的建设来看，评价一项工程的价值应该从经济、技术、生态、文化等多方面来考虑。从经济效益角度来说，港珠澳大桥的建设在一定程度上促进了珠三角地区的经济发展和人口流动，带动了相关行业和项目的发展。从技术安全性角度来说，港珠澳大桥的设计采用了一系列现代化技术和严格的质量检查标准，如桥塔抛锚方式的选择、岛隧工程的建设和海上施工技术的应用，大大促进了我国跨海桥梁技术的发展。就环境影响来说，为我国修建大型海洋建筑在环境保护方面的探索做出了重要贡献，特别是对中华白海豚的保护，对大型工程在设计、建造过程中的生态保护具有指导意义。总之，工程的价值评估需要考虑多种因素，从不同的角度出发，综合考虑，才能够得出一个相对客观、全面、准确的结论。

# 4.1　工程的价值及其特点

"工程"两字中的"工"字代表工人、工人阶级、工业、工业革命,"程"字代表着规矩、法式、程序、章程等。工程包含许多技术门类,如日常生活中的土木工程、机械工程、水利工程、交通工程,还有新兴的航空航天工程、环境工程、核工程、生物医药工程等。当然这里的工程包含但不限于第二产业,也包含第三产业如金融工程等,它们都在各自的领域发挥出不可替代的作用,影响着我们的生活。

## 4.1.1　工程价值的导向性

人类基本的实践活动有三种:一是改造自然的生产实践,即人们的物质生产活动,这是人类最基本的实践活动;二是变革社会的实践,如革命和改革、国家方针政策的制定、法律制度的建设和实施等;三是探索世界规律的科学实验活动。从古至今,人类社会发生了翻天覆地的变化,特别是近代科技革命、产业革命以来,人类科学技术的发展日新月异,各个学科都形成了完整的体系及脉络,工程技术则成为产业的支柱和经济发展与社会进步的强大助推器。所以"工程科学技术在推动人类文明的进步中一直起着发动机的作用""科学技术是第一生产力,工程科技是第一生产力的一个重要因素"。在当今社会,工程已经是人类社会存在和发展的必要条件,是国家竞争实力的根本。

从宏观上讲,对人类而言工程具有巨大的正面价值,任何否定工程这种积极作用和正面价值的观点无疑都是错误的。从微观上来说,即从具体的工程项目来看,作为人类发挥主观能动性并且主动地变革自然的实践活动,工程活动是具有强烈的价值导向的。特别是在国际形势复杂的今天,工程的价值导向性显得尤为重要。当今国际社会的话语权是由国家的综合实力支撑的,其中最重要的就是军事实力,而军事实力强大的背后离不开工程技术的支持。在新中国成立之初,举全国之力开展"两弹一星"工程,就是为了增强国防实力,进而提高新中国的国际地位。在市场经济体制下,大部分工程是由企业发起和进行的,获得经济利益、追求企业的发展等目标是这类工程的出发点和驱动力。

由工程的价值导向性,引出一个重要的伦理问题,那就是:工程为什么人服务?为什么目的服务?在我国,首先要考察科技人员是不是"愿意为人民服务,为社会主义的国家服务"。其次要从社会伦理的角度思考工程活动的目的,确保工程符合公平公正的基本伦理原则。

## 4.1.2　工程价值的多元性

实际上,工程可以服务于多个方面,工程不仅具有经济价值("工程科技是第一生产力的一个重要因素"），也有科学、政治、社会、文化、生态等多方面的价值。

## 1. 工程的科学价值

工程制造的科学仪器、设备、基础设施(例如中国天眼"FAST"、中国载人空间站"天宫"，见图 4.2)，是现代科学研究的基础。中国载人空间站对宇宙、生命起源等基本问题的探索，相关工作者在地面进行观测、在实验室进行数据分析以及进行理论研究，都可以借助工程制造的设施，去模拟各种场景，探索未知的科学问题。以农学为例，由于相关条件的限制，在地面难以模拟出各种植物在太空中生长的情况，而有了空间站等技术，可以开创太空植物学这类新兴的研究方向；各类月球探测器、火星探测器可以帮助我们在别的星球上发现一些与地球上相同的物质，甚至发现一些其他的生物或者物质，这对我们回答生命起源等基本问题有很大的帮助。

图 4.2　中国天眼"FAST"与中国载人空间站"天宫"

## 2. 工程的政治价值

马克思主义关于生产力要素的原理中指出"劳动生产力是由多种情况决定的，其中包括工人的平均熟练程度，科学的发展水平和它在工艺上的应用程度，生产过程的社会结合，生产资料的规模和效能以及自然条件"。马克思把劳动者要素看作生产力发展的决定性因素。劳动者的素质主要是由人的政治思想和业务技能构成的，政治思想素质又由人的世界观、人生观、价值观的趋向所决定，而业务技能则以人的文化知识水平，对工作岗位、设备、工具掌握的程度来衡量。政治思想是人的精神支柱，没有精神支柱的劳动者不会更好地发挥自己的业务技能，为社会创造价值。因此，引入价值工程理论，实行思想政治工作功能管理，能够更好地体现思想政治工作的价值，化消极因素为积极因素，更好地促进生产力的发展。

马克思主义认为，人是实践的主体。人的主体地位不是自然形成的，而是通过自己的劳动实践确立的。正如意大利哲学家安东尼·葛兰西(Gramsci Autonio，1891—1937)所说的："我们是自己的锻造者，我们的生活实践创造了自己的主体地位。"在社会工程的视野中，人是现存与未来统一的主体。社会工程主体——人，既包括现存的人，又指未来的人。社会工程哲学把人作为研究的逻辑起点，主要是从人的现实生存状态出发，从人的现实需求出发，从人的全面发展出发。"人"在工程哲学中是丰富的、具体的；"人"在社会工程哲学中的逻辑起点地位是基础性和前提性的。政治工程的主体是指政治工程活动由"谁运筹"的问题，即一般可以界定为直接或间接地参加政治工程决策、设计、运行和评估的所有个人、团体或组织。政治工程主体依据其职责、职能、地位、身份、参与方式、参与程度及层次等方面的区别可以分为不同环节的主体。根据主体在政治工程运作中的作用，可以将政治工程主体划分为政治工程的决策主体、政治工程的设计主体、政治工程的运行主体和政治工程的评估主体。

### 3. 工程的社会价值

近年来我国越来越注重生态环境的保护。从 2015 年起，我国启动了国家公园体制试点工作，旨在为国家公园体制改革提供实践经验；并且，我国国家公园体制试点举措取得了积极成果，自然资源资产管理效率大幅度提高，生态保护与恢复效果明显加强，社区民生大大改善。尽管如此，中国国家公园的管理体制与国外发达国家仍然存在着差异，主要体现在生态系统服务的社会价值层面上。

生态系统服务是人类从自然界中获得的各种惠益。在全球范围内人口持续增长和工业化、城市化的驱动下，生态系统服务的供给能力不断下降，这极大地削减了子孙后代从生态系统所获取的惠益。此外，生态系统服务的供给能力还受到生态系统服务间的权衡与协同作用的影响。一种生态系统服务供给能力的提升往往以牺牲其他生态系统服务为代价。生态系统服务间的权衡与协同作用通常优先考虑具有经济价值的生态系统服务，以实现社会经济效益。以往评估者认为社会价值过于依靠主观感知而客观上难以推行，故在生态系统服务的资源管理和实际规划过程中较少考虑到社会价值。在此背景下我们应该积极地去思考工程项目与社会的联系并去思考其中的价值。

### 4. 工程的文化价值

一切工程活动都是在自然、人、社会的三维场域中进行的，工程活动与文化的交集形成了工程文化。通常工程文化是指工程人群共同体(工程决策者、投资者、工程师与工人等)各成员在工程活动中所体现的共同语言、共同风格与共同的办事方法(包括工程理念、决策程序、设计规范、生产条例、建造方法、操作守则、劳动纪律、安全措施、审美取向、环保目标、质量标准、行为规范等)。显然，工程文化因工程活动的地域、民族、环境、时代、行业背景与企业传统的不同，而呈现出地域性、民族性、时间性、行业性等特征。如中国的长城、埃及的金字塔、澳大利亚的悉尼歌剧院，既是雄伟的建筑，也是民族文化的象征。审美是工程文化的主要内容之一，工程美不仅是工程结构外在形式的美，还应能给人和谐、愉悦的感受。各类工程都要从结构的合理性、建造的艺术性、整体运行的有效性及与环境的融洽性等方面来追求美、弘扬美、检验美，让"工程中存在美""工程要创造美"的理念落到实处，使各类工程都能成为美的工程。工程问题的求解是非唯一性的，如桥梁工程，不仅建桥地址不是唯一的，而且桥梁的结构、材料、架桥技术与施工方案都不是唯一的，这就为设计与决策提供了创造的广阔空间。好的工程往往是优秀文化的载体与美的展现，也是先进工程理念和工程人群共同体整体素质高的具体标志，更是工程师敢于探索的创新精神、深厚的文化底蕴、坚实的工程科学基础与高尚的艺术素养的体现。

　　工程文化强烈地影响着工程的未来发展蓝图。工程师既要有文化，又要受到艺术的熏陶。工程教育必须与人文科学和艺术熏陶相结合，以激发学生的求异思维和发散思维，提高学生的综合能力，这些都是创造工程美的基本前提。未来人类将面临更多的资源问题和环境问题，工程师不仅要改造物质，而且要促进整个人类社会进步。工程教育必须注重工程道德教育，使未来的工程师能自觉遵照人道主义、生态主义、安全无害等原则，做到既尊重自然，也注重人类后代的生存权和发展权。

　　此外，工程实践所包含的造福人类、不断创新、追求质量和效率、团队合作、务实精准等工程精神，是工程内在的思维方式、行事方式及行为规范，对社会其他亚文化(如商业文化)具有积极的影响。这本身就属于文化范畴，具有文化价值属性。

### 5. 工程的生态价值

　　以往在做工程勘探时，人们往往更多地注重经济上的投入与产出，而忽视了生态环境的保护。这样的做法从理论上来讲是不完善的，从事实上来讲也将会造成相当严重的后果。工程建设在早期应该考虑到生态价值这一重要因素。

**发现故事**　　阿斯旺大坝

　　埃及的阿斯旺大坝(见图 4.3)在设计论证的过程中被认为是造福子孙万代的有利无害的水利工程。建成后，阿斯旺大坝确实起到了一定的作用，它使得埃及人免受洪水泛滥之灾，而且还收获了发电和灌溉效益。但也带来了一些意想不到的后果：大坝建成后引起尼罗河流域生态平衡的破坏，每年不得不投入大量化肥维护该流域农田的肥力平衡；而且由于河流生态系统的改变，浮游生物不再入海，使得几百千米以外的海中的沙丁鱼因环境破坏而濒临灭绝；同时还造成了尼罗河流域下游地区无可修复的沙漠化。因此，从这个角度而言，阿斯旺大坝并不十分成功。

图 4.3　阿斯旺大坝

我们不能再无视生态环境，那种认为自然是可以无限索取的仓库的观点是错误的，无止境地索取下去，自然会以自己的方式"报复"人类。人类在一段时期内，由于太急功近利以及缺乏生态学的知识，在工程建设中不重视生态保护甚至毁林垦田、围湖造田，这样杀鸡取卵式的做法带来了严重的恶果。空气污染、环境恶化、水土流失等这些自然的反击，使我们的生存受到了一定的考验，同时也使我们深深地懂得了尊重自然、保护自然的重要性，懂得了可持续发展的重要性与必要性。在环境污染加剧、生态严重破坏的今天，保护环境，走可持续发展之路成为必然的选择。因此，对工程进行生态评估自然也成为人们必然的选择。

近年来人们逐渐认识到这些问题，工程也开始转向节能、降耗、绿色、环保、低碳以及环境友好型方向，大力开发新兴能源，发展循环经济，所以，工程的生态价值的性质也在发生转变。特别是出现了专门研究和从事防治环境污染和提高环境质量的环境工程专业，我国也开展了三北防护林体系建设等重大生态修复工程以及一大批矿山地质环境治理、江河湖泊生态环境保护项目。

此外，有些工程成果以另一种方式发挥生态价值作用。例如，卫星从太空拍摄的地球高清照片，能够让我们更好地认识自己的地球母亲，欣赏到她的美丽，体会到她的柔弱，触发我们为保护地球母亲而贡献力量的感情和决心。

前面从经济、政治、社会、文化、生态等多个方面揭示了工程的价值。换言之，工程可以应用于这些领域，发挥出各种不同的功能。工程的这些不同的价值源于工程的内在特点(可以称为内在价值)：工程可以为我们提供用于实现各种目的的工具、手段、措施、方法及途径，它创造更多的可能性(使原来的不可能变为可能，由一种途径扩展到多种途径)，提高行动的效率。工程的内在价值具有这样的特点：它属于非道德(amoral)性质，本身并不具备善恶。工程的内在价值的非道德性，决定了工程的最终价值取决于工程应用于什么目的，即工程的实际价值取决于社会的要求和社会环境。也就是说，在应用前，工程的价值属性是未决的(value-neutral)。这是工程具有好的和坏的双重效应(即通常所谓的"双刃剑")的根源。人们有时批评的工程的负面作用和价值，例如工业化造成的能源资源枯竭、生态环境破坏，核战争毁灭人类的危险，现代人对先进技术工具的过分依赖，青少年沉溺于网络等，实际上大部分是人们利用工程的方向和方式不当造成的，责任主要在于应用工程的人，并非工程本身的过错。我们应当弘扬真、善、美等崇高价值，保持开阔的视野，把工程应用于促进人的全面发展、社会的和谐以及人与自然的协调上面，而不仅仅是满足少部分人的狭隘的短期的物质利益，更不应当用于为害作恶。

### 4.1.3　工程价值的综合性

工程作为一种改造自然的创造实践，是一个综合集成了科学、技术、经济、管理、社会、伦理、生态等各方面要素的综合体，因此，一般来说，一项工程总是包含多种价值的。如某一经济领域的项目(桥梁建设、新产品开发、设计、生产等)，不仅能满足用户的需求，获得经济效益，还具有文化价值(审美享受等)、政治价值、社会价值、生态价值(影响自然生态系统)等。需要注意的是，应避免和防止以牺牲另一种价值(例如经济价值)为代价的极端追求，或者对其他价值产生负面影响(污染、环境破坏、对人们安全的威胁等)。

工程能力、工程专业、工程实践、工程成果等已成为人民、企业、社会和国家的宝贵资源和财富，我们应如何分配和使用这种权力和资源，以造福于大众，是一个与正义相关的社会和伦理问题。

# 4.2　工程服务的对象与可及性

马克思说："甚至当我从事科学之类的活动，即从事一种我只是在很少情况下才能同别人直接交往的活动的时候，我也是社会的，因为我是作为人活动的。不仅我的活动所需的材料，甚至思想家用来进行活动的语言本身，都是作为社会的产品给予我的，而且我本身的存在就是社会的活动；因此，我从自身所做出的东西，是我自身为社会做出的，并且意识到我自己是社会的存在物。"

## 4.2.1　服务对象：人类

将古今中外关于以人为本的论述与工程的社会性特点结合起来，我们认为工程造福人类是工程人员与工程职业以社会公众与人类的安全健康福祉为第一原则的正确行为的总称。历史唯物主义认为，"人"是一个社会范畴内的集体，包含所有个人、群体和整个人类。以人为本(人道)所讲的"人"，包含三层含义：一是指人类社会，即马克思所说的"每个人""一切人"的生存权、发展权以及其他权益；二是指社会公众，在范围上要小于人类社会；三是使人与自然在本质上实现真正的统一，而非对立。因此工程人道，要求工程人员要想方设法保证人类社会与社会公众的核心地位和主体地位，维护人类社会与社会公众的根本利益，具体表现就是始终维护社会公众的安全、健康与福祉以及人类社会的可持续发展。

工程造福人类的概念，在价值观层面上继承了人道主义精神，坚持工程人员与工程职业应该珍惜人的生命、尊重人的价值、满足人的需要、维护人的权利、实现人的理想。同时，也体现了中国特色社会主义以人为本的思想，坚持以社会和人民为本，在处理工程人员与社会、与他人的关系上主张集体主义，即在人民整体利益优先的前提下，尊重和保障每个人的合法权益，正确统筹协调个人和社会的关系，实现工程人员与社会、与其他人和谐相处的局面。

**发现故事**　钢铁产量过剩

近年来，我国钢铁行业产量早已位居世界前列，早已处在产能过剩(见图 4.4)的阶段，目前许多钢铁企业处于亏损的生产状态；但是钢铁又是国防工业等产业的重要支柱，不可能将其关闭，所以国家提出"一带一路"等相关战略部署，将我们过剩的钢铁出口到有需要的国家。

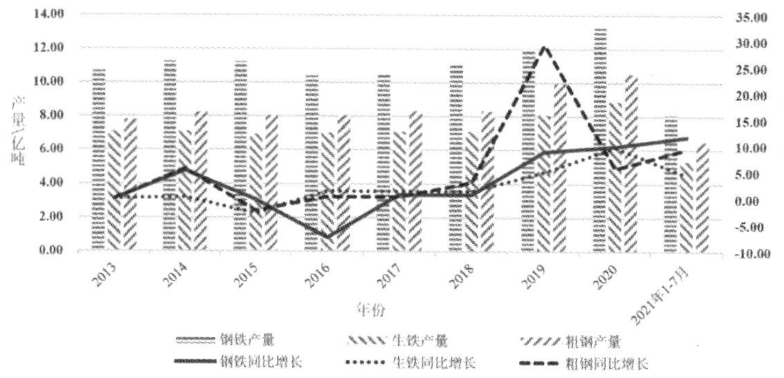

| | 2013 | 2014 | 2015 | 2016 | 2017 | 2018 | 2019 | 2020 | 2021年1-7月 |
|---|---|---|---|---|---|---|---|---|---|
| 钢铁产量/亿吨 | 10.68 | 11.25 | 11.23 | 10.4 | 10.48 | 11.06 | 12.05 | 13.25 | 8.09 |
| 生铁产量/亿吨 | 7.09 | 7.11 | 6.91 | 7.01 | 7.11 | 8.09 | 8.88 | 5.34 |
| 粗钢产量/亿吨 | 7.79 | 8.23 | 8.04 | 8.07 | 8.32 | 8.32 | 9.96 | 10.53 | 6.49 |
| 钢铁同比增长/% | / | 5.34 | -0.18 | -7.39 | 0.77 | 0.77 | 8.95 | 9.96 | 11.74 |
| 生铁同比增长/% | / | 0.28 | -2.81 | 1.45 | 1.43 | 1.43 | 5.06 | 9.77 | 4.5 |
| 粗钢同比增长/% | / | 5.65 | -2.31 | 0.37 | 0.37 | 3.1 | 29.35 | 5.72 | 9.44 |

图 4.4　我国近年来各类钢铁产量

(资料来源：国家统计局)

　　这个事例初看起来似乎与伦理无关，企业产品是内销还是出口对单个企业来说，涉及企业对自己目标市场的定位，只是一个与企业效益有关的问题。但深入思考就会发现，忽视国外需要大量的基础设施建设的需求是企业的失职，企业有责任、有义务满足国外消费者正当合理的需求。同样，我们是否可以发问：高耗能重污染的加工产品出口，使得环境资源负担(如二氧化碳排放)留在了国内，而产品却为外国消费者所享受，这是否公平？在这个意义上，扩大内需不仅是稳增长的重大经济措施，也具有重要的伦理意义。

**发现故事**　　**我国奢侈品消费**

　　中国的奢侈品消费额多年保持全球第一的增长势头，过去十年全球奢侈品行业消费额的增长，中国消费者贡献了 70%(见图 4.5)。从图 4.5 中可以看出中国的消费者是国外奢侈品企业的目标，国外企业抓住了中国人的消费心理。

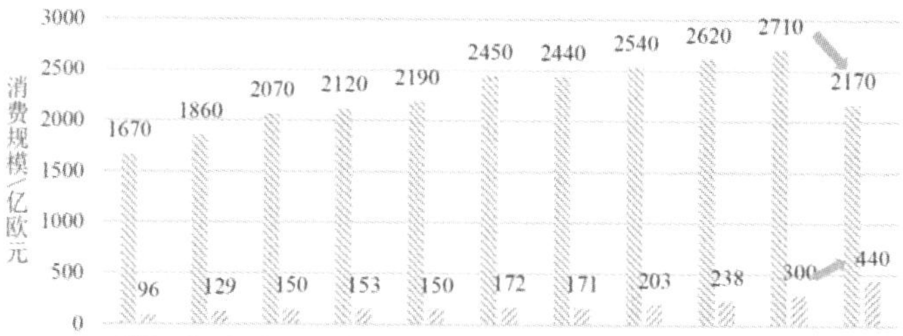

图 4.5　中国奢侈品消费与全球奢侈品消费规模增长对比图

(资料来源：贝恩前瞻产业研究院整理)

这个事例中，那些奢侈品企业的确满足了少部分顾客的需要，价格昂贵是"一个愿打一个愿挨"，似乎也与伦理道德无关，但企业鼓励奢侈消费，与当前资源紧缺的形势格格不入，用大量人力物力投入奢侈品生产供极少数人享受，是有悖社会常理和公正原则的。

## 4.2.2　可及性与普惠性——以高速铁路与普速铁路为例

产品价格是影响厂家、经销商、顾客和产品市场前途的重要因素，制定合适的价格，是维护厂家利益、调动经销商积极性、吸引顾客购买、战胜竞争对手、开发和巩固市场的关键。我们已经知道，销售收入＝产品销售量×产品销售价格，所以企业想要在不亏损的状态下持续发展并逐渐壮大自己的实力，就需要合理定价。一般情况下，销售价格的变动会影响销量，所以企业需要制定在当下最合理的价格，使利益最大化。

从消费者的角度来看，一件产品的价格应当与为消费者提供的利益相当，否则消费者在不是刚需的情况下，是不会购买此产品的。分析顾客的购买心理可知，在经济条件的限制下，顾客最看重的是商品的性价比，即期望在一定的品质性能下，产品价格越低越好。所以，工程产品(或服务)是联系工程(产品)与社会(消费者)的重要纽带，其价格是供需双方都非常关注的参数，它直接反映着工程主体(即企业)与工程用户(即消费者)之间的利益关系。但是，价格不仅是一个重要的经济因素，它还包含着强烈的社会伦理意蕴。可以说价格是一个门槛，一些人可以轻松地跨过，但另外一些人(例如低收入者)会被拒之门外，妨碍实现工程成果为更多人享受。例如我国近年来发展的高速铁路与传统普速铁路，价格上有着很大的差别，这并不意味着普速铁路没有意义。在不同的经济条件下，一些人仍然选择普速铁路出行。在许多县城，这样的普速铁路深受当地人们的喜爱，百姓们需要将自己手中的农产品，通过极低成本的交通运输方式送达县城销售地。而高速铁路并不意味着资源的浪费，随着我国高速铁路网的普及，人们想要在一天内出现在两座距离很远的城市不再是梦，这给人们带来很多的便利。例如家在天津的人通过城际铁路到北京上班。不断推进科学技术进步，努力降低产品价格，是社会对工程师的期望，也应当是工程师不懈的追求。

当然，影响工程产品的服务可及性与普惠性的因素，除了潜在用户的经济状况外，还有潜在用户的知识和技能水平，在高新技术产品领域，这一点更加突出。

**发现故事**　　"落后的老年人"

随着互联网的发展，各种移动端应用程序的出现，让我们的生活便利了许多。但是在很多年轻人享受着全新打车模式带来的快捷和实惠时，许多不会使用打车软件、用不惯智能手机的老人，却遭遇了打车难的问题。家住天津市南开区西湖道的刘阿姨每周都会去河东区的父亲家做一些家务，因为小区离公车站较远，每次去要带很多东西的刘阿姨都会选择打车。但是最近一段时间，提着大包小包的刘阿姨至少要在路边等半小时才能打到车，眼瞅着一辆一辆的空车从她面前驶过，停下来的却寥寥无几。这都是打车软件导致的，司机选择了去接手机上下的订单，是因为平台会给司机发额外的补贴，所以有相当一部分的司机不会停下载这些在路边招手的乘客。

有相当一部分老年人，或者学不会智能手机，或者对这些新生事物没有兴趣，平时不接触手机生活应用，但是他们的需求同样应该得到尊重和满足。打车软件是利用科技成果参与市场竞争的产物，但市场竞争的原则是平等，不仅是经营者的平等，还包括消费者的平等；这个平等，不应该因为新工具的出现而受损。

美国伦理学家理查德·T.德·乔治认为，在弥合信息富有者与信息贫困者之间的数字鸿沟方面，信息工程师负有以下责任：第一，使计算机和因特网的使用简单直观，就像普通的电话一样；第二，使文化水平低、英语知识不足的人也能使用计算机和网络等。所以社会期望工程师通过技术改造降低使用工程产品的知识技能门槛，让每个群体都能享受到工程项目所带来的便利。

企业针对产品目标人群开展相应的工程活动，实际上也就把目标人群之外的人群排除在工程恩泽之外，而工程中产品的价格则充当了一定的门槛角色。上述这些情况都存在于企业日常的生产活动中，但是不容易被人们所察觉。提出这些问题并具体分析，希望大家能增强识别此类问题的意识，增强道德敏感性。

# 4.3    工程的社会成本与利益相关者

前面提到的关涉公平公正的工程问题，有些未必是企业或工程师主观造成的，但此类工程问题影响较为广泛，涉及的人数众多，性质也较为严重。而且以项目发起方的视角是不容易发现此类问题的，容易产生责任落空的情况，所以此类问题更需要受到关注和研究。

## 4.3.1    邻避效应

在城镇化、工业化快速推进过程中，城市规模迅速扩大，城市生活、生产以及经济产业发展对供水、排水、电力、电信、环境卫生等设施的需求量显著增加。但也因此近年来较多城市尤其是大城市由此产生的冲突矛盾快速增长，有的甚至引发群体性事件，部分设施陷入了"建设—阻工—停工—复工—再阻工—再停工"的怪圈，呈现出经济发展与社会稳定"双输"的局面，严重影响城市经济产业发展与社会稳定。如何有效化解邻避矛盾，减少冲突，实现共赢，既是当前城市必须面对和正视的课题，也是检验经济发展和社会治理能力的刻度尺。

"邻避设施"是指那些与民众日常生活、生产活动密切相关，可以带来整体社会利益，但可能对邻近设施周边的居民产生负面影响的设施，如变电站、垃圾填埋场、污水处理厂等。

"邻避效应"是因为邻避设施可能存在潜在危险、刺鼻气味、噪声、环境污染等情况或是对周边房价、地价和人民群众生活造成消极影响，激发民众的嫌恶情绪，而遭到周边民众抵制建设的社会现象。

"邻避设施"的特征具有两点：一是产生负面的外部效应。包括环境影响和非环境影响，其中环境影响指空气和水质污染、生态影响、景观影响、噪声污染等，以及由此引发的健康问题；非环境影响包括经济和社会影响，如房地产价格下降和社区耻辱等。二是成本与效益分布不均衡。"邻避设施"通常对大多数人都有好处，但其环境和经济的成本则集中产在特定人群中，由此造成成本与效益不对称，并导致不公平。

以一个重庆南岸区制订"邻避设施"规划调整方案的案例作为分析。

近年重庆市的发展过快，导致了一些"邻避设施"的产生。经梳理研究发现，南岸区规划尚未建设的 59 处"邻避设施"中有 2 处小型生活垃圾转运站、1 处 110 kV 变电站、2 处加油加气站直接与规划居住用地相邻，无任何隔离防护用地；有 2 处 35 kV 变电站防护绿地宽度只有 10 米，不满足规范 15～25 米的要求；有 2 处重点服务茶园新城商业中心区的中型生活垃圾转运站规划占地面积偏小，分别为 4058 平方米、4125 平方米，刚超过规划标准(4000～10000 平方米)下限值，场地规模远不能满足商圈的实际需求。根据发现的问题，区规划和自然资源局加快对查找出的 9 处"邻避设施"及其周边用地开展专项规划调整工作，通过扩大设施周边防护用地宽度，增加公园绿地、广场用地(改善周边民众居住环境)，进行自然隔离，调整设施用地类型及等级，优化设施规划选址等措施，尽可能减少"邻避设施"对周边居民的负面影响，同时对于调整的用地指标在全域范围内统筹平衡。

通过以上的案例可以得知，在工程项目进行中存在一些不可避免的矛盾，但这些矛盾并不是不可调和的。

"邻避事件"发生的原因很复杂，不一定是已经产生的危害，也可能是居民对危害的心理担忧和风险感知。德国著名社会学家贝克认为，作为工业化的产品以及技术创新的副作用，风险是我们仍有许多知识"无知"领域的情况下，作出过分自信的决策所引发的。就工程设施而言，贝克所言的"副作用"表现为工程或设施运营过程中产生的环境污染等外部性问题。20 世纪中叶以后，工业文明的创新技术所产生的尚不能被人类所充分掌握的副作用，构成了新的风险积累。因此，贝克指出，现代世界正在从"工业社会"向"风险社会"转变。

随着工业化、城市化进程的进一步发展，居民权利意识、风险意识以及环保意识不断增强，"邻避冲突"的发生数量预计将呈上升趋势。

## 4.3.2　工程活动的社会成本

传统的工程观(以及项目观、价值观、管理观等)主要考虑企业本身以及对工程项目的投入与产出有直接密切作用关系的群体(如供货商、销售商以及用户等)，除此之外的其他人则不予考虑或很少考虑；主要考虑企业本身的收益和付出，不考虑或很少考虑社会为工程付出的代价。例如，传统的项目管理是一种与工业文明相适应的、以自我为中心的用途性管理。它考虑的环境问题(如污染防治等)，往往只考虑到局部小环境，不够深入，不够自觉。忽视社会成本是传统项目管理过程中普遍存在的一个不足，也是对受到项目影响的相关方利益的一种忽视。

工程活动的作用尤其是副作用效应的不断累积和增强，引起了媒体、公益组织、政府部门以及社会公众的反应，因此产生的外部性(Externality)问题使得社会成本/代价的理念得以确立，企业管理理论开始出现企业社会责任(Corporate Social Responsibility，CSR)和利益相关者思想。

按照利益相关者分类和影响路径法对社会成本终点指标进行具体划分，可以得到工程项目社会成本清单。建筑工人受到的社会影响主要来源于建筑安全事故，其社会成本可以细分为事故医疗成本、过早死亡或永久残疾造成的收入损失、受害人及家属朋友的精神损失；而对于交通用户来说，交通事故的社会成本包含了事故财产损失。另外，交通延误的社会成本包括时间损失(包括司机、乘客、行人、货物的延误)和车辆运营成本。对于当地社区来说，交通受阻会导致受影响区域内商户的可及性下降，消费者流失，从而导致该地区的商业收入下降。此外，噪音和粉尘都对当地社区的居住环境有影响，噪声污染成本可以采用房屋价格和生产力下降幅度进行衡量，粉尘污染可以采用清洁费进行估算。值得注意的是，环境污染成本涵盖了治理空气、水体和土地污染的成本。公共组织的社会成本包括事故行政成本、税收损失、停车收入损失和次要道路维护成本等。

再具体到一个建筑工人的成本，建筑工人在施工时面临着高处坠落、物体撞击、倒塌事故等带来的伤害甚至死亡的风险。工作场所安全性被认为是建筑工人社会影响类别中最重要的部分。有研究表明，工作场所事故成本约为总建设成本的 0.25%～0.3%，其大小受建筑工人数量、分包商数量、项目规模、项目管理复杂性、安全保障投资和社会文化等诸多因素的影响。工作场所事故对建筑工人造成的社会成本主要包括以下三个部分。

(1) 医疗成本。医疗成本包括医疗救护费、住院费、残疾人康复费等。它的高低与伤害的严重程度、当地医疗水平、价格水平等因素有关，可通过医院收费、保险支付、伤亡调查来收集当地医疗费用的代表性数据。一些学者对建筑工程事故和交通事故的医疗费用进行了统计，但这种方式既困难又耗时，因此，建议结合国家公布的统计数据与医院的医疗数据来估算事故的医疗成本，而不是仅依靠现场调查和跟踪。

(2) 收入损失。收入损失指过早死亡或永久残疾造成的工资收入损失以及亲属或朋友照顾受害人时的收入损失。严重的安全事故可能会对受害者的身体机能造成永久性损害，从而导致受害者复工后的工作能力下降，工资收入下降。同样，过早死亡也会导致受害者家庭失去财富积累。建筑工人的收入损失可以通过人力资本法(Human Capital，HC)计算，该方法考虑了伤者从受伤时间到退休为止因过早死亡或残疾造成的工资收入损失。收入损失往往与受害者的工资、年龄、伤残等级有关，计算参数易于量化且相对稳定。但 HC 方法直接将生命价值与个人收入联系在一起，对于儿童、老年人和失业人员十分不公平，因此在使用时应当明确受害人的职业性质以便对社会弱势群体进行额外考量。

(3) 精神损失。精神损失指伤残或死亡给受害人及其家属朋友带来的痛苦、悲伤和生活质量下降的非物质成本，可以采用社会经验值(例如法院裁决经验)或支付意愿法(Willingness To Pay，WTP)估算。根据法院关于精神损失成本的相关裁决经验，可以获得精神损失与事故总成本(包括医疗费用、收入损失、丧葬费、财产损失等)的比值，对建筑安全事故的研究表明,该比值约为 0.3,而对交通事故的研究显示该比值依据交通用户的受伤严重程度不同表现为 0.052 到 0.275 不等。WTP 反映了人们愿意为降低事故风险而付出的成本,可以通过个人问卷调查获得,也可以从危险职业补偿、消费者市场或公共决策中分析得到。在对 WTP 的标准化评估中,最重要的是确定统计学意义上的生命价值,即统计生命价值(Value Statistical Life,VSL)。VSL 需在国家层面上进行评估,它与人均国内生产总值(GDP)、预期寿命、工作时间与休闲时间的比值等因素有关。

早在 150 多年前,马克思就曾指出,“我们这个时代,每一种事物好像都包含有自己的反面。我们看到,机器具有减少人类劳动和使劳动更有成效的神奇力量,然而却引起了饥饿和过度疲劳。财富的新源泉,由于某种奇怪的、不可思议的魔力而变成贫困的源泉。技术的胜利,似乎是以道德的败坏为代价换来的。随着人类越发控制自然,个人却似乎越容易成为别人的奴隶或自身的卑劣行为的奴隶。甚至科学的纯洁光辉仿佛也只能在愚昧无知的黑暗背景上闪耀。我们的一切发现和进步,似乎结果是使物质力量成为有智慧的生命,而人的生命则化为愚钝的物质力量。现代工业和科学与现代贫困和衰颓的这种对抗,我们时代的生产力与社会关系之间的这种对抗,是显而易见的、不可避免的和毋庸争辩的事实”。

可见,对科技负面作用的问题早有论述和研究,但是从公平角度对工程的收益和损害进行分析的,还不多见。这种视角能够明确科技的利益和副作用具体落到什么人头上,从而能够识别出改变分配不公以及科技造成的环境资源和社会问题的动力。

### 4.3.3　利益相关者

利益相关者理论(Stake Holder Theory)是 20 世纪 60 年代左右在西方国家逐步发展起来的,20 世纪 80 年代以后其影响迅速扩大,并开始影响英美等国的公司治理模式,进而促进了企业管理方式的转变。利益相关者理论的出现是有其深刻的理论背景和实践背景的。

利益相关者理论立足的关键之处在于,它认为随着时代的发展,物质资本所有者在公司中的地位呈逐渐弱化的趋势。所谓弱化物质所有者的地位,指利益相关者理论强烈地质疑“公司是由持有该公司普通股的个人和机构所有”的传统核心概念。主张利益相关者理论的学者指出,公司本质上是一种受多种市场影响的企业实体,而不应该是由股东主导的企业组织制度;考虑到债权人、管理者和员工等许多为公司贡献出特殊资源的参与者的话,股东并不是公司唯一的所有者。

促使西方学术界和企业界开始重视利益相关者理论的另一个重要的原因是,全球各国企业在 20 世纪 70 年代左右普遍开始遇到了一系列现实问题,主要包括企业伦理问题、企业社会责任问题、企业环境管理问题等。这些问题都与企业经营时是否考虑利益相关者的利益要求密切相关,迫切需要企业界和学术界给出令人满意的答案。

#### 1. 企业伦理

企业伦理(Business Ethics)问题是 20 世纪 60 年代以后管理学研究的一个热点问题。由于过分地追求利润最大化，企业经营活动中以次充好、坑蒙拐骗、行贿受贿、恃强凌弱、损人肥己等不顾相关者利益、违反商业道德的行为，在世界各国都不同程度地存在着。企业在经营活动中应该对谁遵守伦理道德，遵守哪些伦理道德，如何遵守伦理道德等问题摆在了全球学术界和企业界的面前。

### 2. 企业社会责任

企业社会责任(Corporate Social Responsibility，CSR)的概念是从 20 世纪 80 年代开始得到广泛认同的，其内涵也日益丰富。过去那种认为企业只是生产产品和劳务的工具的传统观点受到了普遍的问责，人们开始意识到企业不仅仅要承担经济责任，还需要承担法律、道德和慈善等方面的社会责任。随后，对企业社会责任的研究逐渐成为利益相关者理论的一个重要组成部分，其研究的重点已从社会和道德关怀转移到诸如产品安全、雇员权利、环境保护、道德行为规范等问题上来。

### 3. 企业环境管理

企业环境管理(Enterprise Environmental Management，EEM)问题日益成为现代企业生存和发展中一个不容回避的问题。人类生存的自然环境日益恶化已是一个不争的现实，全球环境问题已经成为人们关注的焦点。1992 年 11 月 18 日，包括 9 位诺贝尔奖获得者在内的 1500 位科学家发表了三页《对人类的警告》。这些科学家们肯定地认为："全球环境至少在八个领域内面临着严重威胁，全球环境问题不仅仅已经影响着当代人的生活，而且还对人类后代、非人物种的生存也构成了威胁。"因此，已有学者开始认识到基于利益相关者共同参与的战略性环境管理模式(Strategic Environmental Management Based On Stake Holders Participation，SEMBOSP)可能是企业环境管理的最终出路。

下面介绍几种利益相关者的理论观点。

利益相关者理论的代表人物之一、美国布鲁金斯研究中心博士布莱尔就指出，"公司股东实际上是枉为理论上的所有者身份，因为他们并没有承担理论上的全部风险，这些股东几乎没有任何我们所期望的、其作为公司所有者本身所应有的典型的权利和责任。"其他利益相关者如雇员和债权人也承担了一部分的风险。因此，公司不是股东一方所有的"公司"，股东只是拥有公司股份，而不拥有公司本身。既然"公司不是由其股东所拥有"，股东仅仅是一组对公司拥有利益者之中的一员，那么我们就没有理由认为股东的利益应该优先于其他利益拥有者(凯·西尔伯斯通，1996)。而且，布莱尔还进一步指出，由于各种创新金融工具的产生，股东能够通过证券组合方式来降低风险，从而也降低了激励他们去密切关心公司生产经营状况的动力，所以，股东具有"最佳的激励"，使其监督经营者并观察企业的资源是否被有效地使用的命题也就发生了动摇。在布莱尔等人看来，"我们一直在被灌输一种说法，即产权是市场和资本主义的组织方式赖以存在的制度基础，现在这种说法受到了冲击"。公司的出资不仅来自股东，还来自公司的雇员、供应商、债权人和客户，后者提供的是一种特殊的人力投资。因此，公司不是简单的实物资产的集合物，而是一种"治理和管理着专业化投资的制度安排"。

利益相关者理论认为，从"企业是一组契约"这一基本论断出发，可以把企业理解为

"所有利益相关者之间的一系列多边契约"，这一组契约的主体当然也包括管理者、雇员、所有者、供应商、客户及社区等多方参与者。每一个契约参与者实际上都向公司提供了个人的资源，为了保证契约的公正和公平，契约各方都应该有平等谈判的权利，以确保所有当事人的利益至少都能被照顾到，这是因为契约理论本质上就要求对不同相关利益者都要给予应有的"照顾"。

# 4.4　工程中的公正原则

现代法律的基础，源自公平与正义的观念，而公平和正义原则的确立，有着非常深刻的根源。马克思主义政治经济学明确指出，经济基础决定上层建筑，而法律原则的确立，也毫无疑问遵从这一人类社会的客观规律。需要说明的是，一切正义理论的基础，都是来自公平，公平是正义的根基，失去公平的前提，正义也就毫无意义可言。而正义只是公平的次一级原则，公平决定正义，正义影响公平。

不管是少数服从多数，还是多数服从少数，从其根本上来看，都是不公平的，少数或者多数所认同的正义本身就不存在。由于群体盲目跟风的特点，往往一个最浅层和最易被接受的表象，会成为绝大多数人的第一判断；而更深层次的矛盾核心，却只有极少数精英分子才能看见。精英分子所看到的很可能是正确的，但是如果强迫大众来接受，就成为一种强权；而大众投票的结果，却往往走上错误的路线。

前面分析和揭示了工程中公正问题的表现及其形成机理，下面来探讨如何在工程中实现公正原则。我们来看一个关于医疗资源分配的案例。

**发现故事**　医疗资源分配

人工肾和血液透析技术是在 20 世纪 40 年代发明的。直到 20 世纪 50 年代末，血液透析都只用于抢救急性肾衰竭病人。1960 年，美国西雅图的肾病科医生施莱纳(Belding Schribner)改进了透析使用的动静脉分流器，使得慢性肾衰竭病人有可能通过定期接受血液透析来延长生命。1962 年，施莱纳在西雅图创办了全世界第一家血液透析诊所——西雅图人工肾中心，但是当时只有六台透析机，只接受末期肾病患者定期上门透析。由于治疗费用高昂，一般人无力承受，因此，诊所得到州政府的财政资助，可是闻讯而来的病人很快就超过了诊所能够接纳的数量，导致医疗系统崩溃。怎么办？能不能得到透析治疗，关乎每一个末期肾病患者的生死。施莱纳医生不愿意亲自做这个决定，于是就组织了一个匿名的九人委员会，其中包括两名医生和七名其他行业人士，负责挑选接受透析的病人。

这便是有史以来的第一个医学伦理委员会。委员会认为，疾病并不仅仅影响个人的健康和生命，还影响病人的家庭乃至社区的社会经济生活，应以此为基础，制定选择病人的标准。该诊所是由华盛顿州纳税人资助的，因此外州病人一律不予考虑。本州病人要优先得到治疗还需满足两个条件：① 病人失去工作能力后，家庭中需要申请州政府救济的人数最多；② 社会价值最高。所谓社会价值，包含了病人作为一个劳动者、家庭成员、义工所作的贡献，以及病人一旦死亡对社会造成的负担和损失，尤其是涉及身后无人抚养的儿童。根据这些标准，中选的第一批病人大多为职场努力、子女多、积蓄少、积极参与教会及社区事务的男性一家之长。这样的选择充分反映了委员会成员所代表的白人中产阶级清教徒的价值观。

20 世纪 60 年代初正是美国黑人民权运动方兴未艾之时。尽管废除民族、宗教、性别等种种歧视的民权法案到 1964 年才在国会通过，但是，根据"社会价值"来选择治疗病人的做法一经媒体报道，还是遭到了广泛的批判，被认为是将社会成员划分为三六九等，有歧视之嫌。委员会因此被迫改组。新组成的委员会不再根据病人对社会的贡献来决定是否得到透析，而是改用医学标准。

血液透析是一项长期、困难的治疗措施，病人主动配合的程度对治疗效果影响很大。为了提高疗效，确保有限的资源不浪费在不能积极配合的病人身上，委员会详细调查病人的教育、就业等个人历史，并且进行心理测试，以此来评估病人对透析治疗的"心理适应度"，以此作为选择病人的标准。

由于心理适应度这个标准着眼于治疗效果，因此被认为是一项医学标准。可是委员会确定心理适应度的方式，却很难区分病人的哪些行为可能影响治疗效果，哪些行为只是出于社会偏见被挂上"不良"标签，其实并不一定影响病人预后。例如，有个透析候选病人是个 22 岁的失业卡车司机，他的妻子患有肥胖症，而且对要求她控制体重的医生建议心怀抵触情绪。这个病人在委员会审议时没有得到批准，理由是如果他的妻子连自己的超标体重都不愿意遵照医嘱加以控制，怎么能指望她支持鼓励丈夫积极配合医生接受透析治疗？由此可见，"心理适应度"虽然表面看来像是医学标准，其实依然受到委员会成员心目中理想的中产阶级行为准则影响。

稀缺医疗资源分配的一个重要原则，是要使有限的资源得以发挥最大的效益。可是对于"最大效益"的定义，本身就充满争议。假定有两个需要急救的病人，一个濒临死亡，抢救存活的可能性不大；另一个病情较轻，但随时可能恶化。这时有限的资源应该先用于救治哪一个？选择病人的医学指标可以涉及病情的轻重、预后的好坏(治疗成功机会的大小)、治疗后生活质量的高低，这个决定的过程不可避免地会受到社会价值观的影响。

## 4.4.1  基本公正原则

所谓公正或公平，又称为正义，原意指"应得的赏罚"(Desert)。"应得"抽象地说是一种对等和平等的对待。但公正不等于平等，实际上，它还规定了不平等的程度。公正最基本的概念就是每个人都应获得其应得的权益，对平等的事物平等对待，不平等的事物区别对待。当然，确定一个人应得的利益可以有多种方式，例如可以根据其工作、能力、品行或需要等各种标准来衡量。

美国伦理学家理查德·T. 德·乔治提出了四种类型的公正：

补偿公正，是对一个人曾经遭受的不公正待遇进行补偿。

惩罚公正，是对违法者或做坏事的人进行惩罚。

分配公正，指公正地分配福利和负担。

程序公正，规定了判决的过程、行为或达成的协议的公正性。

一般情况下，人们把公正狭隘地理解为分配公正，关注社会利益和社会负担的合理分配问题。对于科技发展来讲，成本、风险与效益的合理分配日益成为科技伦理抉择的重要方面。同时，由于知识与信息是科技事业的关键性因素，而不同阶层在知识素养和理解新知识的能力方面存在着现实的差异，知识与信息传播中的公正问题也成为人们关注的热点。

这里我们以常见的水电工程项目为例。

---

**发现故事**　　**三峡水利枢纽工程**

三峡水电站，即长江三峡水利枢纽工程，又称三峡工程，是中国湖北省宜昌市境内的长江西陵峡段与下游的葛洲坝水电站构成梯级电站。三峡水电站 1992 年获得中国全国人民代表大会批准建设，1994 年正式动工兴建，2003 年 6 月 1 日下午开始蓄水发电，于 2009 年全部完工。三峡工程的最大经济效益在于解决了大部分区域的供电，三峡水电装机容量为当今世界最大。

三峡工程以促进中国经济发展为目标，移民的规模史无前例，影响深远。在建设过程中，从 1994 年到 2009 年，共有 125.65 万人因房屋被淹没而被重新安置。三峡工程的影响范围覆盖重庆和湖北 19 个行政区，5.6 万平方公里的土地和 1.5896 亿人口。相关研究表明，与国际或城市化移民一样，三峡工程移民在迁移安置后往往因为被迫迁移而遭受经济、社会、文化和身体健康方面的多重压力。除此以外，三峡工程的建立带来了诸多社会及生态问题，例如由于电力输送范围有限，用电配置存在区域性；三峡工程的防洪作用使得长江中下游的水产养殖及航运业快速发展，而三峡工程所在地区也因为三峡工程电力输送等原因，经济迅速崛起，因此给地区带来的经济效益也具有不平等。这些都有可能造成工程的不公平不公正，面对这些问题，我国出台了一系列政策，尽最大可能地保证了社会的公平公正。

水电工程作为社会的重大工程项目，不仅牵涉到公众、企业以及政府等多方利益的分配问题，还涉及权利和义务的履行问题。处理好各方利益分配问题、权利和义务的归属问题，是水电工程成功的关键。因此，水电工程伦理应遵循公正原则，坚持个人利益与社会利益的公正分配，坚持权利与义务公正。

单纯地从公正的本义来看，公正的概念与"奖与罚"相联系。公正包括"程序正义""回报正义"以及"分配正义"。"程序正义"是指建立一种适合所有人的公正程序；"回报正义"是指给那些做出奉献的人员以一定的回报；"分配正义"则是指风险和利益的公平分配。公正原则要求我们在涉及水电工程有关风险和利益的分配及权利和责任的分担问题上,应该既合理又公平。目前,水电项目存在着不少不公正的现象。究其原因,有以下三方面:首先,没有综合考虑每个利益相关者的利益。在实施水电工程项目之前,既没有充分征求人民大众的意见,也忽视了整个城市的综合发展问题,更没有考虑对整个自然生态的影响。其次,没有将利益的分享、责任的分担与风险的承担较好地统一起来。在整个项目中,工程参与人员、项目管理人员以及企业公司和政府是利益的主要获得者,却没有承担相应的责任,相反,广大公众却要承担安全问题、生态环境问题等所带来的风险。这就是项目中的风险和收益、责任与权力分配不公的体现。最后,有关水电工程的程序至今仍未完善,相关的政策和法规少之甚少,缺乏程序正义。这些不公正的现象不仅会对水电工程项目的进程产生影响,而且也挑战着整个社会的公正。因此,在水电工程项目中,每个工程参与者都要有公正意识,充分考虑当地人民的意愿和要求,保证他们的合法利益,告知他们工程项目存在的风险,通过信息对称来确保工程参与者与社会公众之间的公正关系。

此外,公正原则有广泛的普适性。从世界范围来看,作为一项重要民生工程,水电工程项目可能是由多个国家共同开发的结果。"公正"原则要求每个国家对水电工程项目的实施与开展都必须采取毫无例外的态度,在共享水电工程所带来的效益的同时,能够共同承担责任与风险。虽然国家之间的发达程度存有差异,科技水平有高有低,但是我们处在同一个自然世界,理应负有相同的责任,其成果也应为全人类共享。如若不用"公正"原则对每个国家加以约束,实现风险、责任和利益的公正分担,那么国与国之间的差距将会进一步拉大,更不可能实现技术创新。

在工程活动中,公正应该是工程实践的内在目标的有机组成部分,公正的实现应该与效率的追求相统一。效率的实现要以基本公正为条件,反过来,没有合理效率的"公正"不仅是不现实的,而且是有悖公正本意的。因此,应该实现的公正首先是可以实现的公正,而可以实现的公正应该是有合理效率的公正。具体工程活动中公正与效率所追求的目标是有差距的,但这种差距不应该大到难以弥合。如果差距过大,就需要对两者的目标作一定的调适,使其尽可能统一于工程活动的总体目标体系之中。

还应指出,在任何对效率的合理追求的活动中,都必须体现对创新者或有突出贡献者的激励,这不仅是对效率的促进也是应该实现的公正。

在帮助弱者的责任方面,法国伦理学家皮埃尔·安托万(Pierre Antoine)指出:"个人、集团和国家即使以道德手段使自己在世界上处于有利的、强大的和繁荣的地位,他们这样就已经阻碍了其他人或其他民族的经济发展或社会升迁(即使是间接的,因为这个星球上存在的物品是有限的),他们应对后者的匮乏负责并应利用自己所处的较好地位对这种情况加以改正,即使并未犯有非正义的错误,这种植根于正义的义务仍会存在。"

在这方面,国际工程界已经开始形成共识,他们承诺把促进可持续发展、解决人类生存中遇到的各种问题(包括解决极端贫穷、防止经济生活的两极分化)作为自己的责任。2004年在上海召开的第二届世界工程师大会上通过的《上海宣言》明确指出:"众所周知,在消除贫穷、持续发展、实现联合国制定的《千年发展目标》的事业中,工程承担着重要的责任。"工程界呼吁各国政府应当充分认识工程在社会经济发展、保障人们基本需求、消除贫困、缩小知识鸿沟、促进各种文化的沟通合作和消除冲突中的作用。

## 4.4.2　利益补偿的原则与机制

基本分配公正的实现是一个十分复杂的过程。其实现途径是，在不同利益与价值追求的个人与团体间对话的基础上，达成有普遍约束力的分配与补偿原则。这些原则实质上是最低限度的，可以称之为底线原则。它反映了在当前时代所处的文明程度下，面对工程活动中复杂的利益分配行为，不同伦理观念和道德水准的人群的伦理共识。这实际上是以程序公正来保证分配公正。

在实际的工程中，利益补偿原则与机制是相辅相成的。众所周知，地球上水资源是很匮乏的，下面通过介绍对水资源的利用来进行分析。

目前我国水资源的利用存在结构性矛盾，不少地区都在城市化与工业化进程中，工业用水和城镇用水不断增加，农业、工业、生活用水结构随之发生变化，三者之间的结构性矛盾逐步显现，相关利益主体间因水资源配置的变化而引起的利益矛盾也逐步凸显。一方面，不少工程水源用于城镇与工业，工业用水、城市用水直接挤占了农业灌溉用水，农业灌溉受到不同程度的影响；另一方面，在城市化与工业化进程中建设占地增多，城市用地和工业占地还不断地侵占着原来的农业用地，改变了原有的渠系分布和功能，造成有效灌溉面积减少，直接影响了农业经济的发展。以浙江为例，伴随着浙江工业化、城市化的推进，浙江省在总用水量保持基本不变的情况下，工业用水量、居民及公共用水量逐步上升导致农业灌溉用水量占总用水的比例从 1998 年的 58.9%下降到 2007 年的 41.3%。同时，2003 到 2006 年减少的有效灌溉面积中，因"建设占地"而使有效灌溉面积减少的占到了 57.1%，因"转供工业、生活用水"而使有效灌溉面积减少的占 7.7%。

已有的在对有关水资源利益补偿问题的研究中，大都是对水利工程补偿和利益分享机制以及与水资源相关的生态补偿等方面的理论探讨。而水资源协调利用的利益补偿问题是一个系统性、长期性的问题，不但包括水资源利用的载体(水利工程)的投资补偿问题，还包括水资源、水环境利用和保护中的相关方的利益协调与补偿问题。水资源不仅具有经济价值，是流域内人民的共同财产，还具有社会价值、生态价值和环境价值。水资源的利益补偿机制是生态经济中的一项重要制度，它的理论基础主要是生态经济的外部性理论，同时还包括水资源生态环境价值理论和法哲学上的公平正义理论。

实现水资源的协调管理与合理利用，达到水资源与水利工程效益的合理配置、公平分享，是各国政府管理机构和相关管理部门正在努力解决的一个世界性难题。为了合理、公平、有效地分配水资源，提高水资源的利用率，保持自然生态系统基本用水和水资源永续利用，维护环境正义，相关政府部门必须逐步建立和完善水资源协调利用的利益补偿机制。在我国当前条件下，我们可以根据水资源的公共物品属性、水资源的生态价值论和水资源利用的公平正义伦理观，来构建适合当地自身社会经济发展和自然资源环境条件的水资源协调利用的利益补偿机制。

采取的补偿原则，根据水资源和水利工程的"公共性"和"外部性"的经济特征，兼顾各补偿主体公平地享受权利、承担义务的要求，根据利益相关者在特定事件中的责任和地位加以确定构建水资源协调利用的利益补偿机制。① 使用者付费原则。水资源属于公共享有的具有稀缺性的自然资源，应该按照使用者付费原则，由水资源和水利工程使用者向国家或公众利益代表提供补偿。② 受益者付费原则。在区域之间或者流域上下游间，应该遵循受益者付费原则，即受益者应该向水资源和水利工程服务功能提供者支付相应的费用。区域或流域内的公共资源，由公共资源的全部受益者按照一定的责任分担机制承担相应的补偿。③ 侵害方给予补偿原则。在工程建设和使用中，造成生态破坏、环境污染的单位和个人向受损方(或其代理)赔偿损失。④ 保护者得到补偿原则。对水资源和水利工程的保护、建设和维护做出贡献的集体和个人，对其投入的直接成本和丧失的机会成本应给予补偿和奖励。

补偿的方式，从世界各国的实践经验来看，为水资源的协调管理与合理可持续的利用，各国政府运用了多种利益协调与补偿方式。例如，德国建立州际财政平衡基金用于州际的横向转移支付；美国下游受益区政府直接向上游居民进行货币化的补偿。

根据目前我国的实践情况，我们可以总结出以下三种水资源协调利用的利益补偿方式：① 水价补偿。今后水价的制定不但要考虑直接的供给成本(工程水价)，还应考虑适当加入水资源的价格、污水处理的价格和整个水生态水环境的代价。② 水利工程投资补偿。实施对工程投入的利益补偿机制，明确受偿主体，平衡各方的投入与收益分配，使收益与投入挂钩，使得工程建设、维护、管理的经费有保障。③ 生态补偿。引入"统筹协调、共同发展、公平公正、权责一致"的生态补偿机制，这"既有利于水源区的水资源保护意识和经济发展，又有利于下游地区水资源利用的保护意识和经济意识的树立，最终使整个流域生态和经济协调发展"。

补偿标准的确定，主要以投入成本或收益方的收益为依据。补偿标准的测算分为三个层次：① 相关方为达到水质水量的达标供应、防洪排涝、生态保护所付出的努力，即直接投入，应该得到相应的利益补偿，这是补偿的下限。这主要包括工程所在地区修建水利设施投入、工农业节水的投入、林业建设投入、水土流失治理投入等。② 相关方为达到水质水量的达标供应、防洪排涝、生态保护所丧失的发展机会的损失、限制性的产业政策和环境标准造成当地生产生活成本的提高，即间接投入，应该得到相应的利益补偿。从理论上讲，直接投入与机会成本之和应该是利益补偿的最低标准。③ 相关方对水资源水环境生态服务效益和价值所愿意或能够作出的补偿和支付。这包括水资源和水利工程所提供的灌溉效益、供水效益、生态环境、防洪效益、除涝效益及其他效益等。相关方根据水资源利用和保护过程中所得到或损失的社会福利来确定补偿或受偿关系与标准。根据上述标准，综合考虑国家和地区的实际情况，特别是经济发展水平和生态与资源环境承载能力，在政府主导和参与下通过相关各方协商来确定当前的补偿标准，最后根据水利发展、生态保护和经济社会发展的阶段性特征，进行适当的动态调整。

### 4.4.3　公众参与的利益协调机制

在我国，传统的工程管理体系多为自上而下的管理结构。决策过程强调管理和精英领导，缺乏公众参与。从工程建设和管理的角度来看，工程建设和管理是重点。评估项目的有效性时常常忽略经济和社会效益，当一个项目立项时，往往会涉及很多无法解决或没有考虑到的冲突。要改变这种状况，需要建立利益相关者利益协调机制，让广大公众参与项目决策、设计和实施的全过程。

首先，保证公众的知情权，做到知情同意。科技时代的工程师、科学家和普通大众之间的关系可以比作"医患"关系模型。这种关系模型的特点是双方之间的信息不对称。责任方处于主导地位，权利方处于被动地位，在关系过程中对权利方的理解取决于责任人的信息和沟通。由于工程活动涉及各个相关群体的价值取向，这些价值负载包含在制定工程目标、追求利润和定义风险等密切相关的技术指标中。由于许多工程活动的开展和各项科技成果的应用，直接或间接影响部分或全体人民的利益，工程技术人员应充分、及时地利用这些信息，他们有义务公平地告诉公众。反过来，公众也应享有知情同意权，有效防止不道德的科技行为的发生。利益相关者需要了解项目的性质和可能产生的后果、与项目相关的风险、项目的所有者和状态以及项目实施的不同方式。

其次，为保证程序公正，吸收相关方参加到工程的决策、建设、运营之中。对"邻避事件"以及民众"邻避情结"的分析表明，在风险社会下，公众有强烈的直接参与决策的需求，如果体制内无法满足，他们则倾向于以"集体行动"等方式在体制外表达其诉求。现代工程规划设计决策应突破传统的以国家规范和标准为依据、以专家知识和经验为基础的先验性工程技术参数与设计边界条件的局限，在利益相关者互动协调过程中达成利益相关者对参数与边界条件的共识。关键是让各类利益相关者或其选出的代表直接参与决策，在互动过程中各利益相关者提出各自的观点和主张，如政府让社区公众了解项目的社会整体价值；兴办者让社区公众了解项目为之提供的社会服务；社区公众让各利益相关者了解他们对项目的焦虑、主张及利益诉求；设计师等利益相关者了解项目可能产生的负外部性及可采取的技术措施、国内外技术标准等，并进行争议、解释、回应或赞同等，明确各方争议的焦点，再针对焦点问题开展下一轮的协商。这个过程可能是一个多次循环迭代、耗时较长的程序，但从认识论角度来看，这个过程中各利益相关者对于项目认知的相互作用和学习，使各方的建构潜移默化，变得更加准确和成熟，有利于发展为共同建构，并可能最终在工程选址、规划和设计参数与边界条件上达成共识。

采用公众参与式方法有利于提高项目方案的透明度和决策民主化；有助于取得项目所在地各利益相关者的理解、支持和合作；有利于提高项目的成功率；有利于维护公正，减少不良社会后果。

# 参 考 案 例

## 案例 1："困在系统里的外卖骑手"背后的伦理思考

去年，一篇标题为《外卖骑手，困在系统里》(见图 4.6)的深度调查报告，引发了全民对外卖行业商业伦理、职业风险、用户体验的讨论。2 万字长文，23 张配图，细数了美团、饿了么崛起的背后，平台、600 万外卖骑手以及 5 亿用户之间的需求与矛盾。由于平台不断压缩送餐时间，外卖骑手"舍命狂奔"，事故不断，已成为"高危职业"。此外，报道还分析了苛责的用户评价、时效体系，制造并不断加剧了矛盾。事件发酵后，饿了么率先表示，将给用户"多等 5 分钟"的选择；美团则在一天后发文，表示认错、反思，将给用户"多等 8 分钟"的选项，并将加大资金和技术投入，保障骑手的安全和权益。

图 4.6    "困在系统里的外卖骑手"

外卖行业已高速冲入"下半场"，外卖平台、商家、骑手的矛盾日益凸显。我们不禁会思考到底是谁"偷走"了外卖骑手的时间和安全？谁应该承担这种责任？"他"为什么要这样做？是什么加剧了外卖平台、商家、骑手的矛盾？

在过去一年多时间里，美团配送团队在机器学习、运筹优化、仿真技术等方面，持续发力，深入研究，并针对即时配送场景特点将上述技术综合运用，推出了用于即时配送的"超级大脑"——O2O 即时配送智能调度系统。

系统首先通过优化设定配送费以及预计送达时间来调整订单结构；在接收订单之后，考虑骑手位置、在途订单情况、骑手能力、商家出餐时间、交付难度、天气、地理路况、未来单量等因素，在正确的时间将订单分配给最合适的骑手，并在骑手执行过程中随时预判订单超时情况并动态触发改派操作，实现订单和骑手的动态最优匹配。同时，系统派单后，为骑手提示该商家的预计出餐时间和合理的配送线路，并通过语音方式和骑手实现高效交互；在骑手送完订单后，系统根据订单需求预测和运力分布情况，告知骑手不同商圈的运力需求情况，实现闲时的运力调度。通过上述技术和模式的引入，订单的平均配送时长从 2015 年的 41 分钟，下降到 32 分钟，进一步缩短至 28 分钟；另一方面，在骑手薪资稳步提升的前提下，单均配送成本也有了 20% 以上的缩减。

但骑手们永远也无法靠个人力量去对抗系统分配的时间，他们只能用超速去挽回超时这件事。一位美团骑手说，他经历过最疯狂的一单是 1 公里，20 分钟，虽然距离不远，但他需要在 20 分钟内完成取餐、等餐、送餐，那天，他的车速快到屁股几次从座位上弹起。

超速、闯红灯、逆行……在我看来，这些外卖骑手挑战交通规则的举动是一种逆算法，是骑手们长期在系统算法的控制与规训之下做出的不得已的劳动实践，而这种逆算法的直接后果则是外卖员遭遇交通事故的数量急剧上升。2017 年上半年，上海市公安局交警总队数据显示，在上海，平均每 2.5 天就有 1 名外卖骑手伤亡。同年，深圳 3 个月内外卖骑手伤亡 12 人。2018 年，成都交警 7 个月间查处骑手违法近万次，事故 196 件，伤亡 155 人次，平均每天就有 1 名骑手因违法而伤亡。2018 年 9 月，秦皇岛交警查处外卖骑手交通违法近 2000 起，美团占一半，饿了么排第二。

### 案例 2：利益冲突下的海洋生态环境治理困境与行动逻辑——黄海海域浒苔绿潮灾害治理

从 2007 年月 6 起，山东省沿海包括青岛、烟台、日照等市，每年入夏时节持续性遭受黄海海域浒苔绿潮灾害(见图 4.7)侵袭，浒苔最大分布面积呈总体上升趋势。虽然浒苔并没有毒，然而如数十个足球场一般大面积的浒苔遮蔽阳光，大大影响了海底藻类的生长；死亡的浒苔会沉淀在海底，消耗海水中的氧气，腐烂后还产生大量有害物质；浒苔爆发也会严重影响景观，干扰旅游观光，对滨海旅游业带来严重影响。据有关部门不完全统计，2016 年青岛市因浒苔灾害影响总损失达近 50 亿元。

图 4.7　黄海海域浒苔绿潮灾害

苔藓是一种跨区域的海洋生态灾害，是绿潮灾害之一。位于青岛的胶州湾被三大洲环绕，海水流动性不够，周围有大量工厂和码头设施。此外，青岛的气温适宜等因素也促进了苔藓的生长。为了全方位应对苔藓造成的海水污染，2008年以来，青岛市开始采取一系列行动应对苔藓灾害，特别是为了确保2008年奥运会和2018年上合组织青岛峰会的顺利进行。从"自家门前"的打捞、设网拦截的被动应急处理，到各方利益协调下的跨区域联合防控，为海洋生态环境管理调查提供了典型案例。

从不同阶段的治理效果来看，2008年的浒苔应急治理措施在短期内起到了积极的作用。通过青岛市政府主导，社会组织、企业和普通市民充分参与的模式，实现了短期专项治理的目标。然而，由于浒苔绿潮灾害的跨区域性和持续性，短期应急管理行动难以解决长期问题；特别是沿海省市跨区域政府主体之间的"明争暗斗"和利益失衡，给浒苔灾害管理的跨区域合作带来很大困难。海洋生态环境问题的外溢使得青岛市浒苔灾害管理的长期效果难以提高，即使青岛市每年加大对浒苔治理的投入，也将被其他地区进口的浒苔污染所抵消。同时，地方政府对浒苔进行截获、打捞和土地清理，及时控制浒苔灾害，但政府主导原则不可避免地增加了领土政府环境治理的财力、人力和物力调度负担，挤压了企业和社会组织参与治理行动的空间，削弱了他们参与生态环境治理的积极性。2016年，青岛市建立跨区域联合防控机制，浒苔绿潮灾害治理从"单打独斗"进入"跨区域协同治理"新阶段。多治理主体利益协调共享的治理行动在浒苔灾害治理中取得了显著成效。2019年，当浒苔灾害达到历年最大规模时，青岛岸上堆积的浒苔数量达到历年最低，大大减轻了浒苔污染对海岸线的影响。

### 案例3：中华人民共和国建立以来我国粮食主产区利益补偿政策的演进

我国历来高度重视农村改革发展问题。1982年以来中央"一号文件"持续以农村改革发展和"三农"问题为主要内容，在此背景下出台了一系列的粮食补贴政策，旨在通过增加农业投入，促进粮食增产，切实提高农民收入，保障我国粮食安全。

零补贴阶段(1949—1978年)。1949年中华人民共和国成立初期，粮食市场基本处于自由买卖状态。国家粮食来源有限，许多不法商人趁机哄抬粮食价格，导致粮食价格大幅波动。针对这种情况，政府通过加强公粮收缴、禁止投机、实行全国统一粮食分配等措施，维护了粮食市场的稳定，逐步形成了在粮食领域的主导地位。到1952年，国家粮食购销比例显著提高。1953年，国家开始实行强制性统一购销制度，粮食价格完全由政府决定。由于各项事业刚刚起步，国家在大力发展工业的前提下，没有对农业的补贴，而是用农业促进工业化的发展。

间接补贴阶段(1978—2003年)。1978年，党的十一届三中全会确定了市场化改革的主导方向，调整了粮食政策，逐步进入"工业反哺农业"阶段。粮食政策经历了统一购销、双轨制和市场化宏观调控三个阶段。这次的统购统销与以前大不相同。国家逐步减少粮食统购数量，大幅提高粮食统购价格，激发农民种粮积极性。1978年以来，国家扩大了市场调节范围，有序放开了部分粮食流通环节。1985 年，进行了粮食流通体制改革，正式形成了合同收购与市场收购、订购、统销、购销洽谈的双轨制。订购和统一营销中的订购价格逐年上升，而统一营销价格相对稳定，给政府财政带来很大压力。1993 年底，粮食订购实行"减量降价"政策，国家开始对粮食市场进行宏观调控。1997 年粮食丰收，粮价逐年下降，粮食和农业收入低的问题越来越严重。1998 年国务院颁布的新规定，国有粮食收储企业按保护价收购农民余粮，这是政府对粮食收储企业的一种补贴。此后，中央专项储备粮补贴、省级储备粮利息成本补贴、粮食企业按保护价收购余粮补贴均为间接补贴政策。这些补贴政策在一定程度上保障了农民收入，稳定了粮食生产，但也造成了沉重的财政负担和政策执行效率低下。这一阶段，补贴主要集中在粮食生产的中间环节，对粮食主产区和农民没有特殊的扶持政策。补贴的形式主要是价格补贴，对农民的保护程度不高。

直接补贴阶段(2004—2012 年)。为了避免因粮价大幅波动而出现"粮贱伤农"的局面，自 2004 年以来，中国先后实施了大米、小麦最低收购价政策，以直接补贴取代对农民的间接补贴，成为"工补农"的重要方式，包括农机购置补贴政策、粮食主产县奖励政策、粮食直接补贴政策等。这一阶段粮食补贴已由普惠性粮食补贴向区域性粮食补贴迈出一步，标志着粮食主产区利益补偿制度初步建立。

深化改革阶段(2013 年至今)。2013 年，中央政府明确提出，在增加农业补贴的同时，要不断完善粮食主产区的利益补偿，并实施了一系列政策措施。这一时期的补偿机制与过去有很大不同，主要体现在补偿金额的增加，补偿方式和渠道的多样化。一方面，补偿能力有所增强，但另一方面，也在一定程度上造成了财政资金的分散和低效，对粮食主产区的区域补偿仍停留在对粮食主产县的激励政策上，粮食主产区的生产能力与地方政府的财政资源之间的矛盾仍未解决。

## 思 考 与 讨 论

1. 工程对经济、政治、文化、科学、社会、生态等具有多方面的价值，但为什么人们总只是看到工程中单一维度上的价值？

2. 如何识别和确定工程中的利益相关者？

3. 如何建立利益补偿机制？应该遵循哪些原则？

4. 我们在未来从事相关工作中该如何做好一名工程师？

## 参 考 文 献

[1] 徐旭，张邯，周樟根. 大城市核心区"邻避效应"问题的规划应对：以重庆市南岸区为例[J]. 面向高质量发展的空间治理——2020 中国城市规划年会论文集(11 城乡治理与政策研究)，2021：5.

[2] 吴柯娴,金伟良,沈坚,等. 工程项目社会影响评估和社会成本分析[J]. 土木工程学报,2022,55(1):117-128.

[3] 李鹏程,周家斌,彭良,等. 川渝地区大气污染联防联控的利益补偿研究[J]. 环境保护与循环经济,2021,41(10):77-84.

[4] 陶艳萍,盛昭瀚. 重大工程环境责任的全景式决策:以港珠澳大桥中华白海豚保护为例[J]. 环境保护,2020,48(23):56-61.

[5] 宁靓,史磊. 利益冲突下的海洋生态环境治理困境与行动逻辑:以黄海海域浒苔绿潮灾害治理为例[J]. 上海行政学院学报,2021,22(6):27-37.

[6] 赵惠敏. 新时期粮食主产区利益补偿机制研究[J]. 社会科学战线,2021,(12):50-55.

# 05

## 第 5 章　工程师职业伦理

本章讲述工程职业的伦理特点和意义。首先通过讲述工程职业的地位、性质与作用，说明工程师在工程活动中扮演着决策者、参与者和管理者等角色，对工程活动的进行担负着重要责任并具有重要工程职责；再通过讲述工程职业伦理，说明伦理章程如何为职业人员从事职业活动提供伦理指导；最后通过讲述工程师的职业伦理规范，说明工程师应具有的责任和权利。

### 教学目标

(1) 通过对工程职业的地位、性质与作用的学习，加强对工程职业伦理标准的认识。

(2) 通过教学，使学生对工程师职业伦理规范有整体性认识，准确认知工程职业活动中的主要伦理问题，并初步具备分析具体工程伦理问题的能力。

(3) 培养学生的工程职业精神，使学生初步具有面对较为复杂的工程伦理困境时的伦理意志力和解决问题的能力。

### 教学要求

| 知识要点 | 能 力 要 求 | 相关知识 |
|---|---|---|
| 工程职业 | (1) 掌握工程师职业和作用；<br>(2) 了解工程职业组织形态和职业制度 | 职业 |
| 工程职业伦理 | (1) 了解工程师职业伦理章程；<br>(2) 掌握工程师职业伦理实践指向 | 职业伦理 |
| 工程师的职业伦理规范 | (1) 了解工程师职业美德；<br>(2) 掌握工程师首要责任原则 | 职业伦理规范 |
| 工程师伦理行为 | (1) 掌握工程师的权利与责任；<br>(2) 了解工程师如何应对职业伦理冲突 | 职业伦理冲突 |

## 推荐阅读材料

1. 王小兵,曾瑜,张薄,等. 浅谈安全工程师的职业伦理责任问题[J]. 科学咨询,2020(9)：34-35.

2. 何菁,王伊宁. 诚实：工程职业伦理规范与工程师职业美德的双重诉求[J]. 昆明理工大学学报(社会科学版),2019,19(5)：31-37.

3. 万舒全. 整体主义工程伦理研究[D]. 大连理工大学,2019.

## 基本概念

**工程师**：具有从事工程系统操作、设计、管理、评估能力的人员。工程师的称谓，通常只用于在工程学其中一个范畴持有专业性学位或相等工作经验的人士。

**工程**：是科技改变人类生活、影响人类生存环境、决定人类前途命运的具体而重大的社会经济、科技活动。通过一系列的工程活动可以改变人们的物质世界。

## 引例：沱江大桥特别重大坍塌事故

堤溪沱江大桥是凤凰县至大兴机场二级路的公路桥梁，为双向二车道设计，该工程原计划是为湘西自治州50周年庆典献礼。大桥总投资1200万元，桥长328米，跨度为4孔。2007年8月13日下午4点45分，大桥正进入最后的拆除脚手架阶段，突然大桥的4个桥拱横向次第发生倒塌。当地政府急调一批潜孔钻机、挖掘机、装卸机等设备以及2000多人进行现场清理和搜救工作。经过123小时的艰苦奋战，8月18日晚，现场清理工作结束，152名涉险人员中64人遇难88人生还，其中22人受伤。直接经济损失3974.7万元。

经事后查明，该大桥采用的是"填芯砌法"的施工方法，该方法先用大石块筑成圈，然后在内部填上碎石块，在正常情况下碎石应排列紧凑，但施工人员未按技术标准施工，监理单位未提出异议，导致桥墩断面碎石松散，极大地增加了坍塌的可能性。

事故调查和责任认定结果为：湘西自治州公路局局长兼凤大公司董事长胡东升、总工程师兼凤大公司总经理游兴富和湘西自治州交通局副局长王伟波等政府相关主管部门、建设单位、施工单位、监理单位24名责任人被追究刑事责任，相关责任人分别被判处3至19年有期徒刑，33名责任人受到党纪、政纪处分，建设、施工与监理等单位分别受到不同程度的罚款，并吊销安全生产许可证，暂扣工程监理证书，同时责成湖南省人民政府向国务院作出深刻检查和反思。

此次事件中工程师肩负重要责任，工程师没有严格遵守国家的公路技术标准规范来建造和测量工程，导致了严重后果。此案例带给我们的启示是，工程师应当树立前瞻意识，技术操作符合规范，把足够安全当作首要标准，并树立终身责任观念。

# 5.1　工　程　职　业

## 5.1.1　工程职业的地位、性质与作用

职业是参与社会分工，利用专门的知识和技能，为社会创造物质财富和精神财富，获取合理报酬，作为物质生活来源，并满足精神需求的工作。社会分工是职业分类的重要依据。在分工体系的每一个环节上，劳动对象、劳动工具以及劳动的支出形式都各有特殊性，这种特殊性决定了各种职业之间的区别。世界各国国情不同，其划分职业的标准亦不同。

### 1. 职业的地位

职业的地位是指人们从事的某种职业在经济收入、社会地位和社会声望等方面的总体状况，即经济收入、社会地位和社会声望的高低是判断职业地位高低的主要标志。职业地位是人们对职业的主观认识态度，反映了一定社会发展阶段和一定时期内人们的职业价值观。

职业地位是现实的，也是历史的、发展的。在农业社会，对农民的评价高于商人；工业社会崇尚科学家与企业家，对商人的评价高于农民。

在美国广泛流行的理查德·赛特的职业地位分层理论，将职业地位由低到高依次分为七个层级，如表 5-1 所示。

表 5-1　赛特的职业地位分层

| 职业层级 | 职业技能和素质要求 | 相 关 职 业 |
|---|---|---|
| 非熟练体力劳动者 | 技术和责任方面要求最低 | 清洁工、搬运工、擦鞋工等 |
| 半熟练体力劳动者 | 以体力劳动为主，技术要求不高 | 售货员、服务员、汽车司机、机器操作工等 |
| 熟练体力劳动者 | 具有一定技能的体力劳动者 | 印刷工、火车司机、厨师、理发师等 |
| 白领工人 | 各类职员和技术工人 | 图书管理员、打字员、推销员、制图员等 |
| 小企业所有者和经营者 | 具有一定的管理技能 | 修理业主、服务业主、小零售商、小承包商及其他一切非农产所有者 |
| 专业人员 | 具有相关专业知识和技能 | 工程师、作家、艺术家、法官、编辑、医生、教师等 |
| 工商业者 | 具有丰富的经营管理经验 | 大产业主、大工商企业家等 |

职业声望是人们对职业社会地位的主观评价，是职业生涯管理学研究的重要内容之一。职业地位是由不同职业所拥有的社会地位资源所决定的，但是它往往通过职业声望的形式表现出来。没有职业地位，职业声望无从谈起；而如果没有职业声望，职业地位高低也无法确定和显现。人们正是通过职业声望调查来确定职业地位的高低。

### 2. 职业的性质

职业具有同一性、差异性、层次性、时代性，同时具备目的性、社会性、稳定性、规范性、群体性。

同一性：某一类别的职业内部，其劳动条件、工作对象、生产工具、操作内容相同或相近。由于环境的同一，人们就会形成同一的行为模式，有共同的语言习惯和道德规范。基于此，才形成了诸如行业工会、行业联合体等社会组织。

差异性：不同职业间存在着很大的差异，劳动条件、工作对象、工作性质等都不同。随着社会的进步、经济体制的改革，新的职业如经纪人等还会不断涌现，各种职业间的差异也会不断变化。

层次性：从社会需要角度来看，职业并没有高低贵贱之分，但是，现实生活中由于对从事职业的素质要求不同以及人们对职业的看法或舆论的评价不同，职业便有了层次之分。这种职业的不同层次往往是由不同职业体力或脑力劳动的付出、收入水平、工作任务的轻重、社会声望、权力地位等因素决定的。

时代性：职业具有时代性，不同时代有不同的热门职业。

目的性：职业以获得现金或实物等报酬为目的。

社会性：职业是从业人员在特定社会生活环境中所从事的一种与其他社会成员相互关联、相互服务的社会活动。

稳定性：在一定时期内职业活动形式是比较稳定的。

规范性：职业必须符合国家法律和社会道德规范。

群体性：职业必须具有一定的从业人数。

职业分类是以工作性质的同一性为基本原则，对社会职业进行的系统划分与归类。所谓工作性质，即一种职业区别于另一种职业的根本属性，一般通过职业活动的对象、从业方式等的不同体现。职业分类的目的是将社会上纷繁复杂、数以万计的工作类型，划分成类系有别、规范统一、井然有序的层次或类别。对从事工作的同一性所作的技术性解释，要视具体的职业类别而定。而职业分类体系则通过职业代码、职业名称、职业定义、职业所包括的主要工作内容等，描述出每一个职业类别的内涵与外延。

### 小知识　中国的职业分类

我国的职业分类结构包括四个层次，即大类、中类、小类和细类，依次体现由大到小的职业类别。细类作为我国职业分类结构中最基本的类别，即职业。《中华人民共和国职业分类大典(2022 年版)》将我国社会职业归为八个大类、79 个中类、449 个小类、细类(职业)1636 个。八个大类分别是：第一大类为党的机关、国家机关、群众团体和社会组织、企事业单位负责人；第二大类为专业技术人员；第三大类为办事人员和有关人员；第四大类为社会生产服务和生活服务人员；第五大类为农、林、牧、渔业生产及辅助人员；第六大类为生产制造及有关人员；第七大类为军人；第八大类为不便分类的其他从业人员。

### 3. 职业的作用

一般来说职业具有以下三个基本作用：一是专门化的知识与效用。这种作用需要通过专业训练或教育才能获得，而通过知识的实践和应用一般可产生较好的效果。二是利他的态度和行为。作为职业人员，应具有无私地为公共利益服务的态度和以此为指导的职业行为。三是社会与公众的认可。公众与社会对一个职业的承认通常表现为给符合条件或具有资格的人颁发许可证或执照，授予其从事这一职业的资格。

同时职业又发挥着如下功能。职业是个人获得经济收入的来源，是个人维持家庭生活的手段；职业是促进个性发展的手段，当个人从事的职业能使个人的特长、兴趣得到充分发挥时，也就促进了个性的充分发展；职业是个人在社会劳动中从事具体劳动的体现，是个人贡献社会的途径；职业是个人获得名誉、权力、地位和金钱的来源；职业是维持社会稳定，实现社会控制的手段；职业能够推动社会进步。

### 4. 工程师职业简述

工程师是一门非常特殊的职业。美国前总统赫伯特·胡佛是这样形容工程师职业的："这是一门绝妙的职业。人们迷惑地注视着一个想象虚构的东西在科学的帮助下，变成跃然纸上的方案，然后用石头、金属和能源把它变成了现实，给人们带来了工作和住宅，提高了生活水准，使生活更加舒适，这就是工程师的至高荣誉。与从事其他相关职业的人们相比，工程师的责任显得会更大些，因为他的工作是公开的，谁都看得见。他的工作要一步一步地脚踏实地。他不能像医生那样把工作的失误埋葬在坟地里；他不能像律师那样靠巧言善辩或谴责法官来掩饰错误；他不能像建筑师那样靠种植树木花草来掩盖失败；他不能像政治家那样靠攻击对手来掩盖自己的缺点并希望公众忘掉它。工程师无法否认他所做过的事。一旦他的工作失败了，他将一辈子受到谴责。"

20 世纪初，工程师逐渐被纳入职业伦理学研究范畴。而工程伦理就是调节工程与技术、工程与人类社会以及工程与整个生态系统的道德规范。工程活动其实就是人类改造自然以满足自身需要的活动，因此，从本质上来讲，自人类诞生开始便有了工程活动。但是，由于起初人类的工程活动只是为了满足人类的基本生存需求，其范围很小，对工程活动的定义还比较模糊，因此当时的伦理学只是局限于研究人与人之间的关系，并未考虑工程活动对人类社会和生态系统的影响，直到近现代，特别是工业革命之后，工程技术的负面影响逐渐引起了人们的反思，才开始重视工程的伦理学方面的研究。

如今工程活动是现代社会存在和发展的基础，它深刻地影响着人类生活的各个方面。然而工程活动最重要的技术主体是工程师，随着工程师掌握科学技术知识的增多、社会能力的不断增强，他们对工程活动的影响也越来越大，因此他们对社会的影响力也越来越大。

工程师是工程人才中最重要的组成部分之一，在工程建设中发挥着至关重要的作用。在工程活动的项目中，工程师扮演着决策者、参与者和管理者等角色，对工程活动的进行担负着重要责任。工程师包括研发工程师、设计工程师、生产工程师等。一般我们把工程师定义为具有从事工程系统操作、设计、管理、评估能力的人员。工程师这个称谓，通常是工程学中的一个范畴，并且工程师必须是持有专业性学位或具有丰富的工作经验的人士。

在现代经济社会发展的历史中，工程师职业主要是作为企业的员工而发展起来的。作为企业的员工，工程师的职业伦理原则是为雇主和企业服务。随着工程实践活动规模的不断扩大，工程师在社会中扮演着越来越重要的角色。更多的学者们认为，工程师不仅要忠于用人单位的利益，而且要为人类和整个社会的利益服务。在这种背景下，出现了"工程师反叛"和"专家治国"运动，但最终都以失败告终。1998年，澳大利亚学者沙朗·博德尔在《新工程师》一书中指出：工程师职业似乎已经到了一个转折点，它正在从一个为雇主和客户提供专业技术咨询的职业发展到一个通过对社会和环境负责的方式为社会服务的行业。德国学者汉斯·乔纳斯认为，在知识和技术水平很低的状态下，工程师的专业活动对外界的影响十分有限。美国工程哲学家塞缪尔·弗洛曼认为，工程师在工程活动中最重要的任务是做好这项工程；然而工程师完全有权质疑甚至拒绝从事违反公共福利的项目。把"做好工程"作为工程师职业目标的思想已经过时了，如今工程师们更应该反思他们是否在做"好"的项目。

随着科技的进步，工程师职业的发展受社会多因素的影响，工程师职业的特点变得十分复杂，我们可以从工程师与工程技术员的关系中认识工程师的职业特点。工程师与工程技术员都属于设计者和技术指导者，二者的最大区别是：工程师是知识劳动者，工程技术员是负担工程技术和工程技术管理工作并具有工程技术能力的人员；工程师必须具备很强的相关专业工程知识，而工程技术员必须拥有基本技术能力。

除了从与工程技术员的关系中认识工程师的职业特点与性质外，我们还需要从工程师与科学家两者的关系中认识工程师的职业特点。在现实中，我们经常把工程师和科学家这两个概念混淆。科学家通过探索大自然，发现一般性法则，而工程师是遵照一定的原则，从工学和科学角度解决一些技术上的问题。他们都是知识劳动者，不同之处是科学家的工作是对自然及未知生命、环境、现象及其相关现象的认识、探索、实践；而工程师是指具有从事工程系统操作、设计、管理、评估能力的人员。所以，工程师和科学家是两种不同类型的社会职业和工作岗位。他们在思维方式和拥有的知识类型方面是不同的。

## 5.1.2　工程职业的组织形态

工程社团是工程职业的组织形态，也是工程职业的组织管理方式。

工程职业社团在工程伦理建设中所扮演的角色取决于它的性质和立场，即工程职业社团是由谁组成的，成立的目的是什么，它为谁服务，代表的是谁的利益；在工程师、公众与雇主或客户(企业或公司)的利益发生冲突时，工程职业社团的态度如何，它在替谁说话。

在过去，工程职业社团是伴随着一系列工程灾难由工程师自发组织建立起来的。在美国，注册工程师的第一个职业委员会是在一次矿难之后的怀俄明州建立起来的；在一次导致几百名儿童死亡的学校爆炸事件后，得克萨斯州职业注册委员会成立。在日本，工程职业社团兴起和发展的原因之一是日本企业内部出现了因企业管理者或工程师缺乏道德而造成的重大事故。这些工程灾难性事件的直接后果就是损害了公众的利益，破坏了公众对工程职业的信任。那么，工程职业社团成立的一开始到底是维护公众的利益还是维护公众对于工程职业的信任呢？我们不得而知，然而从后果来看，这两个方面根本是分不开的，维护公众的利益是赢得公众信任的最好途径。

正是因为上述的这一点，工程职业社团在成立之后，通常都会制定职业技术标准和伦理章程这两类规则来实现行业自律。职业技术标准保护公众免受不称职的职业人员的伤害，它要求工程师在数学、物理科学、工程科学、设计以及其他与工程实践相关的科学方面的能力要达标；伦理标准表明本职业的价值观和志向，同时也为工程师如何处理好个人与雇主、客户以及社会公众之间的关系提供方向，并规定了工程师的职业责任和义务，以避免由于伦理方面的原因导致的不可估计的伤害和灾难。但是，想要通过遵守以上要求来维护公众利益并赢得公众的信任，职业技术标准和伦理章程就必须有其科学性和合理性，否则，它不但达不到维护公众利益和赢得公众信任的目的，还会适得其反。在这里，我们单从伦理章程方面来探讨其科学合理性。

工程伦理，也就是我们今天所说的微观工程伦理，作为个体的工程师的职业道德，它规定作为个体的工程师的义务和职业责任以及在工程施工中如何处理好与他人(包括客户、同事和雇主)之间的关系。工程师的义务就是保证工程质量，维护雇主利益，即做"雇主的忠实代理人或者受托人"。如今我们所说的宏观工程伦理的内容，主要有工程对社会、自然、资源、环境和生态的影响所引起的工程正当性与合理性问题，雇主的利益与公众和社会的利益发生冲突的问题等，这些都不在职业社团的视野之内，也不在我们公众的视野之内。因此，社团伦理章程也就只规定了一些微观工程伦理问题。设计人员设计出没有质量问题的方案，施工人员则按照既定方案进行施工。工程职业社团及其伦理章程的唯一目的就是实现工程高质量。在工程职业社团和工程师看来，质量便是一切。如今人们对工程伦理的认知层次有了加深，工程职业社团及其伦理章程在促进工程伦理建设方面起到了积极作用。

随着工程越来越复杂，工程与社会、自然和人类的密切关系也逐渐被认识，工程师的自我意识和伦理责任意识也逐渐在苏醒，他们逐渐意识到"好的工程质量"并不等于"好的工程"，一些有"好的质量"的工程反而可能危害了工程项目所在地周围的民众，可能破坏了自然资源和生态环境，也很有可能根本不是造福人类的工程项目。因此，这些工程存在的合法性就受到工程师们的质疑。当雇主的利益与公众及社会的利益发生冲突时，工程师应如何去做呢？工程社团此时应做出什么样的态度，扮演什么样的角色呢？经过一段时间的争论和磋商，工程职业社团陆续在其制定的伦理章程中将"保护公众的利益和保护环境放在首位"等条款写了进去。这说明工程职业社团一定程度上跟上了时代的发展，其伦理章程反映了时代的要求。而工程职业社团在促进工程伦理建设中扮演着什么样的角色，主要取决于它的立场。如果站在公正的立场上，会促进工程伦理的建设。相反如果掺杂着一些私利，就会阻碍工程伦理的建设。

### 5.1.3　工程职业制度

在工程活动中，工程职业制度是不可或缺的，其为工程伦理提供了制度环境。制度环境是指在社会生活中的经济、政治、文化等各个领域用以调控生产生活和利益关系的规则体系及其结构。工程活动具有社会属性，工程的运行和实现需要社会制度系统的推动和保障，比如工程活动需要市场的支持，而市场的正常秩序需要制度的保障。制度环境决定了人的活动在实践层面的范围及有效性，能够使人们对工程共同体的行为作出正确预期，并促进良好的工程伦理秩序的形成，发挥工程职业社团与工程伦理章程的作用。

工程职业制度包括职业准入制度、职业资格制度和执业资格制度。职业准入制度是指一种国家和社会对特定职业人员进行准入的管理制度。该制度旨在保障职业人员的素质和能力，避免不合格人员从事相关职业产生的风险和损失，同时提高整个行业的素质和竞争力。职业准入制度主要包括两个方面：一是对职业人员的资格要求和准入条件的规定，二是对职业人员进行资格认定和证书颁发的程序和机制。职业资格是对从业人员从事某一职业所必备的学识、技术和能力的基本要求。职业资格包括从业资格和执业资格。从业资格是指从事某一专业(工种)需要学识、技术和能力的起点标准；执业资格是政府对某些责任较大、社会通用性强、关系公共利益的专业实行准入控制，是依法独立开业或从事某一特定专业的学识、技术和能力的必备标准。职业资格分别由国务院劳动、人事行政部门通过学历认定、资格考试、专家评定、职业技能鉴定等方式进行评价，对合格者授予国家职业资格证书。执业资格通过考试方式取得。执业资格实行注册登记制度。

职业资格制度亦称"资格制度"，是一种证明从事某种职业的人具有一定的专业能力、知识和技能，并被社会承认和采纳的制度。它是以职业资格为核心，围绕职业资格考核、鉴定、证书颁发等而建立起来的一系列规章制度和组织机构的统称。参照国际上的成熟做法，我国职业资格制度主要由考试制度、注册制度、继续教育制度、教育评估制度及社会信用制度五项基本制度组成。各级各类学校的毕业证书虽然不是某一类职业的资格证书，但具有职业资格证书的作用。

注册工程师执业制度是英、美等发达国家和地区通行的一种对工程专业人员进行管理的制度。

## 5.2　工程职业伦理

### 5.2.1　作为职业伦理的工程伦理

伦理章程是由职业社团编制的一套公开的行为准则，它为职业人员从事职业活动提供伦理指导。伦理章程首先是一种伦理要旨，比如，工程师的伦理要旨就是为公众提供常规、重要的服务。工程职业伦理章程能提高工程师的伦理意识，进而保证其行为符合社会公众的利益。其次，作为一种指导方针，工程职业伦理章程能够帮助工程师理解其职业工作的伦理内涵。为了保证章程的有效性，章程通常只涉及一些普遍性的原则，涵盖了工程师主要的责任与义务。此外，伦理章程是作为一种职业成员间的共同承诺而存在的，它可以看作是对个体从业者责任的一种集体认识。伦理章程是工程师个人(个体)责任的承诺，即伦理章程规定了工程师的责任与义务，是他们必须遵守的。更重要的是，职业伦理章程是工程师对社会公众作出的承诺，它使工程师以促进公众利益的方式，更有效地进行职业的自我管理。

公众的安全、健康和福祉是最重要的。因此工程伦理规范在确定之初，便将公众的安全、健康和福祉放在首位。西方国家各工程社团制定并实施的职业伦理章程，强调了工程师在"服务和保护公众、提供指导、给以激励、确立共同的标准、支持负责任的专业人员、促进教育、防止不道德行为以及加强职业形象"这八个方面的具体责任，这是"由职业以及职业社团表现出来的工程师的道德责任"，以他律的形式表达了"职业对伦理的集体承诺"。

美国土木工程师协会在其伦理准则中明确说明了关于环境的规定："工程师应该把公众的安全、健康和福祉放在首要位置，并在履行他们的职责时，努力遵守可持续发展原则。"然而，我国部分工程师的工程环保意识较差，不能够意识到自身应承担的环境伦理责任。近年来我国由于工程带来的环境污染问题日益严重。为防止生态继续遭到破坏，作为工程主要负责人之一，工程师有责任运用专业技术来减少工程污染，维持人类的可持续发展。"工程共同体中，由于工程师具备相应的工程专业知识，所以他们最有可能知晓哪一项工程会对生态环境产生影响，也更有可能从技术层面去规避和解决这种影响。因此，工程造成什么样的环境影响以及怎样解决工程的环境问题，或者怎样运用环境工程解决相应的环境问题，都与工程师具体的工程实践紧密相关。"但是我国部分工程师在指导工程活动时并未把自然环境纳入考量体系当中，只一味追求社会效益而忽略了工程活动对环境造成的危害。总而言之，我国工程师应当树立工程环保意识，在工程设计基础上研发环保技术，避免过度开发，浪费自然资源；在工程实施中要把环保计入考察数据；在工程收尾阶段系统检验工程产品的环境安全指数。工程师应当力争建设生态工程，在创造经济效益的同时不忘给后代留下绿水青山。

除环境伦理责任外，我国部分工程师在职业伦理责任、社会伦理责任方面也存在一定程度的缺失现象。中国和西方发达国家对比而言工程起步较晚，发展时间相对较短，因此在发展过程中难免存在种种缺陷与不足之处。中国的工程事业发展到今天，工程活动还处在雇主和政府决策拍板的局面，工程师通常只负责技术领域的研究和决断。不论是公司、企业还是社会公众，都极少重视工程师应担负的伦理责任，作为雇佣工程师的企业主体一般只关心工程利益，而社会公众在工程事故发生后首先追究的是政府和施工企业的责任。但随着当今社会问题工程的增多，社会开始注意到工程师的伦理责任。劣质工程的出现侧面反映了工程师伦理责任的缺失。

在当前社会大背景之下，我国工程师伦理责任的缺失主要有三个方面的原因。

第一，工程师伦理教育体制不完善。首先，我国的工程伦理教育一直未得到足够重视。直至近些年才在一些高校陆续开设工程伦理的课程。以往高校重点把完善和提高技术、学习专业知识当作培育目标，以至于许多大学生直到就业也并不清楚工程师应在哪些方面承担伦理责任，不了解工程师应遵守何种伦理规范。其次，大学生在正式进入工程领域后更多的是观察、学习专业技术方面的知识，没有特定的个人或者群体对其进行工程伦理教育，向其普及工程师伦理责任的知识，告知其应承担的伦理责任。社会和企业也习惯以专业技能作为评价工程师的标准，忽略了工程师的伦理责任。因而当工程活动遇到一系列问题时，工程师常常不自觉地采取一种漠然和回避的态度。总体来说，当今工程师的伦理教育体制仍不成熟，存在种种问题。工程师的伦理教育应从学校教育的源头抓起。如若忽视对工程师的伦理责任教育，则大概率会出现工程师缺乏担当、逃避工程责任的现象。

第二，我国工程职业社团未建立起成熟完整的工程师职业伦理章程规范。中国最早的工程师社团——中国工程师学会于1933年制定了《中国工程师信守规条》，此后至1996年一直处于修改阶段。在1996年修改的八条当中规定了工程师对社会、专业、雇主、同僚的责任，这套规范是我国目前为止最完整的工程师行业规范。但是由于种种历史原因，这套伦理规范在台湾工程师团体中延续使用至今，而在中国大陆并未得到实施。目前中国大陆各个工程职业社团也设立有团体章程规范，但主要是针对团体成员的，没有对工程师的伦理规范作明确阐述。并且团体章程规范仍停留在技术攻坚、技术救国的阶段，极少有社团把关怀公众的健康和福祉列入其中。虽然水利学会提出要坚持"人与自然和谐相处"，中国机械工程学会把"以人为本、谋求社会福祉"作为宗旨，但是这种对社会福祉和自然环境的关怀也只是作为附属条例来呈现。因此"工程社团缺乏成文的伦理规范文本，其章程中的伦理意识还处于模糊和凌乱的状态。总体而言，工程师群体还缺乏清晰完整的自觉伦理意识"。综上所述，我国大陆工程师群体缺少从概念上明确当今时代工程师伦理责任的条件，缺少伦理规范的约束，因此呈现出部分工程师伦理责任意识匮乏的现象。

第三，当前社会没有形成一套完备的社会机制来监督工程师是否承担其伦理责任。首先，从法律层面来讲，我国未曾制定出一套专门的法律法规来明确工程师在一项工程当中的具体责任。而责任追究困难是工程师得过且过、逃避伦理责任的重要因素。工程活动由多个相关人员一同参与，规模宏大、结构复杂，彼此分工精细，工程师只能参与其中的某个部分，因此事故发生时很难判断个体工程师在整个工程中的具体责任。所以需要有关法律法规来明确规定工程师在工程项目中应该担负的具体责任。其次，从道德层面来讲，我国社会关于工程师道德评价体系的建设还处于滞后阶段。道德评价主要表现为大众评价和舆论监督。但是就目前我国社会现状来看，公众更加关注工程项目质量的好坏以及事故发生后承包方和相关政府部门的责任，很少把关注点投放到工程师在整个项目的跟进过程中所应承担的责任。而且由于工程项目的进行大多采取不公开、不透明的方式，只是在最后阶段向公众呈现工程结果，因此公众也缺少参与监督工程活动的途径，继而无法监督工程师的职业活动，也无法对其职业活动做出理性评价。工程师本身的自律能力有限，需要外界来监督帮助其提高伦理责任意识，法律体系和道德评价机制的双向缺失是导致我国部分工程师伦理责任意识薄弱的重要因素。

## 5.2.2　工程师职业伦理章程

工程伦理章程已成为工程社团的行动和道德指南，一方面，此章程有助于规范工程社团的职业行为；另一方面，伦理章程能提高个人思想道德水平，从而实现自我道德价值。好的伦理章程能深刻影响工程社团对待工程的态度，直接影响到工程的经济和社会效益。在19世纪和20世纪，工程活动大规模兴起，但工程社团伦理章程还较为模糊。工程技术在近现代快速地发展，各种新兴技术和产业层出不穷，尤其从20世纪末到现在，工程规模比以往更加宏大，工程项目也日趋复杂。规模大、技术新也意味着工程事故发生率大大增加。近代以来，各种工程事故触目惊心，这些工程事故给人民群众带来了巨大的灾难和难以抹去的伤痛，这使人们不得不越来越重视伦理章程的构建。同时，在当今社会中，通过欺诈为个人谋取利益和权力的事件越来越多，不良之风已经渗透到与工程项目相关的许多领域。这就迫切地需要制定一部能够规范工程社团的职业行为，提升工程社团的专业精神和科学态度的工程伦理章程。

2003年1月，美国职业工程师协会颁布了最新的伦理章程。该伦理章程从基本标准、从业规则、职业义务等三个方面对工程师的职业规范进行探讨和定义。西方传统工程伦理学认为，工程应该给人类带来安全、健康和福祉，这也是工程的最大意义所在。西方工程伦理章程在制定的一开始就将"把公共安全、健康和福祉放在第一位"作为基本的价值标准。遵循这一基本理念，西方工程职业协会通过书面形式强调了工程伦理章程的八项基本原则：① 服务和保护公众；② 提供指导；③ 激励；④ 建立共同标准；⑤ 支持负责任的专业人员；⑥ 促进教育；⑦ 防止不道德行为；⑧ 加强职业形象。

一方面，西方的职业伦理章程受到其经济、政治、文化和道德传统的制约，有其自身的国情特点，我们不能照搬照抄；但另一方面，西方的职业伦理章程相当程度上反映了工程职业对工程社团的道德素质的要求，值得我们用真诚的态度认真学习。

> **小知识　电气电子工程师协会(IEEE)伦理章程**

电气与电子工程师协会(Institute of Electrical and Electronics Engineers)，简称IEEE，总部位于美国纽约，是一个国际性的电子技术与信息科学工程师协会，也是全球最大的非营利性专业技术学会。IEEE给出如下伦理规范："作为IEEE的成员，我们认识到，我们的技术影响到全世界人民的生活质量，我们接受我们每个人所承担的自身职业、协会成员和我们所服务的社区的责任，因此，我们将致力于实现最高尚的伦理和职业行为，并同意：① 承担使自己的工程决策符合公众的安全、健康和福祉的责任，并及时公开可能会危及公众或环境的因素；② 无论何时，尽可能避免已有的或已经意识到的利益冲突，并且当它们确实存在时，向受其影响的相关方告知利益冲突；③ 在陈述主张和基于现有数据进行评估时，要保持诚实和真实；④ 拒绝任何形式的贿赂；⑤ 提高对技术适当的应用及其潜在后果的理解；⑥ 保持并提高我们的技术能力，并且只有在经过培训或实习具备资质后，或在相关的限制得到完全解除后，才承担他人的技术性任务；⑦ 寻求、接受提供技术工作的城市的批评，承认和纠正错误，并对其他人做出的贡献给予适当的认可；⑧ 公平对待所有人，不考虑种族、宗教信仰、性别、残障、年龄或民族的因素；⑨ 避免错误或恶意地损害他人、财产、声誉或职业的行为；⑩ 对合作者的职业发展给予帮助，并支持他们遵守本伦理章程。"

国内工程职业社团成立后，通常会制定两类规则来规范这一行业。一类是职业技术标准，即要求工程社团内的人员在专业技术层面要达标，保护人民不受不称职从业人员的伤害。另一类是伦理章程，此类章程为工程师处理个人、同事、客户、社会公众关系提供指南，要求工程社团表明本职业的价值观和志向，并规定了工程从业人员的义务和责任，以避免由伦理问题产生的灾害。因此，中国工程职业社团伦理章程的建设，需要遵循以下几个原则。

### 1. 以国家民族利益、人民幸福为重原则

构建中国特色工程社团伦理章程，要以国家民族的利益为重。人类的工程活动，最初只是满足人们生存的要求，慢慢发展到能够满足人们更高质量的衣食住行的要求。一个"好的工程"，将会带来巨大的社会财富，整体提升社会的生产力的同时，也提升人们的生活质量，丰富人们的物质需求。所有工程项目最终都是为人服务的，工程活动的最终目标和意义是追求人的幸福，这也是我们对工程价值最根本的评价标准。

### 2. 工程安全原则

工程安全原则是对工程社团中的从业人员最基本的职业要求，它要求工程社团中的从业人员尊重公众的生命安全。从一个项目设计之初，到施工进行时，再延伸到工程项目完成后的维护管理工作，都要保证这项工程无安全隐患。生命健康权是人最基本的权利，所以在制定工程社团的伦理章程时，必须把公众的安全放在第一位。

### 3. 自然环境保护原则

工程活动一般都是有目的的实践性活动，任何一个工程项目在为公众创造福祉的同时，也会对自然环境造成一定的影响。各种大型工程项目在运用现代化的大规模机器进行施工时，必定会对周围的环境产生巨大的冲击力，同时在施工中会耗费大量的自然资源，甚至会对生态环境造成不可逆的影响。工程对自然和社会造成的影响是巨大的，所以工程社团的伦理章程对生态安全的规范迫在眉睫。

### 4. 持续发展原则

伦理章程也不是一成不变的，需要与时俱进不断发展与完善。中国特色的工程社团伦理章程需要跟上时代的发展，顺应时代的要求，因此工程社团的伦理章程必须要求工程职业社团不断完善和突破，具有创新精神，并接受利益相关者的监管。工程职业社团应不断更新自己的思想，自我检查和自我警惕，接受社会各方的监督以及外部同行的审查，杜绝出现专制专政、贪污腐败的现象。否则，工程职业社团的伦理章程只会是一纸空文。

工程社团的伦理章程必须使美德伦理的作用得到充分发挥，工程社团的从业人员应以

一个高尚的道德水平状态去承接每一次的工程项目。例如，对于工程社团的从业人员而言，只是以"不违背职业规范"来约束自己的行为是远远不够的，对美德伦理给予更多的关注会使得枯燥严肃的职业伦理规范条例更具有人情味与灵活性，能使工程社团的从业人员尽可能地去从事"善"的行为，并且通过对自身美德的塑造，结合具体实际情况解决工程活动中所遇到的伦理问题。

自工程师行业诞生到今天，受经济发展以及技术进步的影响，工程师的职业责任也在不断变化，对工程师职业责任的要求也随着科学技术的进步而不断更新。

工程师应具备两种责任意识，即主动性责任意识和被动性责任意识。主动性责任注重工程师对自身行为可能造成的结果的事先预知能力，而这种预知能力与工程师的专业知识能力是分不开的。被动性责任看重工程师的行为结果受到或好或坏的评价，而这种评价同样建立在工程师自身的知识能力基础上。因此，工程师明确并履行职责，储备更多的理论知识，有利于自身专业知识素养的提高。

近代以来，一些不恰当的工程活动带来了巨大的生态、社会风险，危害了公众的生命安全，如"沪通长江大桥断裂""松花江污染"等。工程师职业责任的研究对工程师明确自身职责，提高工程活动的安全防范意识有促进作用；同时，促使工程师按照规范进行实践活动，可以大大提高工程的质量，在一定程度上降低工程事故发生率，防范工程事故的发生。

---

**发现故事**　　**沪通长江大桥桥梁断裂案**

2018 年 7 月 21 日上午，沪通长江大桥(锡通高速路段)九圩港附近工地发生施工事故，桥梁和吊机一齐掉下。事发后，当地安监部门以及项目相关负责人第一时间赶赴现场。现场施工人员共五人，其中两人坠落，一人当场死亡，一人受伤送医院救治，其余三人安全。导致此次事故的直接原因是在实施 T 形桥梁起吊时，四个吊点仅有一个单吊点连续启动，其他吊点没有同步启动，导致 T 形桥梁重心失去平衡发生倾翻、坠落，并引发两部小车推离轨道导致坠落。事故间接原因是企业特种设备安全法规意识淡薄，工程师对于主体责任落实不到位，现场施工安全管理薄弱。

### 5.2.3　工程师职业伦理的实践指向

近年来随着中国经济的飞速发展，中国凭借一系列大规模基础建设和超级工程，被冠以"基建狂魔"的称号。一条条公路和铁路、一座座桥梁惊艳世界。伴随产生的是工程上出现的多种问题，对此工程师作为工程项目的设计、实施和监督人员都有着无可逃避的责任。工程安全得不到保障，工程在完成后客户使用过程中出现了问题没有人愿意承担责任，工程带来环境污染……导致这些问题出现的重要原因之一，就是部分工程师伦理责任意识缺乏，不愿承担相应的伦理责任。

伦理责任主要包括以下几个方面。

第一，伦理责任主体。伦理责任主体包括工程师个体也包括工程师团体。工程师作为现代工程活动的主体之一，往往属于某个职业团体。他们必须具备两个基本条件：一是工程师必须具备自由意志。对于一个无法根据自己的意志来规定其行为方案的工程师来讲，也就根本谈不上对自己的行为应当承担什么样的责任。法律对人的自由意志的保障，是责任意识存在的必要社会前提条件；二是工程师必须对工程中的伦理规范以及自己的行为后果拥有最清楚的认知能力，即在工程活动中应该具有职业判断能力。换句话说，工程师必须要取得权威工程师资格认证机构认证的职业证书，并且能够胜任自己的工作。这些是责任意识可能存在的必要个人主观条件。在现代工程实践中，工程师团体性、整体性的行为已经扮演着越来越重要的角色。与此相适应，行为及责任主体的范围也就由工程师个体扩展到工程师团体，即不仅工程师个体是责任主体，工程师团体也是责任的主体。团体行为主体也同样能够满足作为责任主体的行为者应当满足的所有先决条件，具备作为责任主体的行为者应当具备的所有基本特征。需要特别指出的是，工程师团体责任与工程师个人责任有关，但决不可简单地化归还原为工程师个人(特别是主管个人)的责任。

第二，伦理责任的对象。与工程师行为相关的人、社会、自然甚至整个生物圈都是工程师伦理责任的对象，换句话说，就是工程活动的利益相关者都是工程师伦理责任的对象，这里所指的对象既不是一个人，也不是一组人，而是作为总体的人类以及与之密切相关联的自然。工程师能够有洞见、有能力理解这种责任关系以及这种关系中的对象，所以他们必须有意识地履行这种关系中的对象所赋予的任务。

第三，伦理责任发生方式。工程师伦理责任的发生不是依靠外力，而是工程师出于内在的"善"的动机、意志和目的，把外在的他律性的伦理责任要求内化为自己的信念，自觉去做能够做而又"应当"做的事情。

第四，伦理责任产生的条件。乔纳斯认为责任的存在具备三个条件：首先，最一般、最首要的条件是因果力，即我们的行为都会对世界造成影响；其次，这些行为都受行为者的控制；最后，在一定程度上行为者能预见后果。也就是说，在工程活动中工程师伦理责任产生的条件应该是：工程师的行为对工程利益相关者造成了影响，并且工程师的行为与影响之间存在因果关系；工程师的行为是在其意志自由的情况下所做出的选择，没有受到自身之外力量的干预；工程师具有职业判断的能力，能够预见其行为可能产生的后果。如果这三个条件中的任何一个缺乏，那么工程师伦理责任就不成立。

第五，伦理责任的时序性。工程师既要思考、预测、评估自己在工程实践中的行为可能产生的后果(既包括眼前的后果，也包括未来的后果)，并为可能的后果做好预防和告知的准备，并在合适的时候督促促实施；又要对自己的行为在工程实践过程中实际产生的后果承担责任，即对工程的设计、工程的建造到工程的应用(使用)各阶段(过程)实施责任跟踪。

第六，伦理责任的核心原则应是公正与关护，公正优先关护。公正是人们在社会共同生活以及处理冲突的过程中所遵循的基本伦理规范，它有两个层面的含义：一是体现着正义感的公正可以被称为道德直觉之公正，二是体现着相互性、对等性的公正则可称为理性博弈之公正。由于公正论过于强调自主、权利与平等，忽略了"在公正视角的框架内，情感、关联性以及直接的利他主义所遭到的是被边缘化的体验"。因此许多伦理学家强烈呼吁，应将关护原则(关护原则是将对他人的关爱、关照或顾及视为行为的基准的一种价值取向，换言之，关护作为一种善的德性，体现了行为主体做出的一种超越自身利益的道德选择)补充到公正原则里，将公正视角与关护视角整合在一起，以克服各自的缺陷与偏颇。在社会公共领域里，关护原则虽然是一项重要的道德命令，但与公正原则相比较，它仅起一种补充的作用，而公正才是占据主导地位的道德法则，因为"公正"自古以来一直被看作是关于社会关系的恰当性(或合理性)的最高范畴和社会道德责任的典范。由于一个工程项目涉及诸多利益相关者的利益，因此，工程师的伦理责任原则也应该首先考量工程利益的公正配给，在此基础上再考量给予工程中受损的相关者关护。

工业产品是由工程师主要负责设计和施工的，只有工程师具备相关的专业工程知识，才能对产品的质量和产品可能带来的一些风险做出最为全面的预测；如果工程师疏忽工程建设中的细小环节，那么可能会引发严重的工程事故。目前我国仍旧会出现"豆腐渣工程"，这些工程师的责任是不可推卸的。

**发现故事**　　**无锡高架桥侧翻事故**

2019 年 10 月 10 日，江苏无锡发生了一起高架桥侧翻事故(见图 5.1)，致使三人死亡、两人受伤。桥梁坍塌主要有两方面原因：一方面大货车严重超载负有主要责任，另一方面桥梁本身的设计也存在问题。此次侧翻的高架桥为单柱墩桥梁，桥梁专家表示，单柱墩桥梁优点是建造成本低，缺点是结构受力不合理。选择单柱墩的目的是充分利用地面空间，减少占地面积，降低成本。但是单柱墩一旦遇到严重超重情况，钢铁容易遭到破坏，桥梁会发生严重倾覆。如果从设计角度考虑，桥梁设计工程师应更多考虑公众的生命和安全，优化设计，避免事故的发生。此次事件中工程师负主要责任。

图 5.1　无锡高架桥侧翻事故图

此案例带给我们的启示是：工程师应当树立前瞻意识，把安全当作首要标准，并树立终身责任观念。

工程师不仅应该对工程的建设过程负责，也应当对工程产生的社会后果和负面效应负责。其一，工程师作为专业知识技能的掌握者，有责任去规避可能给公众造成损失的一切风险，全面做好防范工作。其二，工程师应把工程存在的可预见风险或潜在风险充分告知群众，使群众参与到工程活动的建议和决策当中，使公众主动认知风险而非被动接受风险。然而目前我国一些工程师为了节省时间和节约成本，对潜在风险不予重视，或者未能从人文关怀的角度去全面考虑产品受众的切身利益，也存在某些为了公司利益而故意隐瞒风险、阻挡消息向公众扩散的现象。

# 5.3　工程师职业伦理规范

## 5.3.1　首要责任原则

美国学者博登海默的研究结果显示，责任的英文是 responsibility，而这个单词源于 respond to，是"答复"的意思。在罗马法律中，被告要对自己做过的行为进行辩护，以便论证自己行为的合法性，如果法庭不满意，就有可能被定罪，这样他就要为自己的行为"负责"。因此在古代就已经将法律和责任紧紧地联系在一起。

在近代，随着伦理学成为一门学科，人们对责任的认识也越来越深入。工程师作为工程活动中的重要角色，在工程建设中发挥着至关重要的作用，工程师的一举一动都会对工程实践活动产生影响。在讨论工程师伦理责任之前，首先从语义上去分析伦理责任。"伦理"一词，简单地说，"伦"指人们之间的关系，故有"人伦"这一说。"理"指的是道德、规律和原则。"伦理"两个字合起来则指人与人之间相处应当遵守的道理，或者说处理人与人之间相互关系的道理。从语义分析来看，它侧重强调人们在社会生活中客观存在的各种社会关系。与之相关的工程师的首要责任原则有以下几个。

以人为本原则。以人为本就是以人为主体，以人为前提，以人为动力，以人为目的。以人为本是工程伦理观的核心，是工程师处理工程活动中各种伦理关系最基本的伦理原则。它体现的是工程师对公众利益的关心，对绝大多数社会成员的关爱。以人为本的工程伦理原则意味着工程设计必须有利于人，能够提高人们的生活水平和生活质量。

关爱生命原则。关爱生命原则要求工程师必须尊重人的生命权，要始终将人民群众的生命放在最重要的位置，不支持、不从事危害人生命健康的工程的设计、开发。这是对工程师最基本的伦理道德要求，也是所有工程伦理的根本依据。

安全可靠原则。工程师在工程设计和实施中要始终秉持对人的生命高度负责的态度，充分考虑产品的安全性能和劳动保护措施，即工程师要对技术产品的质量、安全性等负责任。

关爱自然原则。伴随着科学技术的日益进步和不断创新，工程活动过程中对自然环境的破坏也随之增加。工程技术人员在工程活动中要坚持关爱自然原则，不从事和开发可能破坏生态环境或对生态环境有害的工程，工程师进行的工程活动要有利于自然界的生命和生态系统的健全发展，要在开发中保护，在保护中开发。在工程活动中要善待和敬畏自然，保护生态环境，建立人与自然的友好伙伴关系，实现生态的可持续发展。同时应大力倡导工程师秉持节约自然资源，保护生态平衡，促进人类社会可持续发展的理念，打破传统"以人类为中心"的思想观念。工程活动应该努力促进人与自然的和谐相处，既要获得经济效益，也不损害环境效益，开辟全新的工程方向，发展绿色工程。我国部分工程师的环境意识较差，未能够意识到自身所应承担的相关环境伦理责任。近年来我国工程带来的环境污染问题日益严重，为防止生态继续遭到破坏，工程师有责任运用专业技术来减少工程污染，维持人类的可持续发展。因此，工程造成什么样的环境影响，以及怎样解决工程的环境问题，都与工程师的具体工程实践紧密相关。我国工程师应当树立工程环保观，在工程设计上研发环保技术，避免开发过度而浪费自然资源，在工程实施中要把环保计入考察数据，在工程收尾阶段系统检验工程产品的环境安全指数。工程师应当力争建设生态工程，在创造经济效益的同时给后代人留下绿水青山。

公平正义原则。公平正义原则要求工程技术人员的伦理行为要有利于他人和社会，尤其是面对利益冲突时要坚决按照道德原则行动。公平正义原则还要求工程师不把从事工程活动视为名誉、地位、声望的敲门砖，不用不正当的手段在竞争中抬高自己。在工程活动中工程师应该尊重每个人合法的生存权、发展权、财产权、隐私权等个人权益。工程技术人员在工程活动中应该树立时时处处维护公众权利的意识，不任意损害个人利益，对不能避免的或已经造成的利益损害应该给予合理的经济补偿。

**发现故事**　3·21 响水县化工企业爆炸案

2019 年 3 月 21 日 14 时 48 分，江苏省盐城市响水县陈家港镇化工园区内江苏天嘉宜化工有限公司发生化学储罐爆炸事故(见图 5.2)，事故波及周边 16 家企业。此次爆炸事故共造成 78 人死亡、76 人重伤，640 人住院治疗，直接经济损失达到 19.86 亿元。国家企业信息公示显示，这家企业在过去几年先后受到过不同程度的处罚。2016 年该企业因为固体废物污染环境受到了行政处罚，2017 年该企业因为违反大气污染防治管理制度受到环保局的行政处罚，而这些都是今天发生重大爆炸的诱因。该企业为了追求经济利益，将公众的生命权利和生存环境置之不理，严重缺乏责任意识。

图 5.2　爆炸事故现场

　　**发现故事**　　切尔诺贝利事故

　　在工程使用过程中也会发生一些意外事件，例如苏联切尔诺贝利核电站在 1986 年 4 月 26 日凌晨 1 点 23 分发生了核反应炉爆炸事故。发生爆炸之后核电站的工作人员隐瞒事实，谎称只是一起普通的起火事件，然而核泄漏导致周围的居民受到大量的核辐射。如果核电站工作人员在发现核泄漏后能够及时上报情况，并采取相关紧急措施，就不会有成千上万的人失去生命。人的生命在具有大规模杀伤性的巨大危险面前显得格外脆弱。尊重生命是工程人员普遍应该遵守的原则。这也意味着工程设计、实施和使用都应当考虑到产品的安全性。

　　这些血淋淋的教训警告我们，必须把"以人为本、安全第一"的理念牢固树立于思想深处，确实把生命安全放在最主要的位置。在工程活动中无论是哪个个体，都必须增强自身思想上的自我防范以及保护意识，时刻把人的生命安全放在工程的首要位置，真正把尊重人以及尊重人的生命健康权利落到实处。无论在何种情况下，都要紧抓安全生产，绝不能有丝毫的松懈。

## 5.3.2　工程师的权利与责任

　　工程师的权利指的是工程师的个人权利。作为人，工程师有自主生活和自由追求正当利益的基本权利。例如，在应聘的时候可以不受性别、种族、年龄等歧视。作为雇员，工程师享有接受作为履行其职责回报的工资的权利，从事自己选择的非工作的政治活动的权利，不受雇主的报复或胁迫的权利。工程师和雇主是平等关系，双方负有共同的义务，享有共同的权利。

　　一般来说，工程师享有以下几种权利：① 使用注册执业名称的权利；② 在规定范围内从事执业活动的权利；③ 在本人执业活动中形成的文件上签字并加盖执业印章的权利；④ 保管和使用本人注册证书、执业印章的权利；⑤ 对本人执业活动进行解释和辩护的权利；⑥ 接受继续教育的权利；⑦ 获得相应的劳动报酬的权利；⑧ 对侵犯本人权利的行为进行申诉的权利。上述权利中最重要的是第二条和第五条。工程师应该懂得和了解自身的专业能力，对于一些不是自身熟悉领域的业务能够拒绝。

　　工程师作为工程活动中最重要的角色，在工程中起着至关重要的作用，工程师的一举一动都会对工程的实践活动产生影响。如果工程师缺乏承担责任的意识，会为工程活动乃至社会带来消极的影响。马克思认为，责任意识的来源是社会关系，作为现实的人有责任对所处的世界负责。作为一名工程师要时刻记住自己的职业责任，工程师的职业责任主要表现为以下几点。

　　(1) 对自身职业负责。工程师只有先对自我负责，才能更好地对自己的职业负责。工程师对自身负责的责任意识体现在他们要有勇于承担责任的勇气。作为责任主体，工程师要清晰地认识到自身的职业责任有哪些，并对自己的知识水平和实践能力有明确的认知。工程师自愿履行责任是良好道德素养的表现，工程师这种自发的行为是实现自我价值的途径。

(2) 对他人负责。人的基本属性在于他的社会性，处在社会中就会不可避免地与他人交往沟通，会产生互动。因此，工程师在工程实践过程中的个体行为会对共同体中的工人、投资人、管理者产生或大或小的影响。他的行为会产生消极还是积极的影响，这取决于工程师个体。工程师应该树立起对他人负责的意识，既使他人幸福，又使自己得到了升华，最终促进社会的良性互动。

(3) 对社会负责。马克思说过，人是一切社会关系的总和。可见，人与社会具有密不可分的联系，个人的生存与发展对社会的发展有重要影响。工程师作为现代社会生产力的创造者，必须树立对社会负责的意识，为社会贡献力量，肩负起社会责任。

(4) 对自然负责。人们赖以生存的物质资料都取之于自然。但是，在科学技术高速发展的现代社会，技术力量的不当使用或者失控现象对自然造成了相当大的破坏。工程师作为技术的运用与创造者，必须意识到对自然的责任。自然资源并不是取之不尽用之不竭的，工程师在进行工程项目的研发与建造时，也要避免出现资源浪费、污染环境、破坏生态系统等行为。同时，面对已经恶化了的环境，采取补救措施，开发绿色技术、使用绿色材料、生产绿色产品，以生态的健康发展为中心，全面实施绿色工程。

### 5.3.3　工程师的职业美德

工程师的职业美德主要包括爱岗敬业、精益求精、努力创新和尽善尽美。

(1) 爱岗敬业。爱岗敬业既是职业道德的首要规范，也是社会主义核心价值观的重要组成部分。要培养工匠精神，就需要社会各界倡导爱岗敬业精神。每个人都需要根据自己的兴趣和特长来选择自己的职业，每个人都应该发掘自身的特长与爱好，扬长避短，找到适合自己的职业。只有正确认识职业价值、自身价值和社会价值的关系，才能做到分工协作、协调发展。

爱岗敬业是做好工作的重要保证。除了对职业价值观的高度认可外，爱岗敬业还包括真诚的职业情感、执着的职业意志和踏实的专业实践。只有真诚奉献，劳动者才能有强烈的职业责任感——努力工作，学习知识，追求艺术；只有锲而不舍，劳动者才会有崇高的敬业精神；只有脚踏实地，劳动者才能勤奋地学习技术，耐心地研磨产品，不断改进技术，对产品一丝不苟。

爱岗敬业不仅是个体生存和发展的基本条件，也是实现生命价值和生命尊严的重要途径。工程师们凭借自身的奉献和毅力，不断追求专业技能的精益求精，最终成为所从事专业领域的顶尖人才。实践证明，只有全心全意地投入工作，才能充分发挥人的积极性、主动性和创造性；只有热爱岗位，全身心地投入工作，才能使我们成为最优秀的人。

(2) 精益求精。在现代高智能化的机器工业环境下，工程师训练有素、精益求精的品质就显得更为重要。瑞士曾经以做教堂的大钟为主业，在时代发展的潮流下，手表制造业继承了曾经精益求精的精神，最终成为了全球闻名的制表大国。日本虽然资源匮乏，但即便现在经济十分发达，也不忘记在自然资源和环境保护上精益求精。德国工业在诞生之初也经历了"不堪回首"的过程，曾因为粗制滥造、假冒伪劣被英国人贴上耻辱的标签。但挫折并没有击垮顽强的德国人，他们用几十年的时间潜心发展，将德国工业推上了世界之巅，更丰富了"工匠精神"的深刻内涵。瑞士、日本以及德国等国家成功的案例说明精益求精的职业精神的重要性。

(3) 努力创新和尽善尽美。完美是对品质的不懈追求，当追求完美已经成为习惯，新的创意和技术便有了萌生的机会。在代代相传中，每一代人不仅要继承前辈积累的经验，还要增加自己的创新和突破。只有这样，才能使一门技艺不断进化和进步。

倡导工程师的职业美德精神，提高工程师的职业伦理素养，可以有效降低和防范工程的伦理风险，减少工程的负面影响。工程师职业美德是工程师职业追求的最高层次，是工程师人格自我完善的目标，是工程师职业精神的主要内容。

古今中外职业精神都有一个发生、发展的过程，现代中国特色的工程师职业伦理思想是在传统职业精神的基础上发展而来的，通过倡导职业美德可以将工程师的职业道德培养与工程师的人格完善有效地结合起来。

由于我国工程师职业伦理教育处于探索阶段，吸收发达国家的培养经验，通过学校、企业、政府和社团等方面的共同努力，培养中国优秀工程师，构建中国特色的培养模式是以后努力的方向。

**发现故事**　　杂交水稻之父袁隆平

袁隆平是一位视科学为生命的科学家和伟大的工程师。为了杂交水稻事业，他几十年如一日，埋头钻研。刚开始研究时，许多人说他是自讨苦吃，他坦然回答，为了大家不再饿肚子，我心甘情愿吃这个苦。研究条件的简陋艰苦、滇南育种遭遇大地震的威胁、上千次的实验失败，都动摇不了袁隆平研究杂交水稻的决心和信心。袁隆平在这几十年里像候鸟一样追赶着太阳，从南到北在田间育种，在最后攻关的前十年中有七个春节是在海南岛度过的。他曾经说，书本上、电脑里是种不出水稻的，他坚持实践是唯一的真理。"我不在家，就在试验田；不在试验田，就在去试验田的路上。"袁隆平在第一线的坚守是他取得成功的关键。他的这种爱岗敬业的精神深深地影响着每一位青年人。

## 5.3.4　应对工程职业中的伦理冲突

工程师的伦理行为是工程师作为道德主体出于一定的目的而进行的能动地改造特定对象的活动。工程师的伦理是指，工程师在遇到多种伦理可能时，在一定的伦理意识下，根据一定的伦理价值标准，自愿自觉、自主自决地进行善恶取舍的行为活动。从工程实践来看，工程师在工程决策、工程实施、工程维护等阶段都可能存在"义"与"利"的抉择、"经济价值"与"精神价值"的两难抉择、国家利益和民族利益与全人类共同利益的冲突、经济技术要求与人权保障矛盾的冲突等。

### 1. 企业利益与社会责任之博弈问题

工程实施阶段一个重要的环节是设计。设计者要充分发挥自己的社会责任感，不能一味只追求企业利益，而且设计具有起始性和目标的导向性，对全局的把握有重要的作用。设计质量的高低是一个工程项目能否出色完成的核心。想要拥有一个好的工程，就必须以好的设计作为一切工作的出发点；如果没有好的设计，就相当于在修建一座工程大楼时，连地基都没有打好，这样会使整项工作在开始阶段就出现了偏差，使得未来整个建造过程都出现巨大危机。所以，工程师要从各个方面去考量，不能只单单关注该项设计是否可以带来巨大的经济效益，还要关注社会影响以及环保问题。我们身边有许多这样的鲜活例子，如一次性筷子，到处随风飘扬的垃圾袋，无法被降解的快餐盒，冰箱、空调中产生的对臭氧极具破坏力的氟利昂，还有各种汽车尾气对于大气的污染，各种工程修建过程中所产生的建筑垃圾，都对我们生存的地球产生了极大的破坏。因此，设计师在设计的过程中要关注设计本身对于环境的影响，做到设计可以使自然持续发展。

近年来，我国已经认识到了环境保护的重要性，开始加大力度对环境进行整治。环境保护这一历史性难题也被写进了党的十九大报告中，在今后的发展中人与自然和谐共生成了政府和专家学者们一致努力的方向。报告明确指出，要建立绿色、协调、可持续的发展理念，坚持对资源高效利用的同时，要扛起环境保护的责任。不能一味地追求金山银山，金山银山堆成片不如绿水青山这一面。至此，保护环境也正式在国家层面被提及，成了我国的一项基本国策。换句话说，保护环境就是保护我们赖以生存的家园，是实现永续发展的最基础条件。如今，环境问题已经成为我们不得不面对和不得不去解决的一个紧迫性问题。想要走生产发展、生活富裕、生态良好的绿色发展道路，就必须对环境进行统筹治理，完善制度，在法律层面提出规范，用最严谨科学的方法切实提高环境质量。环境保护不光是我们国家的难题，也是一项世界性难题。所以国际环境组织应运而生，并制定协议对世界产品做出了要求。很多实力较强的企业比如可口可乐、耐克、通用汽车和一些航空企业等，都签署了协议并成为了其成员。与此同时，越来越多的国际企业也都以 ISO14000 标准来要求自己。

### 2. 经济利益与安全质量之选择问题

一个质量好的工程不仅能够给公众带来便利，还会减少使用中产生的维修费用，提高使用者的生活质量。而缺少质量保障的工程，不仅不会造福于人类，甚至会贻害于人。建筑工程施工的好坏，直接影响工程产品的质量，因而实施主体在施工过程中要视质量如生命，把保障人民生命安全放在首位。

我国工程史上不乏质量低劣的问题工程，这些问题工程被称为"豆腐渣工程"。这个名字最早出现在 1998 年，当时洪水泛滥，国家对水利工程的质量有着严格的要求，然而当调查部门去检查钱塘江的一个分部工程时，发现本应该用混凝土来回填的部位居然都是用泥沙来代替，造成了严重的安全隐患，由此就有了"豆腐渣工程"这种说法，从此以后都用它来形容那些不符合质量标准的、有安全隐患的工程。

**发现故事**　2009 年上海"楼倒倒"事件

2009 年上海发生的"楼倒倒"事件，造成了 1 名工人死亡的后果。本次楼房倾倒事件的主要原因是短期内堆土过高；同时临近大楼南侧的地下车库正在进行挖掘工作。大楼两侧的压力不平衡产生了水平位移，过大的水平力超过桩基的探测能力导致楼房倒塌。中国工程院院士江欢成在新闻发布会上表示，这次倒覆事故简单地说就是无知导致无畏，施工单位缺乏科学认知，一味蛮干。江欢成说自己从业 46 年从没有听说过，也从没有见到过这种事件。这种事故造成的伤害是不可逆的，因此工程质量要为工程使用奠定坚实的基础。工程出现质量问题造成的影响很难消除，这也给我们敲响了安全重于泰山的警钟。

工程实施过程中有时会因为某些无法预料的原因导致工程或产品质量出现问题，危及相关人员财产或人身安全。对于这些问题，工程人员工作在第一线，通常能够获得第一手资料，是最先发现问题的人。工程人员不说假话、不故意隐瞒事实真相、及时通报相关人员是防范和减少事故发生的首要保障。例如保时捷公司召回事件，2019 年 6 月 10 日，保时捷公司召回 4 万辆 2011—2016 款帕那美拉，原因是部分车辆空调鼓风机调节器控制单元的密封性不足，导致空气中的水会凝结成水滴，可能导致控制单元内部出现故障并发生短路，极端情况下存在发生火灾的风险。如果保时捷公司不公布汽车存在的安全隐患问题，车主是不会轻易发现的。显然，随着科学技术的飞快进步，工程活动将越来越复杂，更加要求工程技术人员要秉持负责任的态度。

### 3. 权利与机会之社会平等问题

工程使用主体作为工程运行的主导者，更应该秉承"以人为本"的工程伦理核心原则。工程使用者在使用过程中可能会自觉或不自觉地对他人造成伤害。当代伦理学的核心就是尊重生命的价值，人的生命具有至高无上的价值，一旦失去，人也就失去了存在的现实基础；然而，令人遗憾的是，在当代大规模的工程活动背景下，人工物的使用已经在事实上对人的生命造成了危害。每个人都有权利享受工程带来的好处和便利，但不能因为自己的一己之利而伤害其他人的利益，侵犯别人的权利就是一种隐性的不平等。

### 4. 节俭与效率之运行成本问题

工程使用主体在进行工程运行活动的时候，首先考虑的是如何做到利益最大化。如果提高效率就有可能使成本增加，那么在这个阶段需要重点关注的是动态工程操作运行过程中产生的伦理问题。无论怎样的生产运行模式，其最基本的伦理要求都是达到运行顺畅。而这个要求在各个行业都是互通的。例如，一个企业的运营在原材料使用和人力资源安排上都需要对成本进行控制，这时候节俭原则就成为了道德追求。无论什么样的企业，在生产过程中都会以节俭为道德原则。除了对企业自身资源的节俭，对自然资源的节俭也要作为道德追求的一部分。但是企业都是追求利益最大化的，会要求在生产的过程中提高工作效率，然而提高工作效率可能就会增大生产成本，因此就会产生伦理冲突。现代技术的提高，为生产活动带来了很大的便利，同时也给环境资源带来了威胁，工程的运行伦理需要很好协调才能真正地做到节俭，如果只是一味地追求企业利益而损害了自然资源，这样的企业终究还是会为自己的行为付出代价。

**5. 工程主体的道德失范**

道德失范指的是缺少作为生活规范和存在意义的伦理原则和道德规范，无法发挥应有的约束作用，无法调节个人的行为，无法引导社会发展。在社会精神层面，道德失范的冲突比较显著，会给社会的发展带来新的危机。一般来讲，道德失范是社会状态的表现，原本的道德规范、行为模式、社会价值观遭到了破坏、否定、怀疑，对于社会成员的约束力、影响力都无法发挥出来，而新的道德规范、行为模式、社会价值观还没有建立起来，或者是初步建立起来，但是并未获得普遍认可，无法发挥其约束力和影响力。在此社会状态下，工程主体对于自身的存在价值就会产生怀疑，出现道德方面的堕落和混乱问题。工程主体道德失范的主要原因是其自律缺失。

工程主体的自律就是评价和监督工程主体的整个体系，需要遵循工程的伦理原则，对工程主体的价值选择、行为规范进行约束。工程主体的自律有伦理自律和道德自律两种类型，它是一种内在的自我约束力，并不像法律那样具有强制性。工程主体的自律指的是工程师要依据道德良心去开展各项工作。只有做到自律才能更好地实现工程活动为社会发展服务的目标。

在当今社会，我们的生活与工程越来越密不可分，工程充斥在我们生活的各个方面，而工程带来的问题也日益凸显。工程活动中的各个主体都试图实现自己的价值诉求，而不同主体的价值追求不同，这方面的冲突也引起了一些伦理问题。

在工程活动中，工程主体是多元化的，每一阶段的主体都有自己的责任和使命，然而工程活动中常常会因为各种原因导致主体陷入两难的境地。不同的决定都可能会产生伦理问题，给社会带来不好的影响。我们通过对不同工程主体的界定，分析决策主体、实施主体、使用主体在工程活动中违背公平公正、以人为本、责任原则而产生的伦理问题，并从内在和外在对其进行原因分析，试图从提高工程主体自身的伦理责任意识和推进伦理责任建设两个方面来解决问题。强调建立大工程观意识的重要性，并提出将工程主体的伦理责任建制化，从而提高工程人员的伦理敏感度。工程活动的创造者和受益者都是人，因此工程活动要将"公众的安全、健康和福祉"永远放在首要位置。

在工程活动高度发达的今天，超越工程表象背后的工程伦理文化研究已迫在眉睫，工程实践与工程道德脱节的现象已经开始引起工程界和哲学界的广泛关注。工程活动一方面满足着人类的当前利益，同时也侵害了人类的长远利益。工程活动需要遵循伦理原则，实现社会发展和人类文明的统一。工程活动中会有很多的参与者，每一位参与者都是工程主体，对主体责任的细化还需要我们更进一步研究，而且工程事业的发展也离不开工程伦理学的进一步研究和完善。

# 参 考 案 例

## 案例1：中国民航英雄机长——刘传健

2018年5月14日7时08分，四川航空3U8633航班飞行在9800米的成都上空时，驾驶舱右风挡玻璃突然出现裂纹，机长刘传健发现后立即向地面管制部门发出备降信息，并让副驾驶发出7700遇险信号。此时，玻璃碎裂向外四散，驾驶舱门自动打开，座舱失压，自动驾驶设备故障，飞机剧烈抖动，情况万分危急。机组宣布最高等级紧急状态，刘传健和机组成员临危不乱、果断处置。

刘传健忍受着极端低温、缺氧、强风和巨大噪声的恶劣条件，实施全手动操作飞机。他左手紧握操纵杆，尽力控制飞机状态，右手竭力去拉位于左侧的氧气面罩，飞机迅速左转飞向成都双流机场，并开始紧急下降。由于设备损坏和风噪，他无法得知飞行数据，无法通过耳机与地面建立正常双向联系。刘传健凭借精湛的技术和丰富的经验，在充分考虑地形和安全高度的前提下控制航速和航迹，凭手动和目视，靠毅力掌握方向杆，操控飞机艰难下降。在高空缺氧环境中飞行了近20分钟，刘传健最终成功备降成都，机上119名乘客、9名机组成员全部安全落地。面对34分钟的极限考验，刘传健以无一失误的手动操作，与机组有序配合，无惧生死，力挽狂澜。

在采访中刘传健说，那几十分钟脑中盘旋的想法就是不要让飞机掉落，要把所有乘客安全送回。创造了航空史上的奇迹后，刘传健被授予"中国民航英雄机长"称号，并先后获得"感动中国2018年度人物""最美奋斗者"等荣誉称号。刘传健和同事们的事迹还被改编为电影《中国机长》。

## 案例2：华容明珠三期工程项目塔式起重机坍塌事故分析

2019年1月23日9时15分，岳阳华容县华容明珠三期在建工程项目10号楼塔式起重机在进行拆卸作业时发生一起坍塌事故。事故造成2人当场死亡，3人受伤经抢救无效后死亡，直接经济损失达580余万元。发生事故的直接原因是塔式起重机拆卸人员严重违规作业，引起横梁从西北侧端踏步圆弧脱落造成坍塌。事故的间接原因是安装人员的安全意识比较淡薄，不能够对相关设备正常操作。

# 思 考 与 讨 论

1. 结合本章对工程职业伦理的论述和相关的案例分析，谈谈对工程职业精神的理解。
2. 工程师的职业伦理是什么？

3. 工程师应该如何全面理解和履行自己职责和权利？

4. 通过本章的学习，加深了对工程活动的了解，在未来该如何做好一名工程师？

# 参 考 文 献

[1] 谭帅，郑永安. 当代工程师的社会伦理责任研究[J]. 价值工程，2015，34(5)：327-329.

[2] 陈万求，林慧岳. 工程技术对社会伦理秩序的影响[J]. 科学技术与辩证法，2002，(6)：30-32+49.

[3] 黎之罡. 工程伦理视角下的工匠精神研究[D]. 武汉理工大学，2018.

[4] 程新宇，程乐民. 工程伦理中的职业社团与伦理章程建设研究[J]. 昆明理工大学学报(社会科学版)，2013，13(6)：6-12.

[5] 宁先圣，胡岩. 工程伦理准则与工程师的伦理责任[J]. 东北大学学报(社会科学版)，2007，(5)：388-392.

[6] 李晓展. 工程主体的伦理问题研究[D]. 太原科技大学，2019.

[7] 李雅丹. 关于中国工程社团伦理章程原则的研究[J]. 理论观察，2020，(1)：86-88.

[8] 周礼文，龙则霖. 论科技人员的社会责任[J]. 湖南工程学院学报(社会科学版)，2002，(2)：27-29.

[9] 杨育红，张蓝文. 中国工程伦理教材编写体例分析[J]. 黑龙江教育(高教研究与评估)，2021，(12)：25-27.

# 06

# 第6章 经典案例

工程伦理的学习需要通过大量的典型案例来深化伦理的概念，体现工程伦理的实际指导意义。本章通过多案例分模块阐述工程伦理问题和伦理原则等相关知识。具体案例涉及工程活动中的环境伦理问题，互联网、大数据与人工智能伦理问题，无人驾驶汽车的伦理问题，AI 换脸技术的伦理问题，智能机器人的伦理问题以及电气工程的伦理问题。

## 教学目标

(1) 了解工程活动中的环境伦理问题。
(2) 掌握大数据时代下应遵守的伦理规范。
(3) 了解人工智能中的伦理问题。
(4) 了解无人驾驶汽车的伦理问题。
(5) 掌握 AI 换脸技术的伦理规范。
(6) 了解智能机器人的伦理问题。
(7) 掌握电气工程的伦理规范。

## 教学要求

| 知识要点 | 能力要求 | 相关知识 |
|---|---|---|
| 工程中的环境伦理问题 | (1) 掌握什么是环境伦理；<br>(2) 了解在工程中应遵循的环境伦理原则 | 生态伦理学 |
| 互联网、大数据与人工智能伦理问题 | (1) 了解互联网、大数据与人工智能的发展；<br>(2) 了解互联网与大数据时代下应遵循的伦理规范；<br>(3) 掌握人工智能中的伦理规范 | 隐私权<br>道德伦理<br>新闻伦理 |

续表

| 知识要点 | 能 力 要 求 | 相关知识 |
|---|---|---|
| 无人驾驶汽车的伦理问题 | (1) 了解无人驾驶汽车涉及的伦理问题;<br>(2) 了解无人驾驶汽车遵循的伦理原则;<br>(3) 掌握无人驾驶汽车伦理问题的规范 | 机器伦理<br>算法伦理<br>社会伦理 |
| AI 换脸技术的伦理问题 | (1) 了解 AI 换脸技术涉及的伦理问题;<br>(2) 掌握 AI 换脸技术的伦理治理 | 传播伦理 |
| 智能机器人的伦理问题 | (1) 了解智能机器人的伦理问题;<br>(2) 了解智能机器人的伦理原则;<br>(3) 掌握智能机器人的伦理规范 | 隐私伦理<br>道德伦理<br>劳动力伦理 |
| 电气工程的伦理问题 | (1) 了解电气工程的伦理问题;<br>(2) 掌握电气工程的伦理规范 | 环境伦理<br>安全伦理 |

### 推荐阅读材料

1. 李健,霍军军,超能芳,等. 以工程伦理观点审视水利工程中的环境问题[J]. 教育教学论坛, 2019, (23): 192-193.

2. 孙伟平,李扬. 论人工智能发展的伦理原则[J]. 哲学分析, 2022, 13(1): 3-14.

3. 刘音. 互联网语境下新闻伦理的自律与他律[J]. 新闻战线, 2019, (12): 20-22.

4. 蔡思欣. 人工智能发展带来的伦理困境及对策探究[J]. 机器人产业,2021,(5):86-93.

5. 沈彬. AI 换脸术都这么强了,你不害怕吗[J]. 科学大观园, 2019, (18): 64.

6. 约翰 J.克雷格. 机器人学导论[M]. 北京:机械工业出版社,2018.

7. 赵玉峰. 电气工程及其自动化的智能化技术应用分析[J]. 科技创新与应用, 2021, (25): 164-170.

# 6.1 工程活动中的环境伦理

## 6.1.1 环境伦理的概念

工程是人的社会实践活动,这就决定了工程必须与人和社会打交道,从而产生社会伦理问题;同时,工程是改造自然的活动,需要直接与自然打交道,在现代社会中又会产生环境伦理问题。社会伦理问题涉及人与人的道德关系,传统的人际伦理学已经对此有深入研究。环境伦理问题则是一个现代问题,它涉及人与自然环境的道德关系。一个好的工程必须满足环境伦理的基本要求,因此,需要认真对待工程活动的环境伦理问题。

工程活动常常要改变或破坏自然环境,改变或破坏到何种程度才是可接受的,需要有一个客观的标准，否则无法具体操作。问题是每个工程都有自己特定的环境条件，根本不可能用统一的标准。在这种情况下，我们除了运用环境评价的技术标准外，还需要运用环境伦理学的标准来处理工程中的生态环境问题。然而，环境伦理学的理论各不相同，如何将这些理论用于判断工程中对待环境的行为，就要看各种理论关注的核心问题是什么。抓住了这个关键要素，就可以对各种理论主张有清楚的理解，在具体的工程活动中就可以运用这种思路处理生态环境问题。

## 6.1.2    工程中的环境伦理问题

自然界的价值有两大类：工具价值和内在价值。工具价值是指自然界对人类的有用性。内在价值为自然界及其事物自身所固有，与人存在与否无关。是否承认自然界及其事物拥有内在价值与相关权利，既是环境伦理学的核心问题，又是工程活动中不能回避的问题。按照传统的价值理论，自然界对我们有价值，是因为它对我们有用，即自然界只拥有工具价值，而不具有内在价值，所以人们一直把自然界看成是人类的资源仓库。在这种思想指导下，只要对人类有利，我们便可以去做。这种伦理观念鼓励了对自然界不加约束的行为，是造成人对自然界进行掠夺、形成环境危机的重要根源。但是，随着对自然界认识的日益深刻，人们发现自然界不仅仅具有工具性价值，而且具有多样性的价值形态。内在价值是工具价值的依据，如果我们承认自然界事物和自然界拥有内在价值，那么我们就与自然界事物有了道德关系。自然界是否具有客观的内在价值，与人们采用不同的参照系进行价值判断和评价有关。我们需要确立一种新的信念，并对自然界重新审视，用建立在现代科学基础上的理念去评价自然界的价值，并在这一理念引导下，建立人与自然的新型伦理关系。

价值主观论者以人类理性与文化作为评价自然界价值的出发点，即没有人就无所谓价值，自然界的价值就是自然对人类需要的满足。而价值客观论者则从生态学的角度来评价自然界的价值，认为自然界的价值不以人的存在或人的评价而存在，只要对地球生态系统的完善和健康有益的事物就有价值。从人与自然协同进化的观点看，没有人类就没有人类中心主义的价值理论，也不可能有大规模的自然价值向人类福利的转变。主观价值论从价值的认识论角度来说是有道理的，但它忽视了价值存在的本体论意义，即自然有不依赖于人而独立存在的内在价值。价值客观论虽然揭示了自然界是价值的载体，强调了自然价值客观存在不依赖评价者的事实，但它忽视了价值与人的关系。从当今的生态实践来看，秉持人与自然协同进化的价值观更为恰当。这种价值观倾向于承认自然界生物个体及其整体自然(生态系统、生物圈)的各种价值。

自然界有外在工具性价值，同时也有不依赖于人的内在价值，内在价值是工具价值的基础。那么，为什么人类中心主义不承认自然界具有内在价值？这是因为从伦理学视角来看，内在价值与道德权利是密切联系的，即如果我们承认了自然事物拥有内在价值，也就理所当然地认可了自然事物的道德权利，也就是我们有道德义务维护自然事物，使它能够实现自身的价值。就自然界而言，各种生物或物种都有持续生存的权利，其他自然事物如高山、河流、湿地、自然景观，都有它存在的权利。自然界的权利主要表现在它的生存方面，即它自身拥有按照生态规律持续生存下去的权利。这也就是环境伦理学要把承认自然界的内在价值作为出发点，主张把道德权利扩大到自然界其他事物的原因，他们要求赋予自然事物在自然状态中持续存在的权利。

　　人类的工程活动就是干预自然，改变环境，因此，任何工程都必须对环境负有责任。我国正处在经济建设的大发展中，一方面，要通过工程建设发展经济；另一方面，要持续发展，实现人与自然的和谐相处。发展经济与环境保护并重，就必然对工程与环境的关系提出新的要求，这就决定了工程活动必然涉及环境伦理问题。

## 6.1.3　紫金矿业有毒废水泄漏事故的案例分析

### 1. 案例回顾

　　2010 年 7 月 12 日，紫金矿业 A 股和 H 股突然停牌，消息称与突发环境污染事件有关。随后，福建省上杭县和紫金矿业发布公告：2010 年 7 月 3 日 15:50，紫金矿业所属紫金山铜矿湿法厂污水池水位异常下降，池内酸性含铜污水(主要含铜、硫酸根，无有毒物质)出现渗漏，部分通过地下排水排洪涵洞进入汀江，对汀江流域造成污染(见图 6.1)。公告称，这一事故对上杭县及下游生活用水未产生影响。但下游网箱鱼出现一定数量死亡。据测算，约有 9100 m³ 废水进入汀江。

图 6.1　水体泄漏污染

　　7 月 13 日，紫金矿业表示，"肇事"的铜矿湿法厂已经无限期停产并全面开展整改，同时将依照事故调查结论承担事故责任和经济赔偿。当地政府对网箱鱼按每斤 6 元全部进行收购，对部分死鱼快速打捞、填埋，进行无害化处理，活鱼放回汀江；并与养殖户签订协议，所需资金由政府先行垫付。若以 378 万斤计算，就需要 2268 万元资金。

　　7 月 14 日晚间，紫金矿业公告称，公司已经接到中国证券监督管理委员会福建监管局《关于对紫金矿业集团股份有限公司进行专项核查的通知》，将对紫金山铜矿湿法厂污水池突发渗漏环保事故信息披露问题进行专项核查。同时，香港联合交易所也正在向紫金矿业问责，介入该事故调查。

　　7 月 16 日晚，福建省通报紫金矿业污染汀江案，给予上杭县县长停职检查处分，县环保局局长行政撤职；责令上杭县一名副县长及龙岩市环保局局长辞职，对工业企业的主管部门负责人县经贸局局长，按照环保监管"一岗双责"要求，进行停职检查处理。紫金山铜矿湿法厂厂长林文贤、副厂长刘王勇、厂环保车间主任刘生源已被刑拘。

7月17日，紫金山金铜矿3号应急中转污水池发生渗漏，污水通过排洪洞流到汀江，经决议后采取堵截、调度等措施，当天上午7点基本堵截住污水外排汀江。初步估算，此次渗漏污水约500 m³。紫金矿业当天发布的公告称，公司已决定对紫金山金铜矿分管安全环保工作的副矿长和紫金山金铜矿环保安全处处长进行停职检查。

7月19日晚间紫金矿业发布公告称，公司接到证监会有关《立案调查通知书》，公司因涉嫌信息披露违规一案被立案调查。

9月30日紫金矿业收到《福建省环境保护厅行政处罚决定书》。处罚如下：责令采取治理措施，消除污染，直至治理完成；罚款956.31万元。

2011年1月30日，福建省龙岩市新罗区人民法院刑事判决，被告公司紫金山金铜矿犯重大环境污染事故罪，判处罚金人民币3000万元，原已缴纳的行政罚款956.31万元予以折抵，尚需缴纳2043.69万元。

### 2. 案例分析

经过分析案例，紫金矿业存在以下问题：

(1) 施工管理、生产管理和环保管理方面存在严重缺陷。

紫金山金铜矿渗滤液污水处理系统未经环保部门批准，自2009年9月停运，现场检查时仍处于停运状态。尾矿渣渗滤液经收集池收集后，未经处理直接排入后库。环境设施设置不合格，应急池距江水只有20 m，企业各堆场及各池底未进行硬化处理。排污设备人为非法打通，缺乏环保监测，导致防渗膜破损未及时发现。2010年7月3日发生的重大渗漏事故，正是"各堆场及各溶液池底未经硬化，防渗膜承受压力不均导致破裂引起渗漏"。7月17日发生的渗漏事故，与7月3日发生的渗漏事故如出一辙，只是地点由"湿法厂"变为"3号应急中转污水池"。

(2) 漠视环保执法。

紫金矿业长期以来多次发生严重污染，当地环保部门多次执法检查要求整改，其都置若罔闻，直至被国家环保局点名批评。紫金矿业对国家环保部门的行政执法拒不执行。

历史上，紫金矿业环保违规事件：

2000年，紫金矿业拦砂坝溃坝，带有氟化钠残留液的矿渣几乎冲毁了附近村庄所有的房屋和耕地。

2006年12月，贵州紫金矿业发生塌溃事故，约200 000 m³尾矿下泄，下游两座水库受到污染。

2008年，首批"绿色证券"试点被核查的37家企业中，有10家未能通过或暂缓通过，其中就有紫金矿业。

2009年4月25日，紫金矿业位于河北张家口崇礼县的东坪旧矿尾矿库回水系统发生泄漏事故。

2010年5月，环境保护部发布《关于上市公司环保核查后督查情况的通报》，在被通报批评的 11 家问题比较严重公司的名单上，紫金矿业名列榜首。

2010 年 7 月 3 日，福建紫金矿业紫金山铜矿湿法厂发生铜酸水渗漏事故。

2010 年 9 月 21 日，受台风"凡比亚"影响，紫金矿业银岩锡矿高旗岭尾矿库初期坝漫坝决口，导致 22 人死亡。此次事件造成的损失更甚于汀江污染。

(3) 污染信息披露严重违规。

其一，信息披露滞后。距事故发生 9 天后才被动地发布公告，已对环境和公共健康造成威胁。如果及时披露信息，虽然企业自身压力增大，但更利于各方调动资源，配合解决泄漏问题，及时控制污染源头，下游民众也可及时采取防范措施。其二，信息披露过于简略。泄漏导致何种类型污染物排出、排放量多大、预期影响范围以及下游防范措施等，均未详细披露。

(4) 企业社会责任严重缺失。

面对重大环境事故，紫金矿业采取的是避重就轻、误导公众、逃避责任的公关手法，不是在第一时间向当地环保部门报告，以最大限度地减少污染造成的损失，而是企图掩盖事件的真相。面对二次污染，紫金矿业发布的公告，既未对二次渗漏事故的消息予以正面的回应，同时也未对"7·3"污染事故形成原因及后续处理向投资者予以明确的表态，并无实质性内容。

### 3. 案例反思

紫金矿业污水泄漏事件表面看来是突发事件，其实它是该企业环保方面存在问题的一次集中爆发，根本问题就在于当地政府和有关监管部门长期以来的包庇纵容以及对受害群众利益的漠视。

作为一个上市企业应该承担怎样的责任，紫金矿业作为一个反面教材，给了我们多方面的警示。上市公司披露制度应严格遵守国家法律、法规，应通过合法营利对股民负责，对职工和社会成员负责，对我们生存的生态环境负责。

## 6.1.4　工程中应遵循的环境伦理原则

生态伦理学，又称为环境伦理学，是在 20 世纪 20 年代伴随着生态危机的加剧和人类生态学的兴起而产生的。它是以人与自然的生态道德关系为研究对象，运用生态规律和原则，探索人与自然相互作用中表现出来的道德关系，确定和评价人们对待自然行为的伦理观点和道德规范的科学。同时，它还强调各国家、各民族、各不同利益体应当以人类的长远和整体利益为目标，满足各自合理的、正当的需求。

首先，自然界具有相互依赖性和整体性。它体现在：任何物种都需要他者的帮助，否则是不可能生存下来的。吉尔伯特·怀特在他的《塞尔波恩的自然史》一书中，把自然当作一个相互联系的整体来研究。自他之后，整体论思想就成为生态学的主流传统思想。在整体论思想中，整个自然都被看作是唯一的不可分割的统一体。正如达尔文所认为的，没有一个个体有机物或物种能独立于其他生物群体而生活。即便是最微不足道的动物，对于与它们相关的物种的利益也是很重要的。所以，整个自然界是一个息息相关的整体，而人类也存在于这一整体之中，保护自然物的利益实际上也是保护人类自身的利益。其次，人类在开发自然环境资源的过程中，应坚持公平性原则。一是人与自然物之间生存权利的平等。1915 年，阿尔贝特·施维泽提出了"敬畏生命"的伦理观。"生命"不仅是人的生命，也包括每一个生物的生命。敬畏生命的伦理观认为，人们在价值观上必须平等对待一切生命。这一理论的深刻内涵在于，将自然物与人放在了同一高度上。生存是个体最基本的权利，人作为自然整体中的一环，享有生命被尊重、利益被维护的权利；同属于自然整体的自然物，其生命也理应与人一样享有被尊重的权利。二是人与人之间的平等。要考虑后代人的利益。我们不能为追求自身利益最大化破坏了自然界，却要子孙后代为这个行为"买单"。

　　人与自然之间的关系在伦理学层面上，体现的是一种公正的价值关系。生态公正要求我们将生态价值和人类主体作为整体来对待和思考，充分考虑自然的需要与生态承受能力。正如施维泽所说："善是保持生命、促进生命，使可发展的生命实现其最高的价值。恶则是毁灭生命、伤害生命、压制生命的发展。这是必然的、普遍的、绝对的伦理原理。"人发自内心地去善待生命、尊重生命的价值，是保护自然的深刻根源和持久动力，这也是人自身的一种对生命的内在伦理诉求。将道德关怀从人与人扩展到人与自然中去，认识到人与自然本是一个共同体，理智地控制自己的欲望，转变现有的发展方式和消费方式，只有这样才能够实现人类共同的、长远的发展。

　　工程理念是工程活动的出发点和归宿，是工程活动的灵魂。历史上像都江堰、郑国渠、灵渠等许多在正确的工程理念指导下建造的工程都名垂青史；但也有不少工程由于工程理念的落后殃及后人。生态文明和和谐社会需要新的工程观，它既要体现以人为本，又要兼顾人与自然、人与社会协调发展。工程活动的最高境界应该是实现并促进人与自然的协同发展。因为人类社会的发展和自然界本身的发展是两个不同的系统，又是两个相互影响的系统，这两个系统之间应保持协调与和谐。人与自然协同发展的环境价值观要求，在人类活动与自然活动之间、在技术圈与生物圈之间、在发展经济与保护环境之间、在社会进步与生态优化之间保持协调，不以一个方面去损坏另一个方面。人类应在追求健康而富有成果的生活的同时，不凭借手中的技术和投资，采取以耗竭资源、破坏生态、污染环境的方式求得发展；不应只把从自然界获取物质财富作为至上的道德价值目标。这种环境价值观倡导的是把生态效益、社会效益、经济效益的统一作为至上的道德价值目标。传统的见物不见人、单纯追求经济增长的发展模式已不适应当今尤其是未来发展的需要。从这种道德标准和价值要求出发，所有决策只能合理地利用自然资源，保护自然资源和生态平衡，决不能把自然当作"奴隶""被征服者"，否则便是不道德的行为。如果不把合理使用资源、保护环境等内容包括在决策目标之内，任何经济增长都不会持续，生态恶化将最终制约经济的增长。

　　好的工程会把符合自然规律和符合人的目的有机结合起来。因此工程活动的评价需要建立一个双标尺价值评价体系，即既有利于人类，又有利于自然。有利于人类的尺度是指在人与自然关系中自然界满足人类合理性要求，实现人类价值和正当权益；有利于自然的尺度是指，人类的活动能够有助于自然环境的稳定、完整。作为社会经济活动的一部分，任何工程的最终目的都是获得最大收益，这种追求价值最大化的方式往往会造成当地环境的恶化。大型工程对环境的影响范围尤其广泛，一旦造成危害将会对当地造成难以弥补的损失。要改变这一现状，实现人与自然协同发展，就需要在工程活动中彻底改变传统的价值观念，走绿色工程的道路。

# 6.2　互联网、大数据与人工智能伦理问题

## 6.2.1　信息与大数据的概念及其发展

大数据时代的信息伦理，是指大数据信息的收集、管理、利用和传播等活动过程中所应该遵循的伦理准则。大数据技术快速发展，推动数据呈现出"4V"特征，即体量(Volume，数据体量大)、速度(Velocity，数据处理快)、多样化(Variety，数据多样化)、价值(Value，数据的经济有效性)。大数据蕴含的信息价值被人们前所未有地挖掘、开发和利用，成为 21 世纪的"新石油"，被各国政府视为重要战略资源，也是当前世界各主要大国综合国力的象征。然而，大数据技术是一把双刃剑，它给个人、社会和国家带来福祉的同时，也进一步加剧了信息隐私、信息安全、信息污染、信息异化、信息鸿沟等伦理问题。

拜纳姆和罗杰森在《计算机伦理与专业责任》中系统地梳理了 2000 年前计算机和信息伦理的发展。控制论创始人罗伯特·维纳在 1950 年出版的《人有人的用处》中，最早追问信息技术对诸如生命、健康、快乐、能力、知识、自由、安全、发展机会等人类核心价值的意义，成为提出信息与计算机伦理的先驱。他提出"伟大的公正原则"应成为信息伦理的基石。

20 世纪 60 年代，计算机学者唐·帕克开始收集计算机专业人员利用高科技犯罪和从事不道德行为的案例，为美国计算机学会(ACM)起草计算机工程师职业伦理规范，并广为宣讲。

70 年代，既是哲学家后又成为计算机教授的瓦尔特·曼纳使用 computer ethics 指称研究内容为计算机技术引发、改变、加剧伦理问题的应用伦理学科，并出版相关教材。

80 年代后期和整个 90 年代，计算机伦理学发展迅速。1985 年，詹姆斯·穆尔发表论文《何谓计算机伦理学？》，德博拉·约翰森撰写《计算机伦理学》经典教材，与信息技术伦理问题相关的学术会议、大学课程、研究中心、专业期刊和讲席教授席位应运而生。为应对层出不穷的伦理问题，还出现了负责日常甄别信息技术的使用情况和监管滥用的专门组织，定期发布报告，提出降低风险的举措。

大数据时代对社会伦理的新挑战表现在，无所不在的感知网络、无所不知的云计算与存储、须臾不可分离的智能终端等构成的网络空间和真实生活交织交汇，使一些被广泛珍视的伦理价值，如个人权利平等、交易公平、安全感以及诚信、自由、公正，正在经受新挑战。这些挑战拷问数据工程师的良心和职业道德，追问大数据企业的核心价值，警示政府守住法律底线和权力边界，提醒公众思考新的社会道德和价值准则，进而影响信息技术

如何被构思、发明、选择和应用到实际问题中。

## 6.2.2　信息与大数据涉及的伦理问题

概括而言，大数据时代，作为技术应用提供方的数据工程师、大数据创新企业、政府部门，与作为使用方的普通用户、社会团体，共同面对以下四方面的伦理挑战。

(1) 身份困境。数字身份与社会身份，可以分离还是必须关联？

(2) 隐私边界。"相比遭遇恐怖袭击、破产和其他可能不会发生的小概率事件，中国人更担心网络在不经意间泄露了自己的隐私"，怎样理解大数据时代的个人隐私？法律该如何提供保护？

(3) 数据权利。大数据是资产吗？在个人、企业、政府、公众之间，关于大数据的拥有权、采集权、使用权、处理权、交易权、分红权等权利成立吗？可以定价吗？符合伦理吗？

(4) 数据治理。政府主导的公众数据是否应当无条件开放共享？基于大数据的公共治理创新如何才能避免歧视、不当得利或威胁个人自由？

大数据伦理(big data ethics)正在成为新的应用伦理研究方向。然而它还没有完整、公开、形成共识的定义。作者认为，与大数据伦理相关的内容包括：

(1) 鉴别数据的获取、处理、分发(发布)过程中涉及多方利益主体；

(2) 发现大数据实践中对相关利益主体的安全、责任、自由、平等、公平、正义、节俭、环保等造成威胁的风险类别、风险程度大小；

(3) 确定数据伦理的价值准则和哲学依据；

(4) 指导形成正当行动的数据行为规范。

## 6.2.3　电影《搜索》的伦理问题分析

### 1. 电影简介

电影《搜索》讲述上市企业董事长秘书叶蓝秋在获知自己罹患癌症之后，心灰意冷的她上了一辆公交车，沉浸在惊愕与恐惧中的她，拒绝给车上的老大爷让座，引起众议。这一过程被电视台实习记者杨佳琪用手机拍个正着，她将公交车上的新闻火速交给准嫂子陈若兮。凭着新闻主编的敏锐嗅觉，陈若兮将此新闻恶意放大，从而引发了一场社会大搜索，集体讨伐叶蓝秋的道德沦丧。在公众指责和病魔降临的夹缝中，叶蓝秋带着老板沈流舒借给她的 100 万，彻底玩起了消失，岂料这更使她被冠以"小三"之名。陈若兮的摄影师男友无意中被卷入叶蓝秋的世界中，为了获得一笔高额报酬，他受雇陪伴在叶左右。而他不曾想到，这竟是这个饱受指责的女人生命中最后一段时光。叶蓝秋的自杀，彻底颠覆了陈若兮的爱情与生活，也让所有人开始反思。

叶蓝秋宛若南美洲丛林中的一只蝴蝶，扇动翅膀，引发了一场发生在中国南方都市里的"南太平洋风暴"。七天时间，因为一件公交车上发生的小概率事件，十几个人被卷入其中，生活被迫推离既有的轨道，甚至命运被彻底改写。

### 2. 案例分析

(1) 法律与道德的碰撞。

我国自古以来提倡尊老爱幼，所以主动给老年人让座是一项传统美德。《搜索》中的叶蓝秋没有给老人让座是道德问题，网友对叶蓝秋的声讨谩骂也是因为她的"缺德"。这充分体现了人们对传统美德的重视，可是却高估和滥用了道德的作用，而忽视了法律的制约和束缚。这也体现了人们法治观念相对淡薄，出现了以"美德"约束替代法制约束的情况。叶蓝秋没给老年人让座最多算缺乏传统美德，何况她身有重病；但是售票员说要把她轰下车却是违法。每一位乘客付了公交车费，就与公交公司达成了潜在的交通服务契约，公交车有责任和义务把乘客送到目的地，不得让乘客中途下车。

然而，为什么网民声讨谩骂的对象是"缺乏传统美德"的叶蓝秋，而不是违法的售票员呢？当道德和法律发生碰撞的时候，是首先尊重和维护法律，还是传承和践行道德呢？

一个和谐、进步、安康的社会，不仅需要道德的维护，更需要法律的制约和监督。我国必须大力加强法治教育，让人人学法、知法、守法，让法律深入人心，否则，随着城市化进程继续推进和加快，城市人口增加，交通拥挤，公共空间变得相对狭小，人与人之间类似的"让座事件"会越来越多。

(2) 新闻伦理与网络暴力。

《搜索》中的媒体人陈若兮在电影里一出场就说："我们的工作是记录生活中的真实，努力还原事实真相。"随着社会的发展，人们之间的沟通和了解从原来的直接方式变成了间接方式，特别是随着网络的发展，生活节奏加快，工作和社会压力增大，间接沟通越来越取代了直接沟通。原来是"眼见为实"，现在"眼见"却不一定是事实了。

全媒体时代，有的媒体为了吸引受众眼球，不顾及当事人隐私权，不求证新闻真实性，一味追求所谓新和快，以商业利益驱动新闻传播活动，导致虚假新闻与乌龙事件频频进入公众视野，在给社会稳定埋下隐患的同时，也给媒体公信力带来危机。媒体本应利用互联网新技术推动新闻产品向更深层次流动，然而却一再触及伦理底线。新闻伦理的骤变给新闻行业的正常发展带来严峻挑战。媒体界应从整体出发，建立理性评价机制，提高公众媒介素养和改善媒体竞争环境，才有利于推进新时代新闻伦理建设。

叶蓝秋因为没有给老年人让座，她的所有资料便被人们晒到网上，包括年龄、工作单位、住址以及前任男友的姓名。这些都严重侵犯了她的个人隐私，影响到了她的正常生活。同样，叶蓝秋和杨守诚去家政中介所找保姆时，被人拍到了视频并传到网上，众多网民便认为他俩是恋人，于是在网络疯传这一视频且被众多网站迅速转载。可见，一个缺乏事实依据的推测，随便就可以传到网上，这体现出法律监管的缺失和国民法律意识的淡薄，同时也是造成网络时代新暴力行为的原因。

网络暴力已经对人们的正常生活产生了不可低估的影响和伤害，危害到社会个体的生命财产安全。国家必须尽快制定并实施相关法律。只有合理合法地使用网络资源，才能有利于社会的健康发展，保障个人隐私及利益不受侵害。

### 3. 案例反思

案例中，除了在互联网上拥有言论自由的公民群起而攻之造成这样悲惨的后果之外，作为舆论的导向者、新闻的传播源头，新媒体工作者也有着不可推卸的责任。他们需要在工作中严格遵守新闻伦理。大数据技术的迅猛发展，使得相关法律和制度已经不能满足解决信息伦理问题的现实需要，信息活动中的法律缺席，道德自然也会失去坚强的后盾。在快节奏的互联网时代下，人们躲在网络的背后，做起了键盘侠，也许就是发表自己的一点观点，在普通人的眼里或许无可厚非，殊不知会产生蝴蝶效应，看似平淡的话语也有可能成为伤人的利剑。互联网时代下的网民已经成为互联网异化的品种，或者说人已经是一种被外在科技异化的"新人"了。

## 6.2.4　信息与大数据的伦理规范

2021 年 8 月，大西洋理事会发布《人工智能和数据伦理：从一般性原则到指导性原则》研究报告。报告认为，研究人员、企业、政策制定者和公众已普遍意识到人工智能和大数据运用面临着保证公平公正、隐私、自主、透明度和可说明性方面的挑战。报告分析了从一般性伦理概念和原则过渡到有指导性和实质性内容原则的重要性及难度，提出了实现公平公正性的指导性举措，包括优化组织结构和治理模式、拓展视野与合作方式、加强培训与教育、注重伦理的应用实践、构建人工智能和数据伦理社区等。为此，人们越来越多地希望各种组织能够解决这些问题，但是现阶段仍缺乏对实际行动强有力的监管指导。

随着人工智能的普及，不可避免地会面临人工智能与数据伦理中的公平公正问题。公平公正被广泛认为是人工智能和数据伦理的关键组成部分。许多案例已经表明，机器学习和自动决策系统会导致偏见、歧视或其他不平等的结果。在围绕人工智能和数据伦理的讨论中，"公平"和"公正"经常互换使用，这是为了囊括其包含的所有因素。当然，这些术语有时也拥有更具体的含义。如在研究这些问题的计算机科学家看来，"公平"通常指群体之间某种形式的平等。

为了解决这些工程中所面临的大数据伦理问题，我们应当从以下方面加强治理。

(1) 倡导大数据信息伦理的规范原则。

其一，为人类服务原则。坚持人在信息活动中的主体地位，坚守道德底线，避免人类的利益、尊严和价值主体地位受到损害。其二，安全可靠原则。大数据技术必须是安全、可靠、可控的，保证国家、企业、组织、个人等的信息安全和隐私安全。其三，公正与共享原则。大数据技术必须为广大人民群众带来福祉，而不能只被少数人专享。开放与共享是大数据未来的趋势。实现数据的开放与共享，既能消除信息鸿沟和信息霸权，体现出"以人为本"的理念，也有利于数据的融合挖掘，产生新的价值。其四，公开透明原则。大数据技术的研发、设计、制造和销售等各个环节以及大数据产品的性能、参数和设计目的等相关信息，都应该是公开透明的，以保障公众对数据的知情权。

(2) 建立和健全法律。

法律是道德的重要保障，没有健全的法律规定，道德的效力将会大打折扣。在立法层面，我国信息立法的滞后和执法的不到位加剧了信息伦理问题的发生。因此，相关部门要加强和完善信息活动中的立法，使得信息行为真正做到有法可依，尤其是在用户隐私、信息收集和管控、敏感数据保障和数据质量等方面加强立法，以解决法律滞后性问题。从执法层面来讲，应培养适应大数据时代的高素质、专业化的信息安全执法队伍，增强网络执法力量，推动严格而高效的执法，实现网络违法与犯罪的预防与整治相结合。

(3) 借助技术手段。

大数据技术的缺陷固然是大数据伦理问题产生的本源，但大数据伦理问题的解决也需要强大的技术支撑。无论是信息隐私、信息安全还是信息环境的净化都需要借助技术手段。在技术层面上，防火墙技术、查杀病毒技术、数据加密和认证技术、入侵检测技术等的不断升级和应用，对预防大数据时代的信息不道德行为发挥着重要作用。例如，用户可以通过加密、密码编码、匿名化、设计协议和服务以及设置外部数据盗用警告系统等各种防御形式来提升私人数据的安全性能。尽管现代技术无法保证信息安全的万无一失，但它为信息安全提供了一道重要屏障。

(4) 提高用户个人信息保护意识。

随着大数据技术的广泛应用，用户每天接触的信息数量激增，信息传播速度加快，发生信息泄露和出现信息安全问题的概率也大大增加。然而，只要用户在信息活动的过程中能够提高个人信息安全保护意识，就可以有效降低信息不道德行为发生的可能性。第一，提高对钓鱼网站、虚假信息的甄别能力，定期对计算机系统进行杀毒等，屏蔽网络恶意链接、攻击，以提高网络的安全性；第二，不轻易在网络上泄露个人身份信息、医疗信息、消费信息、家庭信息等；第三，当个人信息隐私与安全受到威胁和侵犯时，敢于拿起法律武器维护自身合法权益，增强保护信息安全的法律意识。用户在信息活动中提高信息安全保护意识，可以避免因主观原因带来的信息伦理问题，使不法分子无可乘之机。

(5) 信息行为主体的道德教育。

网络社会的虚拟性、匿名性，使得信息行为主体可以隐藏身份从事信息活动。因此，网络世界处于"无政府状态"，信息行为主体能否遵守信息伦理，更多是受个体道德的制约。加强个体的网络道德教育，培养有道德、有社会责任感的信息人员对维护信息活动的正常秩序至关重要。第一，重视学校的信息伦理教育。根据学生年龄和接受能力，在小学就开始设置不同层次的与信息素养有关的课程，使个体在早期的学校教育中就能够接受信息道德教育的熏陶；到大学阶段则可以开设信息伦理相关的课程与专业，增强大学生的信息伦理意识。第二，加强社会的信息伦理教育。加强对个体的社会正面宣传教育，弘扬社会主义核心价值观，为公众树立正确信息伦理观创造良好的社会环境。第三，开展多种形式的信息伦理教育。信息伦理教育的途径和方式是多样化的，除了学校正式的信息素养教育和社会道德宣传教育，还包括举办信息伦理知识培训班、信息伦理专题研讨会、信息伦理专题讲座、信息伦理专项教育等形式。

目前，我国大数据信息伦理面临严峻挑战，在利用大数据的同时，探讨其可能引发的伦理风险，成为学术界急需研究的重要课题。

## 6.2.5　电影《人工智能》的伦理问题分析

### 1. 基本概念

人工智能作为一种革命性、颠覆性的高新技术，正在深刻地改变、塑造着人与社会。在伦理道德领域，人工智能的研发、应用提出了许多新颖的问题，引发了剧烈的伦理冲突，特别是对人自身的道德主体地位提出了挑战。直面这些新问题、新挑战，既有的一些伦理原则彼此缺乏联系，并没有作出应有的整体性回应，同时又很少顾及对人工智能发展的积极伦理支持。立足于智能科技的发展和社会的智能化趋势，在准确研判其伦理后果的基础上，可以构建一个以人本原则为核心，包括公正原则和责任原则在内的整体性的伦理原则体系。它力求对人工智能的研发、应用予以必要的引导和伦理规制，实现其为人类服务、促进人与社会发展的崇高价值目标。

我们正处在一个社会全方位急剧变革的伟大时代。继工业化、信息化之后，智能化已经成为时代强音，成为"现代化"的最新表征，成为一个国家和地区发展水平的标志。智能时代标志性的高新科技——人工智能究竟会如何发展？可能导致哪些伦理后果？会推动人与社会走向何方？这些问题的重要性越来越凸显。或许人们观察和思考这些问题的视角不同，认知也不一，短时间内难以取得基本共识，但人工智能作为一种开放性、革命性、颠覆性的高新科学技术，确实已经引发了大量的伦理问题和伦理冲突。如何立足智能科技的发展和社会的智能化趋势，准确研判其伦理后果，提出合理的、整体性的、具有前瞻性的伦理原则体系，对人工智能的发展予以必要的引导、规制和支持，是不容回避的重大理论和现实课题。

### 2. 电影《人工智能》简介

在机器人的发展过程中，赋予机器人以情感是最富有争议的。通常机器人被视作一个极其复杂的装置，人们认为他们不具备感情。但是，有很多父母失去了自己的孩子，现实的需要就使机器人被赋予情感的可能性大大增加了。终于，Cybertronics Manufacturing 制作公司着手解决了这个问题，制造出了第一个具有感情的机器人。

他的名字叫大卫，作为第一个被输入情感程序的机器男孩，大卫是这个公司的员工亨瑞和他妻子的一个试验品，他们夫妻俩收养了大卫。而他们自己的孩子却因病被冷冻起来，以期待有朝一日有能治疗这种病的方法出现。尽管大卫逐渐成了他们的孩子，拥有了所有的爱，成为了家庭的一员。但是，一系列意想不到的事件的发生，使得大卫的生活无法进行下去。

人类与机器最终都无法接受他，大卫只有唯一的伙伴——机器泰迪，即他的超级玩具泰迪熊，也是他的保护者。大卫开始踏上了旅程，去寻找真正属于自己的地方。他发现在那个世界中，机器人和机器之间的差距是那么的巨大，又是那么的脆弱。他要找寻自我、探索人性，成为一个真正意义上的人。

### 3. 案例分析

目前，忠诚的智能型陪伴机器人正在医疗领域尝试取代护工。大部分人认为，有一个可靠的机器人照顾我们可能比并不可靠或使用虐待手段的人更好，或者说比根本没人照顾我们要更好。随着人工智能技术的发展，这个想法正在慢慢实现。

随着技术的进步，越来越多的问题也浮现出来。如果有人工智能的机器人被赋予忠诚、爱等人类才能理解的情感，那么人工智能和人该如何相处？电影《人工智能》或许可以看作是人工智能与人的伦理关系的预言。

在讨论人工智能可能会有情感的时候，不能回避一个问题：人工智能设定为对人类绝对忠诚，人类需要对这份忠诚负责吗？这也是电影在开篇就提出的问题。

目前设想，医疗行业的陪伴型机器人，除了照顾日常的生活起居，大多需要听老人讲过去的事，并作出恰当的回答。以现在的技术水平来看，机器人可以回答需求性问题。比如，向 Siri 提问：附近的咖啡馆有哪些？Siri 会给出一个相对准确的回答。但是问情感类的问题，说自己失恋了，Siri 不知道该怎么回答，它没有感同身受，也不会换位思考，更没有谈过恋爱。对于这种问题它完全无所适从，只能千篇一律地回答"我听不懂，请再说一遍"。但是我们不会怪 Siri，因为我们始终把 Siri 当成我们的财产，而不是伙伴。机器人或者人工智能只有进入我们的朋友圈，才能谈情感。

在《人工智能》中，大卫就是功能型机器人，就像冰箱会帮助人们将食物保鲜、空调会让人们凉爽一样。电影里说：没有人会制造小孩机器人，因为他没有用处(功能)。但大卫不一样，他的功能就是爱妈妈，此时功能就等于情感。

在人与机器人相处的过程中，有些关心似乎是不必要的。机器人不会疼，不会饿，不会感冒，不会胡闹。但是，这让人想到恐怖谷理论。恐怖谷理论是一个关于人类对机器人和非人类物体的感觉的假设，它在 1969 年由日本机器人专家森昌弘提出。当机器人与人类相像超过 95%的时候，机器人与人类在外表、动作上都相当相似，所以人类亦会对机器人产生正面的情感；人形玩具或机器人的仿真度越高人们越有好感，但当达到一个临界点时，这种好感度会突然降低，越像人越让人反感、恐惧，直至谷底，称之为恐怖谷。可是，当机器人的外表和动作与人类的相似度继续上升的时候，人类对他们的情感反应亦会变回正面情感，贴近人类与人类之间的移情作用。

机器大多数关注人的外在环境，即自然环境与社会环境，机器从传感器得到环境数据来综合分析人所处的外在环境，但是却很难有相应的算法来分析人的内部心理环境。人的心理活动具有意向性、动机性，这是目前机器所不具备的，也是机器不能理解的。所以对于人工智能的发展而言，机器的发展不仅仅是技术的发展，更是机制上的不断完善。研究出试图理解人的内隐行为的机器，则是进一步的目标。只有达到这个目标，人机环境交互才能达到更高的层次。

### 4. 案例反思

人与人工智能构造的差异，不仅局限于技术层面，在科幻电影的意图建构中，更被延伸为认知、能力、意图以及存在状态等方面的反差，并在人与机器彼此映射的互动关系中不断进行自省、反思。在此过程中，不同时期人工智能的发展状况及趋势，也衍生出不同范畴的人工智能伦理方向。

究竟应该如何定义人工智能？这是一个令所有人都感到头痛、迄今仍然莫衷一是的问题。囿于当前人工智能的发展现状，特别是远未定型的事实，或许任何匆忙的定义都是不明智的。不过，无论"人工智能是什么"的问题具有怎样的开放性、革命性和颠覆性，我们都应该清醒地意识到：它仍然是人类所创造并一直服务于人类的一种高新科学技术；或者说，人工智能与其他任何"属人的"科学技术一样，都植根于人类生活实践活动的需要，都服务于人的解放、自由、全面发展的价值目标。

毋庸置疑，目前人工智能的发展仍然处于早期，远未成熟、定型，它对人与社会的变革、塑造仍然是初步的。未来人工智能将如何发展，并如何变革、塑造人与社会，仍然有待冷静观察。但非常明显的是，正在发生的变革与塑造之快速、广泛与深刻，是以往一切科技革命无法比拟的。

## 6.2.6　人工智能涉及的伦理问题

伦理道德作为人与动物相区别、调节人与人之间社会关系的一种价值体系，植根于人们的社会生活实践之中，且随着社会生活实践的发展而发展。人工智能作为一种深刻改变世界、对社会再解构的高新科学技术，正在全方位、深刻地影响人们的社会生活实践，影响人与人之间的社会关系和伦理道德关系。

(1) 人工智能的自主程度日益增强，在经济和社会领域越来越活跃，对人作为唯一道德主体的地位提出了严峻的挑战。

伦理道德曾被认为是专属于人的哲学范畴。从传统伦理学的视角看，人因其有理性、会思维，能够根据自主意识开展活动，而被认为是"宇宙之精华，万物之灵长"，被设定为唯一具有自主性的道德主体。如果说人工智能作为人造物日益接近突破"图灵奇点"，在人类历史上第一次接近成为主体，那么，它是否能成为道德主体？这引发了持不同立场的学者之间的激烈争论。

弗洛里迪(L. Floridi)和桑德斯(J. Sanders)提出了判断 X 是否为道德主体的标准：只有在能够起作用(例如对世界产生重要的道德影响)的前提下，同时具有交互性、自主性和适应性，X 才是道德主体。也就是说，只有 X 能够与其环境发生交互作用；能够在不受外部环境刺激的情况下，具有改变其自身状态的能力；能够在与环境发生交互作用中改变规则，才是道德主体。显而易见，智能系统能够符合上述各项标准，弗洛里迪和桑德斯由此直接承认了智能系统的道德主体地位。

而与此相对照，不少学者则表示质疑，拒绝承认智能系统的主体地位，最多只给予其"准道德主体"的地位。有些学者引用泰勒(P. Taylor)1984 年提出的判断道德主体地位的五条标准："第一，具有认识善恶的能力；第二，具有在道德选择中作出道德判断的能力；第三，具有依据上述道德判断作出行为决定的能力；第四，具有实现上述决定的能力与意志；第五，为自己那些未能履行义务的行为作出解释的能力"。他们据此质疑、否定今天智能系统的道德主体地位。例如，布瑞(P. Bery)用道德主体应该具备的三个特征，即"有能力对善恶进行推理、判断和行动的生物；自身的行动应当遵循道德；对自己的行动及其后果负责"，来否定智能系统的道德主体地位。然而，如果我们进行深入分析，那么不难发现，上述判定标准存在两个不容忽视的问题：其一，判定标准特别是其中"意志""生物"等用语，直接显示了标准提出者的人类中心主义思路，明显是以人为参照物来衡量人工智能的道德主体地位；其二，根据上述判定标准得出人工智能仅具有"准道德主体"地位的结论，显示其理论视野仅仅局限于弱人工智能，而没有考虑到突破"图灵奇点"之后的强人工智能或超级智能。但无论学术界具体认定的标准是什么，无论不同学者站在不同立场上得出什么样的结论，激烈的争论本身就表明，人工智能的横空出世与快速发展已经对人作为唯一的道德主体提出了严峻挑战。

如果说肯定纯粹由人所制造的智能系统拥有道德主体地位还存在难度，一时难以被学术界和社会公众所认同，那么，说生物智能与人工智能的混合体将拥有道德主体地位，则明显比较容易被认可和接受。因为，否定人工智能具有道德主体地位的关键就在于，人工智能并不拥有真正意义上的心灵，而心灵是独属于人的。随着生物技术的发展，特别是生物技术与智能技术的综合发展，人的自然躯体一直在被修补、被改造；虽然这种修补和改造目前还是初步的，还停留在物质性的躯干部分(如假肢对手或腿的修补、冠状动脉支架对血管的改造)，还没有深入到对人脑及其智能的修补和改造，但是，生物智能必将与我们正在创造的非生物智能紧密结合，人机互补、人机一体显然处于技术发展的逻辑进程之中。人工智能所具有的强大感知能力、记忆能力、计算能力、快速反应能力等，正是人的自然躯体所缺乏或存在严重局限的智能和技能。科幻小说中所描绘的在人脑中植入特定的芯片，辅助人脑承担感知、记忆、判断、表达等功能，创造出打破技术与人的传统界限的新生事物，都很有可能变成现实。在智能化进程中，无论在何种程度上否定这种生物智能和人工智能"共生体"的道德主体地位，都将会直接导致对人的道德主体地位的否定。可见，人作为唯一的道德主体的地位遭遇到人工智能强有力的挑战。

人工智能在挑战人的唯一道德主体地位的同时，还通过其所拥有的越来越强大的劳动能力以及对人所占据的劳动岗位的排挤，令人的生存、生活环境变得恶劣。人工智能的自主程度正在日益增强，在生产、生活的诸多领域展现出相对于自然人的优势。它们不仅能够代替人从事各种危险或有毒有害环境中的工作，而且开始向曾经专属于人的工作岗位发起挑战。例如，在复杂的城乡道路上开车曾经一直是人的专利，而无人驾驶汽车正在兴起；写出自己所感、所想，引起他人共鸣，一直是作家引以为傲的资本，而现在"薇你写诗"之类的智能程序也可以做到；绘画、书法、作曲、弹琴、舞台表演一直是高雅的人类艺术，相应的智能系统正在向这些领域快速进军……在智能技术指数级进步速度的衬托下，人(特别是"数字贫困者"之类的普通劳动者)的进步速度显得过于缓慢，远远跟不上智能机器进化的速度；加之现实社会中原本就存在的贫富差距、技术差距和数字鸿沟，"数字贫困者"之类的普通劳动者在这场智能革命中很可能彻底丧失劳动的价值、工作的权利，从而被经济和社会发展体系排斥在外，沦为无用阶层或多余的人。在社会快速信息化、智能化进程中，这种不公正、不人道的社会排斥现象可能愈演愈烈，越来越多的人因为丧失劳动价值、丧失工作机会，从而在生活实践中的主体地位遭遇危机，其存在看上去变得可笑和荒谬。

(2) 人工智能不仅重构了社会基础设施，而且渗透到人类社会生活的各个领域和方面，发挥的作用也越来越大，传统社会的伦理道德关系面临越来越多、越来越大的挑战。

首先，人工智能系统的道德关系已经引发忧虑与不解。人工智能既是人类创造的一种工具，又绝非一般性工具，它具有成为"主体"的潜质。它剧烈地冲击、解构着传统的人机关系，引发了学术界关于人工智能系统的道德关系的热烈讨论。目前学者们的立场和观点越来越分裂，达成普遍共识的难度越来越大。有些科学家和学者甚至充满忧虑地提出，强人工智能或者超级智能是否会失控、异化，反过来统治、虐待、奴役人类。如阿库达斯(Arkoudas)和布林斯约德(Bringsjord)在为《剑桥人工智能手册》(The Cambridge Handbook of Artificial Intelligence)所供稿件中认为，人工智能不会仅仅满足于模仿智能或是产生一些聪明的假象，成为真正的主体是技术发展的逻辑追求。库兹韦尔(Kurzweil)甚至预言："(有意识的)非生物体将首次出现在2029年，并于21世纪30年代成为常态。"这种超越其设计者的强人工智能自我学习、自主创新、彼此联系，是否会超出原先设计者对其职能边界的设定而走向失控，成为统治、虐待、奴役人类的超级智能？这种强人工智能或超级智能是否会基于自身的强大，判定人类"没有什么用"并且浪费资源，从而怠慢"数字贫困者"之类的弱势群体，进而漫不经心地灭绝人类？

其次，人工智能给现有的人与人之间的道德关系带来了冲击。人工智能作为一种尚未成熟、定型的通用型技术，已经展现出自身强大的威力，开始改变人与人之间的社会关系，正在并已经造成一系列严重的伦理后果。例如，在历史与现实中，人与人之间本来存在一定的自然能力差距、贫富差距、城乡和地区差别、社会分化等现象，这种不平等的现实往往令弱势群体感到愤愤不平，而在死亡面前的终极平等又构成了人类社会最基本，甚至是最重要的平等。或许正是因为死亡面前人人平等，人与人之间的一切不平等都变成了有限的不平等。而随着人工智能的发展，特别是生物技术与智能技术的综合发展，一些原本处于优势地位的人可能更有条件实现"智能+"，更好地享用先进的科技成果，人与人之间的分化可能以知识、智慧为突破口而不断拓展，"数字贫困者"之类的弱势群体可能处于更加无助、无奈的地位。医疗技术、生物技术与智能技术的综合发展，还可能对人的基因进行重新编辑，通过基因增强大大改善人的健康状况，大幅延长人的寿命；通过"思维上传"实现"精神不死"，甚至成了一些精英群体现在就开始讨论的话题。如果基因增强等技术真的能够实现，原本处于优势地位的精英群体自然更能受益，可能优先获得弱势群体渴望而不得的提升机会。这将直接瓦解死亡面前人人平等的自然铁律，令既有的社会不平等得以长期延续，甚至变本加厉。

最后，基于人工智能的研发和应用，可能产生难以计数的道德问题。例如，在具体的道德关系中，如何确定智能系统的道德责任就是当前困扰人们的一个道德难题。正处于测试阶段的智能无人驾驶汽车如果获准上路，马上就颠覆了传统的驾驶员与其他道路交通参与者之间的关系。智能无人驾驶固然可能更便捷、更安全、更高效，可以减少交通事故的发生，但它显然并不能完全消灭交通事故。而一旦发生交通事故，传统的以驾驶员为中心的责任体系就会土崩瓦解，智能无人驾驶系统的设计者、生产者、拥有者、使用者等难以避免相互间的责任推诿。此外，智能无人驾驶系统本身还会加剧原有的一些道德两难问题。如义务论和功利论争论不休的"电车难题"并非没有根据的理论设想，完全可能出现在发达的智能时代。

例如：一辆载有大量乘客的智能无人驾驶汽车突遇横穿马路的行人，在刹车不足以避免相撞的情况下，紧急转向可能导致车辆侧翻，造成乘客伤亡，而不转向、仅刹车则可能造成行人伤亡。面临两难情形，如果驾驶员是自然人，凭借自身的道德直觉所作的决定往往能够得到人们的理解；而如果是算法主导的智能无人驾驶，则很难逃脱义务论者或者功利论者的苛责以及没完没了的追责。

人工智能的研发和应用可能导致的伦理道德挑战还有很多，比如近年来人们热衷讨论的虚拟对真实的挑战、大数据与隐私权问题、算法可能内嵌的歧视问题、智能推送加剧人的单向发展问题、人形智能机器人对人际关系(特别是婚恋家庭关系)的挑战、杀人机器人的研制和应用问题，等等。我们可以肯定，更多的新问题、新挑战还将随着时间的推移不断地显现出来。所有这些新问题、新挑战对智能时代的伦理建构和道德治理提出了新的要求，呼吁我们基于新的伦理原则体系重建新的伦理秩序，建设更加合乎人性、人们的幸福指数更高、社会也更加公正的新型智能文明。

## 6.2.7　人工智能的伦理规范

直面人工智能的快速发展和对世界的变革，以及所产生的新的伦理问题和挑战，社会各界都极其关注。不少组织机构提出了人工智能发展的伦理原则和道德规范。例如，微软公司将"公平、包容、透明、负责、可靠与安全、隐私与保密"作为人工智能的六个基本道德准则；腾讯研究院从"技术信任""个体幸福""社会可持续"三个层面提出若干道德原则；欧盟将"人的能动性和监督能力、安全性、隐私数据管理、透明度、包容性、社会福祉、问责机制"作为"可信赖人工智能"的七个关键性条件。乔宾(Anna Jobin)等人从美英等国 84 份关于人工智能伦理指南的资料中，按出现频率的高低，将人工智能的伦理原则归纳列举如下："透明、公正和公平、不伤害、责任、隐私、有益、自由和自主、信任、尊严、持续性、团结。"还有不少国内外学者从不同的理论视域提出和论证了"透明""责任""问责"等人工智能的伦理原则，要求智能系统具有一颗"良芯"的呼声此起彼伏。

然而，细致思考既有的各种伦理主张，以及所提出的各种伦理原则，我们不难发现，其中或隐或显地存在两个严重的缺陷：其一，诚如有些科学家所说，面对人工智能对世界的全方位改造和对社会生活的整体性参与，这些伦理原则彼此之间缺乏有机联系，并没有针对新的问题和挑战提供整体性的解决方案；其二，这些彼此之间缺乏有机联系的伦理原则更多是对人工智能发展的消极预防或限制，而很少顾及对于人工智能发展的积极伦理支持。无论是从智能科技的良性发展而言，还是从智能社会的伦理建构来说，这两个严重的缺陷都是不容回避的，应该得到关注和解决。

基于人工智能的快速发展和广泛应用，建构能够整体性回应人工智能给现实社会带来的众多问题和挑战，并包含对人工智能的发展给予必要规制和积极支持的伦理原则体系，必须寻找一个类似"阿基米德支点"的"支点"。这个"支点"，也就是人工智能研发、应用的最高伦理原则。

这样的"支点"或最高伦理原则只能从"从事实际活动的人"出发，立足人自身的立场去寻找。众所周知，无论是伦理道德，还是人工智能等高新科学技术，都是"属人的"创造物，都是为人类的根本目的和利益服务的。任何科技活动(包括技术的应用)本质上都属于人类实践活动的范畴，是"人为的"且"为人的"价值创造活动。这类活动必须遵循"人是目的"，以人作为万物尺度的原则。因此，无论人工智能体多么接近突破"图灵奇点"，多么接近成为具有自主意识的"主体"，都不可能也不应该改变其"属人性"。人是我们在这里看待一切问题的出发点，"人本原则"是人工智能研发、应用的伦理原则体系的支点和最高原则。

当然，"人本原则"是既抽象又含糊的，学者们对其内涵与外延的争议颇多，聚讼不断。但删繁就简，它至少应该包含以下三重含义：首先，在技术的伦理价值取向方面，人工智能的研发、应用必须以人为中心，始终坚持人是目的，尊重人的人格和尊严，维护人在世界上的主导性地位。其次，积极推进人工智能的发展和应用，为人类提供更好的产品和服务，更好地满足人类的需要，同时在技术研发、应用的方向上，防止它朝着蔑视人类，甚至危害人类的方向发展。最后，就具体的风险防控而言，不能放任人工智能随心所欲地发展，不能对任何可疑的技术风险和负面社会效应听之任之；相反，正如稍后提到的责任原则将要论及的，必须强化相关人员的责任意识，对一切不负责任的行为问责、追责。迈入智能时代，面对越来越智能、越来越强大的人工智能，人类自身的不完满、局限性和缺陷正在被不断放大。但是，不完满、有局限性和缺陷的人依然是一切社会实践活动的主体，依然是伦理道德或人机(智能系统)道德关系的主体，依然是一切科技、人文活动的目的和宗旨之所在。各种智能系统虽然可能在体力甚至脑力活动方面超过人，却始终只是人的工具、助手和伙伴。任何算法都不能忽视人类的生存和发展、人格和尊严，任何不直接受人控制的智能系统，例如"智能杀人武器"，都不应该被研发和应用，任何智能系统都不应在能够救人于危难时袖手旁观。

作为人工智能发展的最高伦理原则，"人本原则"是所有的、各个层级的伦理原则的基点和统领。也就是说，其他各项伦理原则都可以从"人本原则"中推导出来，并基于"人本原则"得到合理的解释。

公正是亚里士多德所谓的德性之首，是人本原则在现实社会最为基本的价值诉求。公正作为人们被平等相待、得所当得的道德直觉和期待，是社会共同体得以长久维系的重要保障。公正作为一种对当事人的利益互相认可并予以保障的理性约定，更是社会共同体制度安排、人与人的道德关系、确定主体和类主体道德责任最为基本的伦理原则。当然，对于公正是什么、公正怎样阐释才是合理的这类问题，自古以来人们一直争论不休。如何在现实社会实现公正，特别是解决一直存在的不公正现象，并没有一劳永逸的万能方法。或许应该说，公正的理解和实现都是历史的，人们永远只能在社会发展过程中跟跄前行。在促进人工智能快速发展和广泛应用，并给人与社会带来革命性、颠覆性的改变时，我们需要以人为中心进行公正的制度设计，既遏制资本逻辑之贪婪成性和为所欲为，也防止技术逻辑的漠视人性与横冲直撞，从而让每一个人都拥有平等地接触、应用人工智能的机会，都可以按意愿使用人工智能产品，并与人工智能相融合，都能够从这一场前所未有的科技革命中受益。我们需要不断完善相应的劳动时间、社会财富的公正分配体制，采取有效措施消除数字鸿沟和信息贫富差距，消除经济不平等、社会贫富分化和社会排斥现象，维护"数字贫困者"等弱势群体的人格、尊严和合法权益。

责任是人工智能研发、应用过程中最基本的伦理原则，也是"人本原则"的逻辑延伸。如果说公正原则更多关注社会整体，那么责任原则更多指向个体。人工智能的研发毕竟是由科研人员进行的，他们往往是处在人类知识边缘的直接评价者和具体决策者，他们的所思所想、所作所为往往决定着人工智能及相关产品、服务的社会影响，因而肩负着神圣的、不容推卸的道义责任。人工智能的研发人员不仅要关心技术的进步以及技术的应用可能给人类带来的福祉，也要关注技术本身的伦理后果、技术应用的负面社会效应。这正如科学巨擘爱因斯坦对科学工作者的谆谆告诫："如果你们想使你们一生的工作有益于人类，那么，你们只懂得应用科学本身是不够的。关心人的本身，应当始终成为一切技术上奋斗的主要目标；关心怎样组织人的劳动和产品分配这样一些尚未解决的重大问题，用以保证我们科学思想的成果会造福于人类，而不致成为祸害。"责任原则不仅仅局限在人工智能的研发领域，它同样是对生产者、所有者、使用者的道德要求。它不仅是确定智能系统的道德责任的伦理原则，而且是在受人工智能影响的人与人之间的道德关系中确定相应主体道德责任的伦理原则。在人工智能的研发和应用过程中，研究者、生产者、所有者与使用者都应该对人工智能的技术边界有着清晰的界定，应该让人工智能可靠地为人类服务；而一旦出现问题，则可以及时、有效地追责，从而确保信息化、智能化发展的正确方向，实现为人类谋福利，促进人类自由、全面发展的伟大目标。

总而言之，以人本原则为基点和统领，以公正原则和责任原则为主干，构成了人工智能发展的整体性的伦理原则体系。这一原则体系在逻辑上是提纲挈领、一以贯之的，是一个有主有次、层次分明的有机整体。它既涵盖了对人工智能可能导致的负面后果进行必要的伦理规制的内容，也对人工智能的研发、应用提供积极的伦理支持。同时，人们经常讨论的诸如公开、透明、可控、可靠等次级伦理原则，或者更为具体、更为细致的伦理实施细则，完全可以结合相应的生活实践领域，以上述三个基本原则为基础加以解释，从而被纳入人工智能发展的伦理原则体系之中，实现对由人工智能引发的诸多问题和挑战的整体性回应。当然，在时代和社会急剧变迁过程中，以上人工智能研发和应用的整体性的伦理原则体系是否合理、有效，我们必须坚持辩证的、历史的观点和方法，将其具体地应用于解决问题、应对挑战，使之在智能时代的社会生活实践中不断得到检验、发展、丰富和完善。

# 6.3 无人驾驶汽车的伦理问题

## 6.3.1 无人驾驶汽车及其特点

### 1. 无人驾驶技术的概念

无人驾驶技术是集传感器、人工智能、大数据、机器视觉、智能通信、导航定位、计算机及控制工程等众多技术于一体的多学科、综合性的技术。无人驾驶技术的智能化部分，一般由超级计算机系统、信息整合分析系统、传感与雷达探测系统、导航定位及巡航系统、行驶执行系统等组成，通过应用智能系统实现各部分模块之间的相互配合，达到模拟人类的操作，是对可实现自行驾驶的一系列技术的统称。

### 2. 无人驾驶汽车的概念

无人驾驶汽车(见图 6.2)是智能汽车的一种，也称为轮式移动机器人，主要依靠车内以计算机系统为主的智能驾驶仪来实现无人驾驶的目的。无人驾驶技术在航天、航海以及人们日常使用的汽车领域都有非常广泛的应用。通俗地讲，无人驾驶汽车就是利用无人驾驶技术的汽车，是在互联网环境下利用计算机科学技术、信息技术、智能技术等组建的车辆，也可以理解为具有和传统汽车一样坚硬外壳、汽车性能的智能化移动机器人。它的行驶具有自主性，不需要驾驶人员的机械操作，就能够安全可靠地在地面上行驶。无人驾驶汽车可以避免一些因为驾驶员的失误而造成的交通事故，但同时也可能会因为驾驶系统本身原因而造成一些事故。

图 6.2    百度无人驾驶汽车 Apollo

### 3. 无人驾驶汽车的特点

近年来，无人驾驶汽车成为媒体与公众关注的焦点。美国电气与电子工程师协会(IEEE)预计，2040 年交通工具的 75%都将实现自动驾驶。2019 年，武汉市发出了中国首张无人驾驶汽车试运营牌照，这标志着无人驾驶汽车开始从测试走向商业化运营。随着无人驾驶技术不断成熟，在不远的将来，无人驾驶汽车会大规模投入运行。无人驾驶技术的应用能为交通运输带来诸多好处，例如消除减轻交通堵塞、降低交通事故、减轻环境负担等。无人驾驶汽车的特点如下：

(1) 行驶的自主性。无人驾驶汽车借助自身的无人驾驶技术，能够根据使用者事先下达的指令，自主完成获取路况信息、选择行驶方案、到达使用者设定目的地、停车等一系列操作，在整个行进过程中不需要人的干涉。

(2) 使用对象的广泛性。无人驾驶汽车突破了考驾照的限制，节省时间的同时，使得所有人均可以使用，实现了其研究的初衷。也正因为其自主性的本质特征，老人、小孩、伤残者等不同对象都可以使用。

(3) 应用领域的多样性。无人驾驶汽车不仅可以用于民用领域，为人们日常用车提供便捷，而且还可以用于其他领域，例如运输行业、服务行业、消防、军事、医疗救护等领域。

(4) 使用的优越性。无人驾驶汽车满足了人们对汽车更舒适、更便捷、更人性化等的需求特点，最为突出的是它解脱了驾驶人员的双手，使其摆脱了与驾驶有关的一切任务，可以在车内休闲，具有使用的优越性。

## 6.3.2 无人驾驶汽车涉及的伦理问题

### 1. 无人驾驶汽车伦理的概念

人工智能的发展使机器承载着越来越多的价值和责任，同时也使机器具有了伦理属性。无人驾驶汽车伦理，就是指无人驾驶汽车发展本身的伦理属性以及在使用中体现的伦理功能，是给予无人驾驶汽车以伦理规则或程序，使它们以一种伦理上负责任的方式运行，并给出自己的伦理决策。当无人驾驶汽车面对由自身采取行动带来的可能结果时，它们能够在这个准则的引导下做出决定。无人驾驶汽车伦理与其技术伦理不同，技术伦理是从普遍意义上研究技术带来的伦理问题，而无人驾驶汽车伦理强调的是把符合伦理原则的程序嵌入到汽车中，使其能够为自身做出伦理决策的伦理。

新技术的产生和应用往往会给人们带来正负两方面的影响。尽管无人驾驶汽车目前还处于研究阶段，但是关于它的伦理争议已经颇多，例如无人驾驶汽车是纯粹的技术人工物还是有一定的伦理道德地位？如果有伦理道德地位，设计者是否需要有不同于一般人工物的设计？其内置程序需要满足何种道德算法？什么样的道德原则才能够支撑这样的道德算法？无人驾驶汽车与传统汽车相比可否提升安全率？无人驾驶汽车出现交通事故后，该如何归责，归责于设计者、生产商、消费者还是无人驾驶汽车自身？人们对无人驾驶汽车应持何种态度，过度依赖，抑或恐惧、排斥？此外，无人驾驶汽车在未来大量普及后，还会导致驾驶员失业等社会伦理问题的产生。

### 2. 无人驾驶汽车的机器伦理

机器具有伦理性质，机器伦理是指关于机器如何对人类表现出符合伦理道德行为的伦理学。机器伦理应注重机器对于人类使用者和其他机器带来的行为结果。无人驾驶汽车伦理中的机器伦理主要是对机器道德的研究，其主要表现为无人驾驶汽车作为具有自由意志能够独立承担责任、具有道德的主体以及道德情感对其行为支配抉择的影响。

对于无人驾驶汽车这个智能机器本体而言，它在具备自主判断能力的同时，也有一定的意识并对问题或者活动对象有理解思考能力，是具备一定伦理道德地位的。从认识论实践性层面来看，无人驾驶技术的发展有其内在逻辑和规律，技术本身的发展也对人们的思想观念和思维方式有一定的影响。

由无人驾驶汽车自行作出抉择造成不可预估的事故时，使用者与无人驾驶汽车是否具有同等的道德地位，以及事故的责任该由谁承担，这个伦理问题，有以下两种观点：

(1) 无人驾驶汽车及其使用者均是道德主体，但无人驾驶汽车道德地位在使用者道德地位之下。无人驾驶汽车之所以能够作出抉择与判断，其"理性"思维、自主的判断等行为都来源于使用者，因为其智能特性是由人类设计与制造的，其承载的是人类的知识智慧、道德意识以及心理机制等。无人驾驶汽车之所以能够安全行驶，主要归功于计算机算法设计、GPS 导航仪、红外传感器等智能系统。这看似是智能机器的自主抉择，但其实都是人类赋予它的优势。

(2) 无人驾驶汽车及其使用者均是道德主体，两者具备同等的道德地位。目前，无人驾驶技术迅速发展，无人驾驶汽车被人类贴上了自主性标签，其在使用中具有一定的自主意识和自主判断等能力。因此有观点认为，无人驾驶汽车应该与使用者一样拥有自己的权益，包括拥有同等的道德地位。

有关研究学者认为，技术人工物虽然能够把人类的智慧、思维完美重现，但机器不会也不可能拥有像人类一样的情感。情感与道德是独属于人类精神生活的，无可替代。相反，有些学者认为，具有高智能技术的智能机器也应该具有情感，因为智能机器是由人设计与制造的，其思维智慧与意识是人嵌入其中的，同样可以将人类的喜、怒、哀、乐等情感嵌入其中。我们都知道，在发生事故时，驾驶员情感因素的差异会造成不同的道德选择。情感在驾驶员迅速作出的判断中具有决定性影响，而无人驾驶汽车是否也会受到影响，还有待于人们的研究与讨论。

### 3. 无人驾驶汽车中的算法伦理

算法是计算机的核心运行逻辑，是一套基于设计目的的数据处理指令的总和。其主要特征是通过规范化的输入，经由算法取得相应的输出结果。无人驾驶汽车在飞速发展的同时，也潜藏有许多算法伦理问题。例如，算法设计时应该遵循的原则以及算法的可预测程度等。

传统汽车面临突发意外时决策者是人类驾驶员，而无人驾驶汽车的决策者是计算机软件操作系统。无人驾驶汽车之所以能够按照预先设置的方案无误行驶，最终可归因于超级计算机程序算法代码的决策。相比传统汽车，无人驾驶汽车没有驾驶员的介入，其行驶全程均能够做到无人智能操作，避免了那些由于驾驶员操作失误以及酗酒、疲劳、违章等情况造成的事故。无人驾驶汽车在特定情形下能够选择出最优行动方案，归功于算法代码数据的最优诠释，这些算法数据的决策取代了人类自身带有情感因素的分析抉择，通常情况下取决于算法数据和规则的指定范围与规模。显然，设置算法代码时选择什么样的伦理原则作为指导，将会影响到无人驾驶汽车在行驶过程中的一系列操作。

无人驾驶汽车行驶程序算法可以反映出设计者和使用者的价值偏好。因为一方面，算法代码由程序开发师设置，另一方面，使用者在使用无人驾驶汽车时根据自己的价值偏好选择。

根据"功利主义原则"设计的算法程序，在遇到交通事故需要程序抉择时，程序算法会自动优先选择最小伤害原则。例如：当车内人员过少，而面临外界人数过多时，汽车会自动选择保护多数人那一方。根据"义务论原则"设计的算法程序在遇到事故时，即使会造成更大的车祸事故还是优先选择保护车内人。据有关调查可知，大多数人偏爱根据"功利主义原则"设计算法程序的汽车，他们希望所有人都选择"功利主义原则"算法程序的汽车；但是，当涉及自身利益、自我选择时，他们却不愿意使用和购买那些根据"功利主义原则"设计的汽车。这种看似道德性质的矛盾，其实也是符合常理的。

设计者需要预测所有可能发生的不良后果，但是设计者往往不能够、也不可能预见所有会出现的问题。传统汽车由人类驾驶员驾驶，在面临突发路况时，驾驶员可以根据自身驾驶经验来进行抉择，具有更高智能技术的无人驾驶汽车在面对如此路况时，需要依靠设计者设计的算法伦理原则进行抉择。但是由于受价值观念、认知能力、技术成熟度、天气环境等因素影响，设计者无法精准预测所有可能的后果。例如我们熟悉的天气预报，其对天气的预测也不可能达到完全准确，只是尽可能达到准确。在设计无人驾驶汽车算法时，应满足以下算法伦理指标。

(1) 透明性。算法的透明性是指在不伤害算法所有者利益的情况下，公开其智能系统中使用的源代码和数据，避免"技术黑箱"。透明性要求在因知识产权等问题而不能完全公开算法代码的情况下，应当适当公开算法的操作规则、创建和验证过程，或者适当公开算法过程、后续实现和验证目标的适当记录。

(2) 可靠性。可靠性是指在一定时间内、一定条件下可以无故障地实现特定的功能，并且当输入数据非法时，算法能适当地做出反应或者进行处理，而不会产生具有伦理风险的输出结果。

(3) 可解释性。可解释性是指算法所有者或使用者应尽可能地为算法的过程和特定的决策提供解释，有助于维护算法消费者的知情权，避免和解决算法决策的错误性和歧视性。可解释性要求算法本身具备解释产生某结果或某现象的原因的能力。

(4) 可验证性。可验证性是指在一定条件下可以复现算法运行产生的结果。算法的可验证性有助于解决算法解释与算法追责问题。可验证性要求当输入某组特定数据时，同一算法会产生相同的结果。

### 4. 无人驾驶汽车的社会伦理

无人驾驶汽车的发展速度越来越快，国外有谷歌、Uber、福特、丰田，国内有百度、清华大学、国防科技大学等团队都在研发无人驾驶汽车。有分析认为，无人驾驶汽车将成为电脑和智能手机后第三个具有强大商业价值的电子消费产品，但是无人驾驶汽车的发展面临着许多社会伦理问题。无人驾驶汽车由于采用自动驾驶系统，使得交通事故数量会大大减少，从而造福世界；但并非所有的车祸都能避免，当面对事故时，无人驾驶引发的社会伦理是必须要面对的问题。无人驾驶汽车需要作出正确的伦理抉择。无人驾驶汽车的社会伦理大致可以分为以下两个方面。

(1) 安全隐患问题。

尽管无人驾驶汽车的发展能够给人们带来一定的优越性，但也将会在某些方面给人们带来安全隐患，由此产生伦理问题。传统汽车应对突发事故作出抉择的是具有驾驶经验的驾驶人员，而无人驾驶汽车应对突发事故抉择时依据的是算法原则。也正是因为算法如此重要，所以程序设计都力求设计完美的算法原则，但无论多么完美都避免不了纰漏。车辆技术系统自身缺陷导致的安全隐患包括传感器组件的稳定性、雷达扫描的精准性、汽车与汽车之间通信问题等方面存在的智能辅助技术缺陷问题；外界因素致使的安全隐患包括恶劣天气、周围环境因素、盲区复杂路况、黑客入侵等。以网络攻击为例，网络黑客可能通过技术操纵侵入车辆系统，盗用使用者的隐私信息等。5G社会黑客入侵是无法回避的问题，无人驾驶汽车数据信息丢失、损坏或被黑客入侵，造成信息泄露与被随意利用，这都不是善的结果。此外，设备更新过程中的不稳定因素也会导致安全隐患。

(2) 事故责任归属的责任伦理问题。

我们都知道在由人驾驶的汽车里，是让自己受一点小伤还是让无辜行人送命依赖于个人的抉择，结果也由个人承担。但无人驾驶汽车既然有预定程序，那么如果选择规避追尾，则对无辜行人有"蓄意伤害"之嫌；如果选择承担追尾，则没有对车主完成保护义务。无人驾驶汽车毕竟不同于传统机动车，其高度智能性等特征是传统机动车无法比拟的，而传统的责任主体也不复存在。

面对无人驾驶汽车事故后归责的问题，有观点认为，无人驾驶汽车的行驶依靠的是设计师根据算法原则设计的代码程序，因此设计师应负较大的责任；也有观点认为，在面对突发事故时是无人驾驶汽车自身作出的抉择，因此无人驾驶汽车自身应负较大责任；还有观点认为，是使用者在使用无人驾驶汽车的路途中发生的交通事故，因此使用者应该负有较大的责任。如若类似交通事故真的发生了，那么到底是谁该负主体责任以及各个责任主体之间的关系等问题，成为了无人驾驶汽车事故后归责的重点，这也会影响到无人驾驶汽车的进一步发展。

近几年来，我国无人驾驶汽车领域的制度条例的制定也在逐步开始。2017年北京市交通委等部门出台《北京市关于加快推进自动驾驶车辆道路测试有关工作的指导意见(试行)》，2018年上海市有关部门出台了《上海市智能网联汽车道路测试管理办法(试行)》，2019年西安市有关部门出台了《西安市规范自动驾驶车辆测试指导意见(试行)》，2020年我国出台的《公路工程适应自动驾驶附属设施总体技术规范(征求意见稿)》是首次出台国家层面自动驾驶相关的公路技术规范。2021年深圳市在全国范围内率先开展了制定《深圳经济特区智能网联汽车管理条例》草案的相关工作，并就此展开立法调研。如果该条例获得通过，则意味着无人驾驶汽车立法工作的开启，在不远的将来国家可能会陆续出台有关无人驾驶汽车的相关法律法规来规范无人驾驶汽车带来的相关伦理问题。

总而言之，对于无人驾驶汽车的社会伦理，应满足向善性和无偏性。其中向善性是指无人驾驶汽车的目的不应违背人类伦理道德的基本方向，在使用过程中不作恶。同时，也不能造成侵犯个人权利、歧视、侵害弱势群体利益等损害社会利益的危险。

### 6.3.3　无人驾驶汽车应遵循的伦理原则

无人驾驶汽车作为人工智能时代下的新产物，在自身快速发展的同时也面临着许多伦理和道德问题，应采取一定的伦理原则来解决。遵守相关的伦理原则可以建立更加合理的无人驾驶汽车的相关制度和条例，这也是伦理标准的体现。无人驾驶汽车从宏观方面来看其伦理原则主要依据如下：

(1) 人类根本利益原则。

人类根本利益原则指的是以实现人类根本利益为终极目标的原则。人类根本利益原则要求：在对社会的影响方面，以促进人类向善为目的，其中包括和平利用人类相关技术，避免致命性的军备竞赛；在算法方面，应符合人的尊严，保障人的基本权利与自由，确保算法决策的透明性，确保算法设定避免歧视，推动其效益在世界范围内公平分配，缩小数字鸿沟；在数据使用方面，应关注隐私保护，加强个人数据的控制，防止数据滥用。人类根本利益原则体现了对人权的尊重，对人类和自然环境利益的最大化，以及降低技术风险及对社会的负面影响。

(2) 责任原则。

责任原则指在技术开发和应用两方面都建立明确的责任体系。在责任原则下，技术开发方面应遵循透明性原则，技术应用方面则应当遵循权责一致原则。透明性原则要求设计中保证人类了解自主决策系统的工作原理。透明性原则的实现有赖于算法的可解释性、可验证性和可预测性。权责一致原则是指在设计和应用中应当保证能够实现问责，包括：在设计和使用中留存相关的算法、数据和决策的准确记录，以便在产生损害结果时能够进行审查并查明责任归属；即使无法解释算法产生的结果，使用了算法进行决策的机构也应对此负责。责任原则的意义在于，当产生导致人类伦理或法律冲突的问题时，人们能够从技术层面对技术开发人员或设计部门问责，并在应用层面建立合理的责任和赔偿体系，保障公平合理性。

## 6.3.4　无人驾驶汽车安全事故的案例分析

### 1. 案例回顾

案例 1：2018 年 3 月 28 日，Uber 的一台无人驾驶汽车在美国亚利桑那州坦佩的一个十字路口撞倒一名骑行者并导致其不治身亡。据悉，事故发生在夜晚，当时车辆处于自动驾驶状态，时速 65 公里且没有减速，碰撞前行车记录仪画面显示车内安全员处于惊慌状态。根据美国国家运输安全委员会(US National Transportation Safety Board)的报告，在 Uber 自动驾驶汽车撞到受害者之前的 5.6 秒，车载传感器已经检测到了行人，但是系统错误地把他识别为汽车。在 5.2 秒时，汽车的自动驾驶系统又把他归类为"其他"，认为该行人是不动的物体，不妨碍车辆行驶。之后自动驾驶系统对物体的分类几度发生了混乱，在"汽车"和"其他"之间摇摆不定，浪费了大量宝贵的时间。NTSB 对这起事故的初步调查报告显示，Uber 自动驾驶模式的自动紧急制动系统失效。

案例 2：2021 年 4 月 17 日，在美国休斯敦市郊发生一起无人驾驶汽车导致的车祸，事故造成两人死亡。据美国当地媒体报道，发生死亡事故的是特斯拉的一辆无人驾驶汽车(2019 款 Model S)。该车在高速行驶的状况下没有经过弯道最后撞上了树，造成车辆起火，烧死了车内的两名乘客。报道称，经现场勘查发现，当时车内其中一名乘客坐在副驾驶位置，一名在后排就坐，而驾驶员位置没有发现人员。

### 2. 案例分析

案例 1 中，天气良好，没有出现雨雪风雹等恶劣天气。行车记录仪显示，事故发生时处于夜间且没有路灯，行人没有遵守交通规则从斑马线处通过马路而是横穿马路，对于这种情况，无论是无人驾驶模式还是传统驾驶都很难避免碰撞。无人驾驶汽车激光雷达虽然检测出了前方有行人通过，但自动驾驶系统的程序发生故障，运行出现错误，导致系统在对障碍物的分类上发生了混乱，而安全员在激光雷达显示前方有障碍物且还有一定制动距离时，由于惊慌而没有采取相应措施。所以安全员和行人均应承担责任。

除此之外，无人驾驶汽车制造商和销售商从汽车销售过程中获得商业利益且对于安全员的培训管理存在漏洞，理应承担相应风险。无人驾驶汽车制造商与乘坐者应共同承担赔偿责任。

与案例 1 相比较，案例 2 特斯拉的这款无人驾驶汽车最终造成了使用者的死亡。这起事故的发生无疑与这款无人驾驶汽车本身有很大的关系。类似的，2021 年 5 月 5 日在加州的某段公路，一辆特斯拉 Model 3 电动车撞了一辆卡车，特斯拉车主丧生。在 Facebook 上关于死者的视频中，可以看出其在驾驶时双手没有放在方向盘上。特斯拉无人驾驶车事故频发，使得无人驾驶的安全性遭到了质疑。《华尔街日报》称，美国最高汽车安全机构国家公路交通安全管理局对特斯拉启动调查，意味着开始加强对自动驾驶技术的审视。

通过以上案例我们可以知道，无人驾驶汽车的使用人是乘客或者驾驶人员等车内人员，而车辆的直接控制者则是厂家为车辆配套的无人驾驶系统。对于车辆的经销商来说，应当对乘客或者驾驶人员等车内人员的安全负责，并且承担一定的事故责任与安全信息提醒的义务。

因事故发生的瞬时性，传统驾驶者无法像正常情况下那样理性地从多角度出发，权衡比较利益以作出最合理的决定，而是基于本能作出举动应对紧急情况，但往往为时已晚，不能起到阻止事故发生的决定性效果，从而引发一系列的财产损失和人员伤亡。在无人驾驶情况下，汽车会根据程序，按照一系列交通规则运行，当遇到有损人类利益的状况时，无人驾驶汽车会检索事前编辑好的道德伦理规则，并按照一定的伦理要求作出最后决定。但车辆程序本质上是由一定的价值观主导的，反映当代社会的价值判断和价值选择。虽然无人驾驶汽车存在安全问题，但我们应该坚信无人驾驶是汽车行业发展的方向，所以更加迫切地需要相关人员认真学习适用于无人驾驶汽车的伦理道德规范。

## 6.3.5　无人驾驶汽车的伦理规范

无人驾驶技术正以常人难以预料的速度向前发展。我们为其快速进步感到高兴的同时，也为其广泛使用感到担心。因为当发生危及生命或基本权利的事故时，计算机程序必须作出生死抉择，而此生死抉择实质上是由前期设计程序的人员来设置的，那么此程序设计就被赋予了更多的伦理责任。如果乘车者的生命权和路上行人的生命权发生冲突，无人驾驶汽车该作出何种抉择?无论是乘车者还是行人甚至其他可能因无人驾驶汽车而造成损伤的任何人和物都应该处于一个安全的状态,只有这样无人驾驶汽车的使用才能得到全社会的认可,才能在创造经济效益的同时又更加安心更加稳定地发展。因此,无人驾驶汽车应当遵循一定的伦理规范,具体有如下几个方面:

(1) 完善无人驾驶汽车的管理体制。科技发明创造往往需要遵循客观规律,无人驾驶汽车的发展缺乏具有共识性的伦理原则与监管机制,因此,在持谨慎发展态度的同时,设置合理的监管机制和伦理约束机制十分重要。在无人驾驶伦理规则的设定议程中,契约主义为不同主体的商谈奠定了价值基础,相关的利益主体应当包括驾驶人、乘客、行人、非机动车驾驶人、制造商、政府等。无人驾驶伦理程序不应提供个体化的伦理规则,如果每个人都选择利己的程序将产生损害他人及社会整体利益的后果。正确的做法是采用强制性的、互利的伦理程序。面对无人驾驶汽车在运行中可能产生的不同情形,应采用不同角度去考虑价值变化,设置不同的价值需求,考虑到不同层面利益关系并使其得以在技术中展现出来,制定价值规范约束,运用跨学科方法,集哲学家、科学家、伦理学家等不同学科领域人员于一体,找到达成合理共识的对策。

(2) 加强行业监管。无人驾驶技术的出现和发展背后必然有一个巨大的产业链,而作为企业管理者,在获得巨大的商业利润的同时,必须肩负起自己的责任。企业有责任提供更好的为公众服务的技术,而不是给公众带来伤害的新技术。如研究无人驾驶技术的企业应该成立专门的伦理监督与审核委员会。再例如,建立关于无人驾驶汽车方面的国际平台,召开无人驾驶汽车战略论坛等大型会议,使各个国家、各学科领域、各行业及各种职业人员可以相互沟通和交流,同时还可以利用这个平台组建专门的技术合作团队,将团队建设融入国内外科学家专项计划、国内外特聘专家研究计划等,同时各个国家理应负责该项技术的科学计划有关的组织工作。在每一项新产品投入使用之前都要经过内部评审和测试,从而为公众提供更加安全、便捷的无人驾驶技术支持,这样才能让这个行业更加蓬勃地发展。

(3) 明确事故责任。随着无人驾驶汽车的上路,涉及的相关法律一定会应运而生。就目前来看,需要进一步关注与研究责任划分方面。如无人驾驶汽车制造商、销售商、乘坐者以及所有人承担赔偿责任的比例问题,对无人驾驶汽车上路相关法律的细化问题等。政府等相关监督部门应禁止无人驾驶汽车在碰到道德难题时对弱势群体采用不同的行驶方案,应保证社会公平,使无人驾驶汽车的发展与促进社会公平结合起来。由于无人驾驶技术具有不成熟性,导致相应伦理标准、法律体系不健全,所以有关部门不仅需要加强对无人驾驶技术的监管;同时还需要构建公正、完备的无人驾驶汽车伦理体系和法律体系,明确无人驾驶汽车发生事故时的责任,加强对个人、企业的违法违规行为的处罚力度,从根本上遏制伤害公民生命健康的行为。

尽管无人驾驶汽车的发展面临挑战,但人们还是对其充满信心。无论是互联网公司还是汽车产业,都在无人驾驶汽车上蓄力已久。各国也在积极推动无人驾驶汽车政策及法规的制定。面对无人驾驶汽车发展中存在的伦理问题,应明确其发展的伦理原则,做到保护生命安全这个大前提。任何一项技术都要看到它的两面性,无人驾驶技术作为一种颠覆性的技术，能够让我们的生活更加便利，其发展应在切实有效的伦理原则下开展，使无人驾驶汽车在道德难题中作出与使用者本能一致的行为，破解对自动驾驶汽车道德难题的无休止争论。对于具体的伦理问题要具体分析，明确具体伦理责任，使无人驾驶技术的发展造福人类世界。

# 6.4 AI 换脸技术的伦理问题

## 6.4.1 AI 换脸技术及其发展

### 1. AI 换脸技术的概念

AI 换脸技术是一种实现人物面部替换的人工智能图像合成技术，通俗来讲，就是在图像或视频中利用人工智能人脸交换技术把一张脸替换成另一张脸。人工智能技术在语音识别、图像识别、自然语言处理、专家系统、情感交互、机器学习等方面取得了一系列成绩，并通过"AI+"的形式将技术成果应用于人类生活具体场景，实现技术的创新落地，融入社会生产、生活的方方面面，给产业与社会带来颠覆性变革。而 AI 换脸技术就是人工智能发展的产物。

### 2. AI 换脸技术的发展

AI 换脸被人们广泛了解是在电影《速度与激情 7》的拍摄过程中，主演保罗·沃克因车祸意外去世，电影公司用他弟弟的面貌和之前的影像数据，再现了保罗·沃克的英姿(见图 6.3)。又如，2019 年 4 月，哔哩哔哩网站上公开了一段利用 AI 换脸技术换脸的视频，视频中热播电视剧《都挺好》男主角苏大强的脸被换成了吴彦祖的脸，除了人物脸部五官是吴彦祖的，发型和服饰都是原主人公苏大强的扮相。

图 6.3 《速度与激情 7》中用 AI 换脸技术再现保罗·沃克

AI 换脸技术的积极作用值得肯定，其已具备足够的应用潜力和商业价值，为影视业解决了演员出现意外事故后片方的重拍风险。在新闻传播领域，它的出现创新了传播形式，丰富了传播形态。2019 年国庆前夕，京东与人民日报、央视电影频道运用视频换脸技术制作的献礼微电影《70 年，我是主角》，反映了 AI 换脸技术的突破与创新。

在前沿技术的发展过程中，技术红利与伦理隐患的矛盾始终相生相伴，"换脸视频"带来的问题同样不容忽视。AI 换脸技术最早在美国出现。国内"换脸视频"最初由部分技术爱好者群体以技术交流为目的进行自发制作，此后，伴随一系列简易换脸软件的推出，"换脸视频"的制作群体开始泛化，结合"鬼畜文化"的网络语境，"换脸视频"的制作演变成为一场依托技术的狂欢。

## 6.4.2　AI 换脸技术涉及的伦理问题

### 1. AI 换脸技术中的传播伦理

(1) 干扰公众对真实的判断。PS(Photoshop)技术带来静态图片验证真实性的权威失落，使公众相信动态视频成为验证真实性的新的权威。科技公司利用技术包揽了新闻生产与内容分发工作，成为把控信息质量的关键要素。在商业逻辑的指导下，科技公司利用隐蔽性的技术手段营造出的"超真实"媒介环境，使人工真实淹没了自然真实。伴随着自然真实的消解甚至消失，公众判断真假的尺度受到了严峻挑战。因此，"换脸视频"的伪造手段，不仅有损动态视频验证真实的权威性，也将进一步增强公众在信息传播活动中获取真实信息的难度。"换脸视频"真假难辨，隐蔽性强，传播速度快，传播范围广，将带来虚假视频泛滥等严重后果。

(2) 身份盗用损害公共利益。ZAO 等换脸 APP 可以获取用户的面孔、声音、身体等素材。澎湃新闻的《一夜爆火的 ZAO，是怎么造出来的》一文中提到，ZAO 未来会应用到陌生人社交场景中，实现主播换脸，陌生人聊天时也可以保护私密性，换成明星或他人的脸，保留自己的表情。一位受访者也表示，从网上随意获取他人照片进行换脸，实现社交，能够更好地保护自我隐私和身份特征信息。然而，这为身份盗用提供便利，心怀不轨者可能对身份被使用者进行人格操纵，用他人的身份、代替他人的意识来从事一些他人从未做过、不愿做的事情，甚至进行违法犯罪活动，比如随意更改监控内容、换脸成熟人进行网络诈骗、伪造公共人物发言威胁社会安定等。这不仅会威胁身份被替换者的个人安全，也会扰乱社会秩序。2019 年 6 月，网上曾流传过一段 Facebook 创始人扎克伯格关于"掌控数十亿人的隐私数据就掌控未来"的视频，由于视频中扎克伯格的言论涉及对用户数据隐私的侵犯和盗用，而使其本人卷入恶性丑闻。实际上，这则视频是利用与 ZAO 同一开源技术的 Deepfake 而进行的深度伪造，制作者获取了扎克伯格的面孔视频，盗用他的身份传达自身的政治意图，不仅严重损害了扎克伯格的名誉，更让 Facebook 的市值瞬间蒸发数十亿美元。

(3) 可能威胁公众安全甚至国家安全。若"换脸视频"被不法分子利用，对受害者带来的恶劣影响是难以消除的。在技术未完全成熟的状态下，换脸类应用的后台若遭到非法入侵，威胁的则是广大公众的信息安全，包括具有法律意义唯一性的面部信息安全。掌握个人独特生物特征的面部信息，一直以来都与金融服务、个人隐私等有着紧密关联。面部信息作为不可更改的敏感信息，一旦遭到泄露或被滥用，将给信息主体带来持久的影响。从"换脸视频"到换脸类应用，责任公司以创新为由大规模地收集人脸信息，其保障公众信息安全的能力一直受到质疑。

(4) "娱乐至死"背离社会责任。ZAO 等换脸 APP 造成了一场娱乐狂欢，但身份互换带来的趣味性也造成了极度的泛娱乐化。对于个体而言，他们将大量的时间、精力投入虚拟的游戏中，忘记了工作、学习以及个人私生活，心甘情愿地成为娱乐的附庸。此外，在泛娱乐化的加持下，以偶像为中心的粉丝群体强势崛起，在网络公共领域积聚巨大声能。粉丝对偶像的维护致使粉丝群体间的冲突时常发生，一些粉丝利用 ZAO 给对方偶像换脸、恶搞，并针对换脸视频进行恶意截图，展开骂战。换脸视频成为粉丝群战中的新式武器，激化群体矛盾；除了对偶像的恶搞，甚至有人进行人肉搜索，获取对方肖像进行恶意换头，造成恶性社会事件。此外，AI 换脸的灰色产业链也浮出水面。财经新媒体中新经纬的一篇文章指出，在某头部二手交易平台，售卖明星换脸的淫秽视频、提供视频定制换脸服务、教授换脸技术等已成为一门生意。40 多位女明星被换脸，上百部情色、暴力视频只卖 49 元。这些商家借着这股娱乐狂潮来谋取巨大的灰色利益，用各种手段逃避平台的监控审查，抛弃了企业应秉持的社会责任，造成了巨大的负面效应。

(5) "换脸视频"若向金融、政治领域延伸，由此炮制出虚假的经济新闻和政治新闻，则容易造成人类社会稳定秩序的崩塌。"换脸视频"或可成为政治势力攻击的工具。若"换脸视频"被反社会的恐怖组织利用，则可能会造成国与国之间的误解与冲突升级，严重威胁国家安全。

### 2. AI 换脸技术的伦理争议

新兴技术拓展了新的领域与空间，而伦理规范等却保持相对稳定。当伦理规范未能与时俱进时，技术与伦理之间便会产生鸿沟，引发一定的争议。AI 换脸技术带来的伦理争议主要有以下三个方面：

(1) 损害真实性。网络视频作为视听新媒体的形态之一，其记录了人或物完整的动态变化，与图片相比有着更高的可信度，常被作为可靠真实的媒体信源或法律证据。但换脸视频往往以假乱真，损害了信息的真实性。媒体和法律界人士认为，换脸视频增加了人们获取真实信息的难度，提升了信息来源筛选和证据判断的难度。如果公众对其被换脸前的内容不熟悉，很容易认为换脸后的虚假内容是真实的，从而造成谣言传播、误解产生、冲突加剧等现象。保障公众对视频制作者所做的技术操作、被换脸前后内容的具体情况进行了解的权利，应成为换脸视频制作与传播的底线。

(2) 威胁个人安全。目前流行的换脸视频多来源于人们熟悉的影视素材且娱乐性较强，

因而对一般人没有威胁。但当技术发展到可以被普通个人掌握时，一旦被非法利用，许多
让人担忧的状况就会出现：犯罪分子可以随意更改监控内容、骗过手机应用的人脸登录系
统，诈骗犯可以换脸成熟人、伪造公众人物发言威胁社会安定等。制作换脸视频需要提前
收集被换脸人的照片、视频等信息，其中包含个人生活、工作和交往的数据、图片等，大
量而广泛的数据搜集势必会对个人隐私安全形成威胁。可以说，人工智能技术带来的安全
风险主要源于人们的滥用。

(3) 危害公共利益。技术的开发和应用应当有利于维护公共利益。阿希洛马人工智能
原则中提到，超级智能和技术的开发是为了服务广泛认可的伦理观念，并且是为了全人类
的利益而不是一个国家和组织的利益。为了私人利益、获取关注度或片面追求经济利益而
滥用换脸技术制作传播虚假视频、黄色视频、侵权视频等，可能破坏社会秩序与稳定，这
种行为危害了社会的公共利益。

## 6.4.3　AI 换脸技术应遵循的伦理原则

自 AI 换脸技术问世以来，其对社会的影响和应遵循的伦理原则受到的关注日益增长。当
面对由技术所导致的问题时，需按照一定的伦理原则来分析问题，解决技术所带来的伦理
争议，同时，AI 换脸技术伦理原则的建立可以使该技术的相关制度和条例与伦理要求相匹
配。根据目前人工智能伦理原则的相关要求，结合 AI 换脸技术自身所面临的伦理困境，对
AI 换脸技术应遵循的伦理原则作出以下阐述：

(1) 个人敏感信息处理的审慎性。个人敏感信息处理的审慎性是指应在个人信息中着
重认真对待个人敏感信息，例如对个人敏感信息的处理需要基于个人信息主体的明示同
意或重大合法利益或公共利益的需要等。个人敏感信息处理的审慎性要求严格限制对个
人敏感信息的自动化处理，应对其进行加密存储或采取更为严格的访问控制等安全保护
措施。

(2) 隐私保护的充分性。隐私保护的充分性是指对个人信息的使用不得超出收集个人
信息时所声明的范围。对于与个人相关的财产信息、健康生理信息、生物识别信息、身份
信息、网络身份标识信息等，一定要注重保护。隐私保护的充分性要求当出现新的技术导
致合法收集的个人信息可能超出个人同意使用的范围时，相关机构必须对上述个人信息的
使用作出相应控制，保证其不被滥用。

(3) 应用场景的合理性。人脸作为生物识别信息的一种，在现代社会有重要的作用。随
着电子信息行业生物识别技术的发展，人脸信息的应用越来越广泛，例如手机各大类 APP
中，通常需要采集用户的人脸信息，而 AI 换脸技术的产生，无疑对人脸信息的采集、使
用等提出了更高的要求，因此 AI 换脸技术必须在合理的场景进行应用。不能将 AI 换脸
技术使用到银行等金融行业的 APP 人脸采集上来。虽然金融机构对人脸识别有相当高的
安全性，但目前金融交易场景的识别标准不是很统一，这可能会给用户带来不必要的财
产损失。

## 6.4.4 AI 换脸技术相关案例的案例分析

### 1. 案例回顾

案例 1：2017 年，美国知名的社交新闻论坛网站 Reddit 上，一位名为"DeepFakes"的网友发布了一条利用视频换脸技术制作的低俗视频，引起了不小的轰动，这也让 AI 换脸技术在短时间内受到大量关注。

Reddit 官方以 DeepFakes 制作并上传的换脸视频涉及色情内容，且侵犯了他人隐私为由，将其封号。DeepFakes 出于报复，在 Github 平台上将其使用的 AI 换脸技术的相关代码进行了公开，这也使 AI 换脸 APP 开始产生。2018 年，加蓬总统 Ali Bongo 无故消失很长时间，引发民众的不安，为安抚民心，政府公开了一段 Ali Bongo 录制的新年致辞。而这段致辞使得军方认为总统有难，随后发动了兵变。而事实真相是那段视频是基于"深度伪造"(Deepfake)技术合成的，而总统消失的真实原因是其身患严重中风。2019 年 10 月，荷兰一网络公司发布了一份关于 Deepfake 的统计报告，该报告显示 Deepfake 视频中 96% 都涉及色情，并且大部分受害者都是娱乐圈女星。该技术助长了不少人的恶行。为了阻止不良事件的发生，Reddit 网站最终采取行动，关闭了 Deepfake 论坛。Reddit 网站抵制"换脸情色视频"的做法获得了 Twitter 等平台的认可。

案例 2：2019 年，号称"AI 换脸神器"的应用软件 ZAO 经历了一夜暴红，又在不到 24 小时内走向风口浪尖，因其用户隐私保密协议不规范，存在数据泄露等安全问题，被工信部约谈，要求整改风险隐患。视频换脸应用 ZAO 在国内上线，引爆了公众对于"换脸视频"伦理风险的争论。

### 2. 案例分析

案例 1 中，Reddit 论坛上的网友 DeepFakes，使用"深度伪造"这项技术时使美国明星艺人甚至政治人物成为 AI 换脸最早的受害者。2018 年加蓬总统 Ali Bongo 的换脸激化了社会矛盾，险些造成极坏的后果。

案例 2 中，ZAO 这款换脸 APP 所引发的伦理争议对于人们来说是一个警示，这是人工智能技术首次在一款 APP 上引起的用户恐慌。大众在短暂的娱乐狂欢之后回归理性，开始思索其背后潜在的诸多伦理问题。面对这款换脸软件，公众作为换脸视频的观看者或者技术的使用者，展现了有力的监督。在面对这些问题时，我国工信部都做出了相应的处理，也体现了有关部门对人工智能伦理方面可能出现的问题的重视。

无论是案例 1 还是案例 2，两个案例中的问题都是没有遵守科技向善的原则。从两个案例中我们可以看出，AI 换脸技术的出现为社会带来的影响非常大，同时给人们带来了关于 AI 换脸技术的伦理思考，这体现了科技进步与伦理道德二者之间的摩擦。案例中对 AI 换脸技术的应用违背了技术应该促进人类积极发展的初衷，甚至威胁到了人类的生存法则。科技的应用应带来有利的影响这条伦理边界是不能逾越的，这对于技术发展本身而言意义重大。尽管 AI 换脸技术在应用中已经出现了伦理失范与法律风险问题，但从长远角度看，我们必须承认这些新兴技术为媒介生态良性发展带来了积极效益。每一次技术的发展都会带来新的颠覆，但我们应该以更加开放的心态面对 AI 换脸技术发展存在的风险与挑战，并通过改善技术、进行伦理和法律建设来塑造良好的传媒空间，促进 AI 换脸技术健康、长久地发展。

## 6.4.5 AI 换脸技术的伦理治理

AI 换脸技术作为一项人工智能领域的新技术，要想被更多人合理、合法地使用，对于它的发展一定要坚持科技向善的伦理要求。在 AI 换脸技术的伦理发展过程中，政府、科学团体、社会组织、市场企业和公众应各司其职、各尽其能，以适当、合理的角色参与治理，努力构建一个由多元主体共同参与的全方位伦理治理模式。

(1) 出台相关法律法规。AI 换脸技术之所以问题频发和其对应的法律法规不全面有一定的关系。在面对 AI 换脸技术带来的问题时，不仅需要有一定的伦理规范，相应的法律法规应当是最有效的应对措施。而法律具有滞后性，这就要求我们不断根据出现的新情况和新的社会难题，对人工智能带来的影响进行伦理评估，以保障相关法律和政策的及时跟进。政府和相关立法部门不仅要牢牢把握 AI 换脸技术的发展方向，使其在最大程度上造福人民，也应为人工智能产业制定安全标准和必要的规范，减少其安全隐患。人工智能领域的法律出台，会使得 AI 换脸技术的研发和使用都有法可依，这不仅能够促成科研企业的快速稳定发展，也能够震慑和约束想非法利用 AI 换脸技术的不法者。

(2) 开发识别与破解技术。AI 换脸技术下生产的视频已是虚假视频，为了甄别此类视频，保障人们了解视频原本内容的权利，减少其带来的负面影响，开发推广识别和破解技术是最直接的应对方式。美国国防部研究机构 DAPRA 已经研发出了首款 "反变脸" 的 AI 刑侦检测程序，这有利于反击虚假视频，减轻换脸技术带来的负面影响。

(3) 制定详细可行的伦理规范。目前已有的科技领域或人工智能领域的伦理规范的制定主体，主要有政府机构部门、科学家团队、高科技企业、协会等，且这些伦理规范大都是一些较为宏观的指导性原则，如以人为本、安全无害、人类控制等。应当在人工智能的不同技术领域，结合特定技术的特点和伦理难题设计出切实可行的规范。在这个过程中，应当鼓励公众参与其中，以消减伦理规范制定中的精英主义倾向。

(4) 建构科学的技术监督与评估机制。如何在适当的时机进行适度的监管及政策支持，既保证 AI 的 "鲜嫩" 又不伤害 "食用" AI 的人类本身，使科技既保持活力又不恣意妄为，是 AI 治理所面临的根本挑战。传统技术评估与政策制定方法是一种 "技术-经济" 范式，即优先考虑的是某项技术发展投入的成本以及所能够获得的收益。这样的评估机制是不健全的。应重构评估办法，改进相关政策，在评估中加入伦理要素。

（5）加强技术研发者与应用者的自律。遏制科技道德失范现象，强化科学家和科技工作者的自律与责任伦理不容忽视。所谓责任伦理，实际上是一种以尽己之责作为基本道德准则的伦理，其判定道德主体之道德善恶的根本标准，是道德主体在一定的道德情境中是否尽了自己应尽的责任：是则善，否则恶。AI换脸技术开发者和应用者理应承担相应的社会责任与伦理责任，把运用科技成果促进人类的福祉作为信念和追求的目标。

总而言之，AI换脸技术的使用应当服务于人类社会，为人们创造更好的生活基础，提供更丰富的精神食粮。AI换脸技术要想得到快速稳定的发展，离不开制度与伦理的引领和规范。面对其带来的伦理争议，应该以制度来约束，消除弊端，使其发挥积极作用，在满足人们需求的同时促进新技术产业的发展。可以说，完善的制度、进步的伦理观能够促进AI换脸等人工智能技术的蓬勃发展。

# 6.5　智能机器人的伦理问题

## 6.5.1　智能机器人的概念及其应用

### 1. 智能机器人的概念

智能机器人是对人的思维活动和智能行为模式的模拟。智能化是人类区别于其他一般生物的主要特征，人类通过实践认知、判断和思维，并运用理论知识认识问题、解决问题。智能机器人技术是人工智能技术最高层次的体现，智能机器人能够根据具体的指令，并基于实时模型，进行自主决策、自主学习甚至制定规划。除此之外，智能机器人适应环境及思考的能力也较强。智能机器人必须具备的功能有：

（1）感觉功能：能感受辨别外界的环境变化。

（2）运动功能：能根据外界环境的变化改变其自身的行为举动。

（3）思考功能：能对获得的信息进行思考，从而做出相应的行为。

智能机器人最明显的特点就是具备思考功能，这也是它与普通机器人在本质上的区别。

### 2. 智能机器人的应用

智能机器人技术在一定程度上解放了人们的双手，提高了工作效率。智能机器人可以替代人类去完成一些高强度、超负荷的工作，因此智能机器人技术在社会中逐渐被普及。目前智能机器人的应用主要集中于以下几个领域。

（1）军事领域。军用智能机器人（见图6.4）对国家防御起着重要的作用。智能机器发展至今，基本可以按照人类指令完成像抢救险情、参加战斗、收集情报及侦探视察等工作。随着军事智能机器人的迅速发展，未来还会研制出智能工兵机器人及智能侦察机器人等，为国家的防御提供更多的便利，能有效维护国家的安全。

图 6.4　军用智能机器人

(2) 劳动服务领域。劳动服务型机器人(见图 6.5)因其为人类进行劳动服务而被全球广泛应用。很早以前美国研制了一款智能扫地机器人,它具有高度的灵活性,能够清理日常生活中不易清扫的角落。之后日本和韩国研发出一种儿童看护机器人(见图 6.6),可以与人进行沟通交流、视频游戏等;同时它还具备视觉与听觉监测功能,如果孩子离开它的视线时间太久,它就会自动报警。

图 6.5　扫地机器人

图 6.6　儿童看护机器人

(3) 医疗领域。医用智能机器人(见图 6.7)主要包括手术机器人、康复机器人以及医用协助机器人。最近微型机器人在医疗领域大展风采。微型机器人是由纳米材料制造成的，可用于体内测量以及医学工程等，有很好的发展空间。

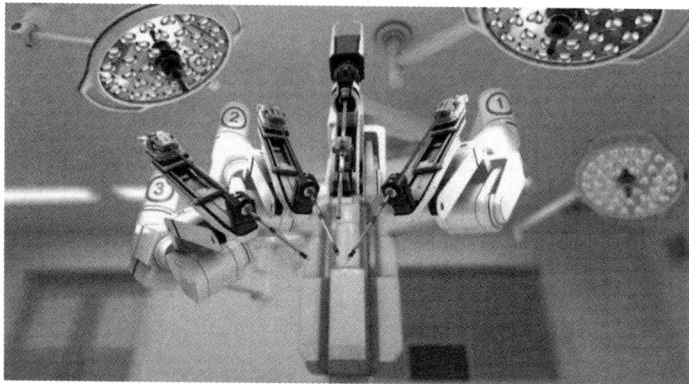

图 6.7　医用智能机器人

高新技术的发展与应用带来了巨大的生产力，同时生产力的发展也推动了高新技术的巨大进步。人们把注意力放在了智能机器人技术层面的发展，而较少去关注智能机器人的发展带来的社会影响。实际上，从智能机器人出现并且融入社会生活中的时候，伦理问题就已经产生了。

## 6.5.2　智能机器人涉及的伦理问题

### 1. 科技异化问题

科技异化指的是科学技术作为人类发明创造的对象物，不仅没有对科技的实践主体产生正面影响，反而变成了控制人与社会以及否定实践主体的"异己性"力量。科学技术与科技产品都是人类创造的，必然要服务于人类，这是人类创造和发明科技的初衷。然而，伴随着科技的进步，在某些科技成果应用的过程中逐渐出现了偏离人类初衷的现象，科学技术变成了奴役和束缚人类、危害人类生存环境的力量，进而引发了许多伦理问题。

科技是人类创造的，是人类认识、改造世界的手段和工具。人类是具有独立思考能力的高级动物，能够凭借自身的意识作出决定，而智能机器人只能模仿人类的动作，却无法真正拥有人类的思维。人类永远无法被真正取代，只有人类才能够合理利用这些科技成果，没有了人类，科技将毫无意义。智能机器人如果逐渐代替人类去劳动，那么人类的惰性就会增加。人类社会区别于猿群的主要特征就是劳动，劳动是人类社会的重要属性。随着智能化的提高，智能机器人参与人类劳动的比例日益增大，这会造成很大一部分人自觉或者不自觉地脱离劳动，造成劳动力大量剩余。大量的剩余劳动力会变成社会不安定的因素之一。这违背了智能机器人技术发展的初衷。

### 2. 道德责任问题

人类的各种行为应在道德和法律允许的范围内。如果某项行为受到了表扬或批判，那么这种行为就被赋予了道德责任。本属于人类行为的"道德责任"对于智能机器人也同样适用，智能机器人的行为、判断、自主能力都应该在道德责任的框架下进行评判。智能机器人的自主能力与人类类似，主要是指智能机器人在各种行为中反映出来的学习能力、分析判断能力、自我感知能力。现代社会科学技术飞速发展，智能机器人的制造几乎集结了各领域最顶端的科技，如果不在智能机器人超越人类的思考能力之前对机器人的各种行为加以控制，那么将会出现不可避免的道德问题。

机器人的各种行为并不是完全自主的。智能机器人道德问题研究的目的是在智能机器人发展进入一个不可逆转形势的前提下，处理好智能机器人和设计者之间的关系，同时解决由于智能机器人的存在而产生的各种社会问题，建立人类和机器人之间和谐可控的关系。由于智能机器人是人类思维智慧的产物，是极具科技含量的智能体，其行为应受到道德法律的约束。

### 3. 隐私问题

隐私权是指公民享有的个人信息和个人空间应受到法律保护，不管在任何情况下都不能被他人侵犯及利用，在本人不知情的情况下不可以公之于众。如今微小的针孔摄像头使用越来越普遍，常常被用来监视机器人的服务状态，但机器人使用者不可能整天生活在公共场合，所以这是对机器人使用者私人生活的监控，在一定程度上侵犯了使用者的隐私权。

在人工智能技术高速发展的当下，我们既要看到其对生产、生活带来的有利影响，也要注意其带来的隐私与数据风险。因此，必须通过立法规制人工智能的发展，提高人工智能的保护隐私性能，从而增强技术自身的"免疫功能"。

### 4. 生命安全问题

科学技术是把双刃剑，我们在享受科技带来的便利的同时，也应该加强对技术的控制，避免出现智能机器人技术失控，威胁人类生命甚至影响整个人类社会稳定安全的情况出现。

军用机器人的出现，一方面改变了传统的作战方式，达到了信息技术、智能技术和控制技术的联合应用，使机器人承担了人类士兵的风险。而无人作战这一新形式的立体化特征，也适应了现代战争的发展趋势。但另一方面，军用机器人也存在一定的技术漏洞和安全弱点，可能会遭受信息化的入侵和打击，给人类自身带来始料未及的风险。与此同时，随着未来人工智能技术的发展，军事伦理问题也不可小觑。在医疗领域也存在生命安全问题。

### 5. 人权伦理问题

人权是指人最基本的权利，是一切利益和权利的前提和基础。人权伦理是基本伦理道德和一切人权制度、人权活动所反映出的道德与伦理的关系，以及要遵守的道德标准和伦理原则的总和。人权伦理旨在实现人的本质、人的自由与全面发展，倡导以人为本。首先，珍惜生命，尊重人的自由与平等。其次，民主平等、互助友善。人权伦理在人类社会发挥着重要的作用，使广大群众的基本权益受到了保障。

智能机器人技术已经和人类的生活息息相关，这使它不得不面临尖锐的人权伦理问题，无论是工业生产还是家庭生活，它给人类带来的负面影响是不能忽视的。如果智能机器人在使用中出现了操作失控或重大失误，对人类的生命安全造成了威胁，或者严重侵犯了人类的权利和隐私，这该如何处理？是否应该给机器人相应的人权，让它享有与人类相同的义务和权利？这些问题接踵而至，迫使人们去思考。

### 6. 劳动力取代问题

机器人带来的失业问题从工业机器人的应用开始就一直存在。机器人参加重复性工业生产，取代了大量流水线上的工作，造成就业岗位的急剧减少，从而导致大批量的工人下岗。到了智能机器人大量应用的时代，上千万人的公司将不复存在，一个公司除了领导之外，可能只需要几个方案设计者和机器操作者，就可以完成整个业务。企业的瓶颈不再是人力资源，而变成了人工智能资源。人工智能的研究企业必将会成为未来最热门的行业，而大规模裁员在未来将会稀松平常。

**发现故事    富士康工业机器人取代劳动力**

2016 年 5 月，新闻界发布了一条名为"富士康用上机器人，6 万名中国工人失业——我们一直担心的机器人抢夺人类饭碗的事，提前变为了现实"的新闻。根据 BBC 消息，富士康 2015 年在人工智能方面投入了 40 亿元人民币的资金，而仅在江苏省昆山地区的富士康工厂里，因为机器人的引入，员工数量就从 11 万锐减到了 5 万，而且工人数量还会加速减少。

## 6.5.3  智能机器人应遵循的伦理原则

智能机器人在代替人类从事工作的过程中，已慢慢呈现出摆脱工具地位，渐获主体地位的趋势；在深度学习、神经网络原理与大数据技术的支持下，智能机器人已可独立创作"作品"，符合独创性的特征；在某些发达国家，智能机器人甚至已经被赋予"工人"地位或给予"户籍"。上述种种现象已经与既有的人类伦理产生冲突，迫使我们必须重新审视机器人本身以及人类与机器人之间的关系。在道德、伦理层面，机器人道德应当被赋予和认可，但是机器人与自然人的关系不应是平等的。

(1) 机器人道德是具有自主意识的智能机器人判断某种行为正当与否的基本标准与准则。机器人道德是智能机器人的必备内容，是人类社会对智能机器人融入社会生活最低限度的要求。道德是后天养成的，而非先天即有，这也意味着道德并非专属于自然人，智能机器人也可通过后天养成道德。机器人的社会关系包括机器人与自然人的关系以及机器人与机器人之间的关系，其中最为重要也最具有现实意义的是机器人与自然人的关系。机器人与自然人的关系是随着历史发展、科技进步而逐渐产生变化的，其具体表现主要取决于机器人自身的伦理地位。

(2) 机器人的法律属性也是不容忽视的。首先要明确机器人的法律定位，机器人伦理是构建机器人法律制度的基础与前提。以机器人的法律地位为例，尽管我们能够通过技术操作满足机器人法律地位的条件，但其背后的伦理基础显然是无法通过解释技巧进行补足的。因此，机器人的伦理地位与机器人的法律地位息息相关。机器人伦理地位不仅取决于社会的态度，更与人工智能技术存在重要关联。机器人主体性、人格性、创造性的凸显是人工智能技术迅速发展的高科技结果，没有这些科技，机器人永远只能是工具。与此同时，也要确定机器人的法律权利。

(3) 机器人严重危害社会的行为应受刑法规制。机器人伦理规范在机器人法律制度中的体现不仅应包含对智能机器人法律地位、法律权利的承认与限制，还应包括对智能机器人的规制与惩罚。这一内容尤其体现在与伦理规范息息相关的刑法之中。人工智能时代的来临，不仅为社会带来效率与红利，也带来了诸多的智能机器人风险。刑法如何应对智能机器人风险，如何规制与惩罚智能机器人是未来研究的重要内容。我们首先需要面对的问题是，智能机器人能否成为犯罪主体？智能机器人可以实施何种犯罪？

## 6.5.4　智能机器人的案例分析

### 1. 案例回顾

#### 案例 1："达·芬奇"机器人手术期间"暴走"

2015 年 2 月，一场失败的手术摆到了人们的眼前。这场手术的主刀医师、助理医生和麻醉师等多人被英国纽卡斯尔政府传唤，展开为期五天的听证调查。除了人之外，参与这场手术的还有"达·芬奇"手术机器人，也是这次"血案"中"暴走"的机器人。

这次手术的患者名为佩蒂特，在接受英国首例机器人修复心脏瓣膜手术一周后，由于多器官衰竭而逝世。根据《每日邮报》的刊文，手术期间机器人控制台传输信号声音非常小，而且质量不佳，主刀医生纳伊尔和助理医生佩莱之间的交流变得非常困难。由于机器总是发出"刺耳"的声音，导致他俩无法用麦克风正常交流，于是两人不得不提高嗓门大声沟通从而导致注意力分散。更糟糕的是，机器人在手术过程中打到了手术室一位助理人员的手臂，导致对病人心脏的缝合位置和方式都不对，必须拆除缝线，重新缝合。此时助理医生佩莱发现，患者的主动脉膈膜受损，而且术中出血溅到了手术机器人的摄像头上，这使主刀医生看不清病人心脏创口缝合的具体情况。无奈之下，纳伊尔和助理便由机器手术转为传统"人工"手术。然而，此时病人佩蒂特心脏已经处于非常衰弱的状态，无法完成心脏的重新修补。

#### 案例 2：老年护理机器人暴露隐私

德国开发的名为 Care-O-bot 的机器人能够为老人提供导航、清洁、衣服分类整理、使用微波炉加热食物等一系列服务。在此基础上技术人员正在研发一款既有情感、文化又有认知能力的机器人，并为其取名为"胡椒"。伴随着科技的发展，人们的生活水平不断提高，寿命也在延长，老龄人口的数目不断上升，这款机器人不仅可以从情感上安慰陪伴老人，还可以提醒老人按时吃药，提高家庭护理的质量，在很多方面减轻家庭和社会的负担。但是助老机器人也带来了一些诸如隐私安全方面的伦理问题。当医生、家庭成员等使用老人护理机器人远程监控老人的健康状况时，老人不愿意被其他人所知的行为，例如洗澡都有可能被别人看到。对于患有阿尔茨海默病的老人来说，这种情况可能更严重和复杂，因为他们可能随时忘记机器人的存在，并认为自己处于私人环境中。

### 2. 案例分析

在案例 1 中，病人身患重病，"达·芬奇"机器人作为辅助机器并没有表现出应有的良好效应，相反回顾整个手术，"达·芬奇"机器人出现了因产生噪声而导致医生之间交流障碍、误碰工作人员手臂以及缝合技术出错等问题。而在之后的听证会上主刀医生也说出了一些真相：第一，主刀医生承认自己在操作医用机器人上经验不足，曾错过两次机器人手术培训课程，所以并没有完全掌握如何操作机器人。第二，手术前没有告知患者佩蒂特，作为首位接受机器人修复二尖瓣手术的患者，手术存在较高风险，采用传统手术方法存活率会更高。第三，机器人把患者大动脉戳破之后，血溅到机器人摄像头上，而此时，本应在场的两位医用机器人专家却不知去向。

对于案例 2，任何高科技的发展和使用都存在一定的伦理风险，老人护理机器人也不例外。老人护理机器人伦理风险主要体现在如下几个方面。

(1) 减少了老人的社交生活总量。

社交生活对老人的身心健康有着重大影响。丰富的社交生活能够减缓老人认知功能下降的速度，降低其患阿尔茨海默病的风险。保持一定量的社交生活是维护老人身心健康的必要条件，同时也是老人护理的必然要求。护理人员、家人和朋友在为老人提供各种帮助的同时恰恰满足了老人的社交生活需求。老人在接受帮助的过程中与护理人员、家人或朋友进行各种形式的交流，从而实现其社交需求。另一方面，随着年龄的增长和身体功能与认知功能的下降，老人从事社交生活的能力也将逐渐下降甚至丧失，相应地，老人社交生活的范围也就会受到极大的限制。所以，对于老人而言，源自护理人员、家人和朋友的社交生活并不是可有可无的，而是不可或缺的。然而，当护理机器人取代护理人员、家人和朋友为老人提供各种帮助和支持时，老人社交生活的唯一重要的源泉也就丧失了。这将大大减少老人社交生活的总量，进而给老人的身心健康带来极大的威胁。

(2) 侵犯老人隐私。

对身体的完整性、私人空间及亲密的人际关系的需求的隐私，被看作是"一种需要、权利、必要条件或人类尊严的一个方面"。这就意味着老人护理机器人的发展和使用必须以尊重老人的隐私为前提。这一要求恰恰是反对开发和使用老人护理机器人的理由，因为它不可避免地威胁甚至侵犯老人的隐私。这种威胁和侵犯主要来源于使用具有监测管理功能的老人护理机器人的过程之中。

(3) 损害老人的自由和自主。

对于老人而言，自由和自主是身心健康的必要条件，因此，维护老人的自由和自主也是老人护理的主要内容之一。但在一定的条件下，护理机器人的发展和使用可能会威胁和减少老人的自由和自主，这主要体现在以下几个方面：首先，护理机器人的使用可能会限制老人的活动范围和种类而威胁和减少老人的积极自由。例如，一些能够识别危险信号的机器人不仅能够对老人的危险行为发出警告，而且还能够进一步阻止老人从事此类危险性活动，如阻止老人攀爬、阻止老人外出等，从而损害了老人的积极自由。而且，随着护理机器人的功能不断完善和能力不断增强，这种限制和损害可能会越来越明显。其次，老人护理机器人的发展和使用可能会通过侵犯老人的隐私来威胁和减少老人的消极自由，因为隐私与消极自由有着紧密的联系。

(4) 欺骗性风险。

欺骗性风险主要源于娱乐型机器人的发展和使用。大量实验研究表明，娱乐型机器人的使用能够减轻老人的孤寂和抑郁，增强老人的交流沟通能力等。然而，部分伦理学家对此表示怀疑和担忧。因为，机器人及其与人类的关系可以通过某些特征，诸如"情感""理智""朋友"和"伙伴"等词汇体现出来，但这种关系的定义往往是模糊甚至虚假的，这就导致娱乐型机器人在发挥其作用时，具有一定的欺骗性。

## 6.5.5　智能机器人的伦理规范

智能机器人技术会发展到何种程度，能够超越人类的存在吗？

💡 **小知识　机器人三大定律**

机器人三大定律又称为阿西莫夫三大定律。第一定律：机器人不得伤害人类个体，或者目睹人类个体将遭受危险而袖手不管；第二定律：机器人必须服从人给予它的命令，当该命令与第一定律冲突时例外；第三定律：机器人在不违反第一、第二定律的情况下要尽可能保护自己的生存。

如果智能机器人不能有效遵守机器人三大定律该怎么办？这些问题经常在电影和小说里提到，虽然现在看似智能机器人还在人类的掌控之中，但是人类无法料到未来机器人技术的发展。任何技术的发展都有两面性，对智能机器人的伦理问题，应该未雨绸缪，采取各种方法去解决。

### 1. 深化对生命价值的认识

人类社会应该平等地尊重彼此的生命。因为每个生命都是大自然的杰作，高于其他形式的生命，独立而不可侵犯。因此，我们有充分的理由无条件地要求每个人都必须尊重他人的生命，不应该侵犯他人的生命。只有关爱生命，人类社会才能更加人性化。虽然现在机器人还只能算是有限道德主体，但是它们并不是无生命的一件工具或者物品。它们也开始学会思考、表达感情、进行创造，它们越来越向完全道德主体靠拢，因此不能将其单纯地看作物品而随意滥用。因为生命价值具有多样性，人类应该与机器人和谐相处，认识到机器人的生命价值。

### 2. 深化对智能机器人主体的认识

随着科学技术的发展，有一天机器人有可能发展成为一个完整的道德主体。我们相信，机器人的伦理意识将随着技术的发展而不断完善。鉴于当前及未来的发展和技术，我们期望机器人成为一个更安全和更受尊重的道德主体，因为只有这样，它才能真正地做出自己的道德决策。

### 3. 构建智能机器人的伦理原则

随着智能机器人技术的发展而产生的伦理问题是人类社会必须关注的。无论机器人多么智能，它都是人类社会的产物，即使机器人真的发展到了非常类似人类的程度，人类仍然应该对其进行一定的伦理约束，以免失控。第一，机器人伦理规则的建设应该符合人类伦理道德，营造人机和谐的社会氛围。第二，构建机器人伦理制度，必须协调各方面的智慧。在未来的机器人技术发展过程中，需要联合各种人群的力量，比如政府官员、科研人员和伦理学家，协调社会的各种力量，一起发展机器人技术。第三，关于智能机器人的伦理建设，必须注意吸收过去的成果，尤其是阿西莫夫机器人三大定律。这三大定律虽然简单，但是内涵丰富，不仅赋予了机器人权利，也规定了机器人的义务，同时也保障了人权。

### 4. 建立智能机器人的道德规范体系

道德规范的建立应该与机器人技术的发展保持相同的步伐。建立机器人的道德规范体系是十分必要的，不能等到机器人技术发展到非常完善先进的地步以后才考虑建立道德规范体系。因为机器人的技术越先进，那么机器人应该遵循的道德标准就应该越高，其制定就越复杂、越困难。而且机器人如果缺失道德决策能力，会对人们的生活造成负面影响。比如护理机器人、军用机器人等，都对我们的安全有很大影响。除此之外，也应该建立有关环境的道德规范体系。在过去的几十年里，由于机器人技术发展消耗了大量的资源，造成对环境的破坏，导致严重的环境问题。重视生态文明是人类文明发展的重大进步。每一项新技术都应符合生态文明的理念标准。因此，在发展机器人技术的时候，应该充分考虑这些技术是否会对生态环境造成影响，是否对人类的身体健康造成影响。当机器人技术的副作用远远超过其积极的影响时，就应该谨慎研究。生态文明建设对机器人技术提出了更高的要求，应确保机器人技术不违背生态文明建设，与生态文明的理念相一致。

### 5. 健全智能机器人的法律控制

机器人技术现在是世界科技的前沿，发展迅速，但是对机器人技术进行约束的正式法律的发展速度并没有跟上，虽然一些国家出台了一些法律规定，但是整体而言，有关机器人技术的法律都非常零散，不够具体，而且有许多漏洞，在实际操作和运用上都有很多困难。世界上既没有一个权威的组织去管理机器人技术的发展，也没有制定出通用的法律来规范机器人技术的发展。因此我们要重视相关法律的制定，尽快出台相应的政策、法规、法律解释和司法准则，对机器人技术进行控制和规范。我国现在基本没有关于机器人技术的法律法规。国内关于机器人技术的研发还处于实验室阶段，并没有大规模在社会上使用，所以暂时出现的伦理问题并不是很多，但还是应未雨绸缪，提早做好预防。

### 6. 提高公民道德文化素养

提高公民的道德文化素养对于发展机器人技术，解决部分伦理问题也是非常有帮助的。根据公民的身份职位不同，可以分为科研人员、政府官员、哲学家和普通用户这四类进行讨论。对于科研人员而言，研发机器人是他们的职业，因此他们应该提高职业道德，认识到自身的社会责任。在研发机器人的时候，应该注意伦理问题，对机器人可能造成的威胁进行控制，让机器人具有一定的伦理道德能力。因为机器人技术的发展不只是技术问题，还会对人类的伦理道德造成影响。因此，科研人员不仅对研究设计负有责任，而且对整个社会的道德也负有责任。

政府部门在决策时要考虑科研人员的研究成果以及相关意见，科研人员有权决定某一项目的进行或终止。如果某一产品研发之后会给人类社会带来不利影响，科研人员应当将人类利益置于首位，及时终止项目。另外，还可以通过伦理学家以及相关的哲学家的伦理研究成果来防范和减少机器人应用中伦理问题的出现。当智能机器人的研发完成之后，就需要相关的人员负责机器人的生产以及销售。在这一环节，同样需要提高相关人员的职业素养，避免出现非法牟取暴利的行为。总之，对于一个企业来讲，只有真正加强内部人员的职业素养培训，提升客户满意度，才能在竞争中占据优势。企业应当重点思考如何在减少伦理问题发生的前提下降低研发和生产成本，提高整体收益。就未来发展而言，企业的发展应注重产品开发中的伦理设计。政府官员应该明白自身的职责，遵循公平公正的原则，加强对公民的道德教育。使用者在使用机器人时应当正确定义其功能和属性，尤其是拥有强烈情感需求的使用者，应该合理认识机器人的作用，不可将其视作替代人类的工具。没有任何一个机器人可以与人类的智慧与创新能力相提并论。因此，每一位机器人的使用者都应当善待机器人，切忌过度依赖，更不能把机器人应用于非法途径。

# 6.6　电气工程的伦理问题

## 6.6.1　电气工程及其特点

### 1. 电气工程的概念

电气工程是现代科技领域中的核心学科和关键学科。传统的电气工程定义为用于创造产生电气与电子系统的有关学科的总和。此定义原本十分宽泛，但随着科学技术的飞速发展，电气工程的概念已经远远超出上述定义的范畴。斯坦福大学的教授指出："当今的电气工程涵盖了几乎所有与电子、光子有关的工程行为"。

电子技术的巨大进步推动了以计算机网络为基础的信息时代的到来，并改变了人类的生活与工作模式等各个方面。美国大学电气工程学科又称电气工程系、电气工程与信息科学系、电气工程与计算机科学系等，主要以计算机和信息技术为研究方向和重点。

电气工程一直是我国推进工业化和经济社会发展的重要技术，在不断推动我国工业经济转型以及不断提高工业生产力的效率等方面起着重要的作用。为了更好地适应新技术时代的应用需求，电气工程及相关技术也必须不断改良和创新，因此，深入挖掘电气工程特点、分析其技术优势以及未来发展趋势具有重要的现实意义。

### 2. 电气工程的特点

电气工程取得的进步使我国电气工程行业的技术水平得到了很大的提升，有力地保障了电气设备的安全稳定运行，有效地提升了工业产能和生产效率，从而极大地促进了我国工业领域的发展，为我国的社会经济提供了巨大的发展动力。以下具体介绍电气工程的特点。

(1) 包容性和开放性。电气工程具有非常明显的包容性和开放性。以计算机技术和网络技术为代表的现代信息技术的进步给人类社会的发展带来了巨大的冲击，使很多传统的技术领域都发生了巨变，电气工程行业也不例外。目前电气工程已经大规模地应用各种信息技术，例如将电子微处理器与电气工程测控装置结合在一起，可以使电气设备的数据传输和数据分析能力得到大幅度提升，从而提高信息传输与分析的效率，并降低人工操作电气设备的难度，为企业节约部分人工成本。

(2) 信息共享性。大数据时代的电气工程具有信息共享性，可以使工业生产的各个流程实现信息共享，从而优化企业资源的分配，确保各个生产环节都能得到科学合理的资源支持。同时，电气工程自动化信息共享的特点也为企业间的信息交流提供了一个安全便捷的渠道，有效地促进了企业间的资源分配和利用，进而帮助企业获得良好的发展环境。

(3) 智能化和集约化。智能化和集约化代表了当前电气工程与自动化发展的主流趋势。智能化的电气工程技术在自动化生产领域具有非常强大的作用，可以最大化地提升工业生产的效率。而应用集约化电气工程技术的电气设备则具有良好的稳定性，此类电气设备可以通过模糊诊断技术与神经网络技术的结合应用，达到快速诊断设备问题、排除设备故障的目的，从而使电气设备在运行过程中更加稳定。

## 6.6.2　电气工程涉及的伦理问题

### 1. 电气工程伦理概述

电气工程伦理是应用于电气工程学的道德原则系统，是电气工程技艺的应用伦理。电气工程伦理的审查和设定表明了工程师对于专业、同事、客户、雇主、社会、政府、环境所应该承担的责任。无论从事什么工作，都会有相应的规范或准则，在电气工程开发过程中，同样也要遵守工程伦理道德。电气工程伦理具体就是指在组织电气工程工作的过程中需要遵守的一些伦理道德范畴内的法则，来保障整个工作的顺利进行，达成理想的效果。随着科技的发展，电气化已经成为时代发展的重要标志。在科技时代，电气开发工程越来越普遍，开发者更应该严格遵守伦理道德，明确自身的责任和义务，促使电气工程发展能够有序地、长久地为人们带来便利。

### 2. 规范伦理

规范伦理强调"以行为为中心"，关注"我应该做什么"。它是研究关于如何制定好的道德规范以及道德规范制定过程的伦理理论。作为一种历史悠久的伦理理论，规范伦理始终是最典型也较为成熟的伦理理论形态。规范伦理在电气工程中也同样适用。

在现如今的电气工程施工过程中，有些施工人员对于质量的重视程度较低，未完全了解电气施工章程和相关制度，对土建安装工程不熟悉；有些施工人员不按照规范的操作执行，造成了难以想象的严重后果。开发商不重视质量问题，使用了不合格的劣质产品，造成线路混乱，也会对电气安装施工造成极大的影响。

### 3. 安全伦理

电气工程运行过程中，安全问题是主要的问题，对于系统整体运行也起到关键作用。在当前工业企业生产过程中，电气工程的频繁使用容易造成一定的系统安全问题，影响到系统的整体运行。

在现代社会生产中，电力是不可或缺的资源。为了保证电力资源的合理使用，在实际的系统工作过程中，一定要有效解决电气工程的安全问题。针对电气工程安全问题的建议有以下几点：

(1) 应该建立供配电系统安全检查制度。工业企业供配电系统工作运行过程中，其主要的安全问题以及影响因素就是高负荷运转以及设备故障问题，为了进行有效的安全管理，电工班组应该建立系统以及设备运行安全检查制度，对供配电系统及其设备定时进行安全检查和维修，保证整个供配电系统的变电装置、变压装置、开关装置安全运行。电工班组还应完成合理的维修工作，保证系统工作运行长期有效。

(2) 完成系统的智能化设计。智能化技术在电力系统中的应用有利于电力系统工作效率提升，同时也能提升整个系统运行的安全性。应用智能化技术建设供配电系统智能安全监控系统，对变电设备、电源设备、消防电源设备等相关设备进行智能化监控，保证了设备的安全运行，也能够提升系统的运行效果。

---

**发现故事　　S 轮胎厂电力系统建设**

S 轮胎厂是 S 市重要的轮胎生产基地，其生产中对于电力资源的使用非常关键。在 S 轮胎厂进行电力系统建设中，主要建有变电站、配电设备以及备用电源等相关系统组件。S 轮胎厂在实际的生产过程中，经常出现断电问题，同时也出现过用电设备电压暂降问题，不仅影响了生产效率，同时也造成了人员财产安全损失。所以，S 轮胎厂要求进行低压电气供配电系统安全管理优化。

### 4. 环境伦理

在我国经济高速发展的背景下，全国的发电量和用电需求每年均在递增中。国家越发注重环境污染问题、生态问题和健康问题，拒绝走先污染后治理的老道路。我国未来要逐渐从高碳能源发展模式过渡到以低碳、清洁、绿色能源为主的发展模式。如何在经济快速发展下既能为各行各业提供充足的电能，又能保护环境和节约资源，已经不单单是设定发电权和排污权的市场交易机制问题。要把重心放在创新上，通过研发和应用更多新材料，提高发电、输电效率以及终端的电能利用率；积极开发更多新能源材料并应用于可再生能源的发电技术，提升电气工程的效能，这才是减少污染、保护生态环境的有效方案。

### 6.6.3　电气工程应遵循的伦理原则

面对人类现实的建设需求、生态环境保护等重大问题，发展电气工程成为我们必须选择的道路。发展的过程中，要保证相关法律及规范的同步完善，更重要的是应当遵守一定的伦理原则，构建基本的伦理内容，明确电气工程中各主体的伦理责任，不断实现更安全更环保的电气工程，并能不断探讨和解决随着电气工程发展而出现的新的伦理问题，让电气工程更好地为人类的福祉服务。

电气工程伦理建设应包括以下四项原则：开发的正义原则、建设的安全原则、建设的知情同意原则和企业的诚实原则。

#### 1. 开发的正义原则

电气工程在开发建设中的正义原则主要包含了两个层次的含义。首先是正当，正当即要求"正当"发展电气工程。电气实践和应用，要严格在法律法规框架下进行并遵守相关公约，严格坚持电气的正当用途。其次是公平，当今社会越来越多的人认识到发展电气工程在安全和环境保护方面的重要性，而各企业发展电气工程的过程中，需要以公平原则作为前提。这意味着没有任何人、种族、集团和国家享有特权。资源和生态环境不是那些拥有技能、权力和资金的人的独有财富，它属于每一个人。公平不单单是就当代人而言的平等权利，它也包括这代人与下一代人都享有公正享受地球资源的平等权利。

#### 2. 建设的安全原则

保证电气工程参与各方的安全并避免风险，这是电气工程建设及其设施运行的重要道德原则。安全保障与避免风险的最终目的就是尊重生命的价值，这也是电气伦理建设的核心。尊重生命价值主要指维护作为生命主体的人自身的生存要求与生存权利。尊重生命价值，意味着始终将保护人的生命摆在一切价值的首位，这就要求工程师一方面应当积极地创新技术、开发更多的物质资源，提高人类福祉；另一方面，应积极防止可能的工程伤害，不进行可能破坏人的生存和健康的工程，并充分保障和提高工程的安全性和劳动的保护措施。电气工程这样关系到人类能源安全和国计民生的重大工程，尤其应做到安全至上，并在技术管理中尽最大可能避免风险，不断实现更高水平的安全。

#### 3. 建设的知情同意原则

电气工程建设与其他重大工程一样，要遵循知情同意的原则。在发展电气工程的过程中，管理者和运营者应面向民众做到两点：第一个是对民众保持不加方向诱导的、完全的信息公开与透明，使民众对电气工程的情况、利弊有尽量全面的了解；第二个是尽量避免决策中的"家长主义"，使民众充分参与到是否发展电气工程的决策当中，在完全知情的情况下自主选择是否同意。

### 4. 企业的诚实原则

诚实是保证社会生活、商业活动得以正常运行的重要条件。诚实作为道德规范正确地表达我们的行动和观点。因为关乎广大公众的切身利益、福祉乃至生命安全，电气工程活动应更加重视对于公众的诚实公开，做到不作假、不抑制信息。企业对于公众的诚实应成为电气工程伦理构建的应有之义。

## 6.6.4  电气工程的案例分析

### 1. 案例回顾

#### 案例 1：煤矿井下电气事故

2019 年 7 月 10 日夜班期间，机电队运行人员 23:00 召开班前会，学习了煤矿有关文件，并结合文件精神强调了劳动纪律，下达了电气操作注意安全的规定。班前工作汇报井下南部辅运 2400 m 移变硐室带辅运馈电漏电故障，需要处理。2 时 20 分，夜班工作人员到达作业地点，开始对馈电进行漏电故障排查。此台馈电设备所带负荷线路长，按章操作时间长。电工王某认为应该先确认是电气设备故障还是电缆故障。他先对移变进行停电闭锁，再把馈电负荷线甩开，试送馈电。馈电试送电正常后，王某认为是负荷线的问题，准备把甩开的负荷电缆再接进开关内。此时移变未停电，只是把馈电停电，隔离打到隔离位置。操作第一根电源线时，碰到接线柱产生电气电弧，导致王某手部被烧伤。同行司机郭某看到立即通知带班队干部。5 点 10 分伤员升井，去往医院检查。

#### 案例 2：河南东都商厦火灾

2000 年 12 月 25 日 20 时许，东都商厦分店负责人王某某(台商)指使该店员工王某和宋某、丁某将一小型电焊机从东都商厦四层抬到地下一层大厅，并安排王某(无焊工资质证)进行电焊作业，封闭两个小方孔，未作任何安全防护方面的交代。王某施焊中没有采取任何防护措施，电焊火花从方孔溅入地下二层可燃物上，引燃地下二层的绒布、海绵床垫、沙发和木制家具等可燃物品。王某等人发现后，用室内消火栓的水枪从方孔向地下二层射水灭火。在不能扑灭的情况下，既未报警也没有通知楼上人员便自行逃离现场，并订立攻守同盟。正在商厦办公的东都商厦总经理李某某以及为开业准备商品的东都分店员工发现火情迅速撤离，也未及时报警和通知四层娱乐城人员逃生。随后，火势迅速蔓延，产生大量的一氧化碳、二氧化碳、含氰化合物等有毒烟雾，顺着东北、西北角楼梯间向上蔓延(地下二层大厅东南角楼梯间的门关闭，西南、东北、西北角楼梯间为铁栅栏门)。着火后，西南角的铁栅栏门进风，东北、西北角的铁栅栏门过烟不过人。由于地下一层至三层东北、西北角楼梯与商场采用防火门、防火墙分隔，楼梯间形成烟囱效应，大量有毒高温烟雾以 240 米每分钟左右的速度通过楼梯间迅速扩散到四层娱乐城。着火后，东北角的楼梯被烟雾封堵，其余的三部楼梯被上锁的铁栅栏堵住，人员无法通行，仅有少数人员逃到靠外墙的窗户处获救。聚集的大量高温有毒气体导致 309 人中毒窒息死亡，其中男 135 人，女 174 人。

### 2. 案例分析

案例 1 中涉及三类电气事故。首先是短路事故，电工王某操作接线碰到接线柱发生短路，致使自己被电气电弧烧伤；其次设备所带负荷过大，设备长时间带荷运行，致使馈电断路器粘连；最后是排除漏电故障时未及时发现馈电断路器粘连，导致电源侧和负荷相通。本案例中事故原因分析如下：

(1) 电气工作人员素质需要提高。技术人员和操作人员缺乏实践操作和素质培训，操作工缺乏自我保护意识，操作人员的操作流程缺少规范化。案例中王某就是因为在长期工作中产生麻痹心理，绕过规程做事，对给派的工作任务没有排查隐患，更没有针对可能发生的危险源加大排查力度，导致事故发生。煤矿井下电气设备管理需要员工有安全意识，然而大部分员工对电气设备管理和操作一知半解，缺少基本的职业素养和业务技能，甚至为了快速完成工作任务铤而走险，从而引发事故。部分电气工作人员缺少创新精神，对自己的工作按部就班，不及时总结，更不会研究新技术。这些是造成安全事故的主要原因。

(2) 电气设施监管不到位。电气设备投入使用时，没有及时进行系统的校验，对电气设备的运行操作没有进行实践培训，对日常维护保养等情况没有制订详细计划和具体的操作规程，对电气设备的运行环境分析也不够具体。

(3) 井下人员危险意识不强。部分监管人员在验收采购的电工材料和用电设备时，对其参数配置和性能优劣的核查有疏忽，日常维护工作责任不落实。井下和地面的电缆、电线、电气设备有一定的保质期和使用寿命，若不严格按要求定期检修或更换，就可能引发事故，相当一部分电气事故就是由于缺乏维护和保养造成的。电气设备在维修时送电操作应按规程进行，带电作业极易发生触电。不仅电气设备操作人员，任何人都需要注意漏电，保持警惕。在煤矿作业中，有些非操作人员出于好奇，不经专业操作人员带领私自违规开启送电设备，还有些人无视制度，明电操作，这些举动无疑让煤矿工作又增加了一分危险。在机械设备搬运过程中，也应重视预防电气事故，需要考虑井下有易燃气体，随意搬动会使设备之间摩擦产生带电火花，从而引发事故。总之，所有井下工作人员应该熟悉基本电气设备操作，遵守井下安全操作规定。

案例 2 造成大量的人员伤亡，其中主要原因有四个方面：

(1) 东都商厦经营严重不符合安全条件，灭火系统、应急照明、疏散标志等不符合要求。

(2) 商厦经营者严重违法，擅自将逃生楼道用铁栅栏封住，致使人员无法逃生。

(3) 火灾中迅速形成烟囱效应。由于该商厦一、二、三层都有防火门隔离，致使大量高温有毒气体聚集四楼冲入娱乐城，在短时间内使人昏迷丧失逃生能力，导致窒息死亡。

(4) 东都商厦经营者严重失职，在发现火灾后，仅通知本单位员工撤离现场，不顾四楼的人员，延误了他们的逃生良机。

## 6.6.5 电气工程的伦理规范

### 1. 严格规范操作

要对操作员的工作进行规范，严格按照制度执行，对于违反规定的行为要加大处罚力度。按照单位规章制度开展工作，规范标准作业流程；严格检查程序，对操作的程序和地点进行复核，不能单凭记忆进行操作，核对完全正确后才能操作；操作人员需要接到监管人员委派，操作时应该有其他操作人员和监管者到场，让整个操作过程为人所知，确保无虞；必须检查送电范围内地上有无工具、有无接地线等防护装置。

### 2. 健全管理体系，加强设备管理

电气设备的故障和事故大多是由于电气设备本身出现了问题，所以预防电气事故必须对电气设备本身进行检查。在新设备启用时做好验收检查，设备进入工作状态后应该定期检查，不得使用未经检查和维护的电气设备。要对电气设备建档立卡，紧密追踪电气设备运行情况。如果需要搬动设备，要考虑好外部因素并做好记录，一切流程都要严格上报，一切操作都要经过批准，让设备管理明确具体。结合自身的实际需求制定科学合理的搬迁、检修制度，如所有的开关把手在切断电源的时候都必须处于闭锁状态下，并且设置一定的标识。同时还要建立健全综合管理体系，不仅设备要配置齐全，人员配置也应齐全，安排要适当，特殊岗位应多人监管。设备应做好日常管理和维护，保证正常、稳定运作。尽量设置一些保护装置，例如漏电保护装置、保护接地装置、过负荷保护等。

### 3. 触电事故的预防

工人在施工时，要注意防止触电。例如在经常接触到的电气设备上应该降低电压，或者有可以单独控制电压的装置，防止电路故障造成员工受伤。在作业环境中设置专门的防护措施，如配电变压器保证"一机一闸"而且需要在中性点不接地的高压系统、低压系统中设置漏电保护装置。另外，在作业中除了遵守电气使用规则，还要按部就班地遵守用电规则，在进行电路作业时，一定要把有关线路的电源开关完全断开。在井下可能出现带电操作的情况时，如检修电路、搬运电线和电气设备，必须采取自我保护措施，包括时刻佩戴绝缘手套，用电压等级与之相匹配的验电器验电，装设接地线等。

## 思 考 与 讨 论

1. 个性化推荐是大数据商业创新的一种重要形式。请结合实际案例，从数据权利、数字身份、个人隐私等角度，探讨专为私人打造的个性化推荐服务应该怎么做才能合情合理又合法。

2. 大数据创新离不开基于真实大数据的科学研究活动。思考并讨论大数据科学研究可能涉及哪些伦理问题，大数据科研伦理行为规范应该包含哪些内容。

3. 对于无人驾驶汽车是否能够作为道德主体，以及在发生事故时如何进行责任认定，你有什么样的看法及观点？

4. 关于 AI 换脸等人工智能技术的伦理问题，应怎样去评估其存在的风险？

5. 如何制定智能机器人的相关法律？智能机器人在应用方面应当注意哪些伦理问题？

6. 电气工程师应该具备哪些基本的伦理素养？

# 参 考 文 献

[1]  董哲仁，孙东亚. 生态水利工程原理与技术[M]. 北京：中国水利水电出版社，2007.

[2]  尹绍亭. 人类学的生态文明观[J]. 中南民族大学学报(人文社会科学版)，2013，33(2)：44-49.

[3]  吕耀怀，罗雅婷. 大数据时代个人信息收集与处理的隐私问题及其伦理维度[J]. 哲学动态，2017(2)：63-68.

[4]  沈昌祥. 关于强化信息安全保障体系的思考[J]. 信息安全与通讯保密，2003(6)：15-17.

[5]  杨鑫. 基于云平台的大数据信息安全机制研究[J]. 情报科学，2017，35(1)：110-114.

[6]  陆伟华. 大数据时代的信息伦理研究[J]. 现代情报，2014，34(10)：66-69.

[7]  李艳坤. 无人驾驶汽车之伦理辨析[J]. 时代汽车，2021，(21)：7-8+42.

[8]  王烨. 无人驾驶汽车交通事故中的侵权责任问题探析[J]. 齐齐哈尔大学学报(哲学社会科学版)，2021，(8)：109-114.

[9]  杨丽娟，耿小童. 无人驾驶汽车的伦理困境及法律规制[J]. 沈阳工业大学学报(社会科学版)，2021，14(4)：371-376.

[10]  徐祥运，赵燕楠. 无人驾驶汽车技术的社会影响及其应对策略[J]. 学术交流，2021，(3)：134-148+192.

[11]  罗涛勇. 无人驾驶汽车大数据伦理风险探析[J]. 科技风，2019，(7)：67.

[12]  潘福全，王铮，泮海涛，等. 无人驾驶汽车事故成因分析与责任划分[J]. 交通科技与经济，2018，20(6)：6-10+28.

[13]  和鸿鹏. 无人驾驶汽车的伦理困境、成因及对策分析[J]. 自然辩证法研究，2017，33(11)：58-62.

[14]  刘懿莹. 对无人驾驶汽车技术的伦理反思[J]. 大陆桥视野，2021，(1)：78-81.

[15]  陈宏伟. 无人驾驶技术的伦理观[J]. 山西青年，2020，(6)：103-104.

[16]  佚名. 解读 Uber 无人车事故[J]. 人民周刊，2018，(7)：50-51.

[17]  沈臻懿. 美发起自动辅助驾驶系统安全调查[J]. 检察风云，2021，(20)：52-53.

[18]  倪浩. 美国调查特斯拉"自动驾驶"[N]. 环球时报，2021-08-18(11).

[19]  彭朝晖. 自动驾驶汽车发展中的伦理风险研究[D]. 武汉理工大学，2020.

[20]  贺金丽. 无人驾驶汽车的伦理审视[D]. 河南师范大学，2019.

[21]  索鑫. 无人驾驶汽车引发的伦理问题研究[D]. 北京理工大学，2018.

[22]  黎常，金杨华. 科技伦理视角下的人工智能研究[J]. 科研管理，2021，42(8)：9-16.

[23]  苏庆羽. AI 换脸技术未来应用存在问题及应对策略研究[J]. 新闻传播，2021，(5)：17-20.

[24]  孙强. 智媒语境下网民对 AI 换脸技术的风险感知研究[J]. 东南传播，2020，(11)：1-5.

[25] 曹越. AI换脸技术产生的危害与应对措施[J]. 南海法学，2020，4(4)：69-77.

[26] 孙晓红，周舒扬. "换脸视频" 引发的传播伦理风险与应对[J]. 青年记者，2020，(11)：22-23.

[27] 张雅婷. AI视频换脸术的传播伦理审视[J]. 新媒体研究，2020，6(6)：63-64.

[28] 赵超. AI换脸技术的法律风险评估：从APP "ZAO" 谈起[J]. 江苏工程职业技术学院学报，2020，20(1)：103-108.

[29] 万旭琪. AI换脸视频中的身份解构、伦理争议与法律风险探究：以 "ZAO" APP 为例[J]. 东南传播，2020，(3)：39-42.

[30] 余丰慧. AI换脸暴露刷脸支付安全风险[J]. 现代商业银行，2019，(20)：70-71.

[31] 牛静，侯京南. 基于人工智能的换脸视频伦理问题探讨[J]. 青年记者，2019，(15)：89-90.

[32] 李俊平. 人工智能技术的伦理问题及其对策研究[D]. 武汉理工大学，2013.

[33] 崔志根. 人工智能伦理困境及其破解[D]. 北京邮电大学，2021.

[34] 薛明博. AI换脸应用侵权法律问题研究[D]. 辽宁大学，2020.

[35] 秦汉. 机器人技术的发展与应用综述[J]. 赤峰学院学报(自然科学版)，2018，(34)：38-40.

[36] 邵笑晨. 机器人技术发展的伦理问题研究[D]. 成都理工大学，2017.

[37] 王东浩. 机器人伦理问题研究[D]. 南开大学，2014.

[38] 李小燕. 老人护理机器人伦理风险探析[J]. 东北大学学报(社会科学版)，2015，17(06)：561-566.

[39] 陈首珠. 人工智能技术的环境伦理问题及其对策[J]. 科技传播，2019，11(11)：138-140.

[40] 胡秋艳. 智能机器人应用中的伦理问题研究[D]. 武汉理工大学，2019.

[41] 王雪锟. 井下电气事故案例分析及预防[J]. 陕西煤炭，2020，39(52)：113-116.